KB077646

Earth Architecture

흙건축

개정증보판

황 혜 주 지음

씨아이알

감수의 글

앞으로 인류가 맞닥뜨릴 가장 심각한 문제는 지구온난화로, 생태계가 파괴되고, 자원이 고갈되며, 폐기물이 늘어나는 것 등이다.

그러므로 21세기의 건축활동은 자연환경과 조화를 위하여, 환경친화적인 재료를 사용하고, 에너지절약 재료를 개발하며, 건설폐자재를 재생하고, 다시 쓰기 편한 재료를 쓰는 방향으로 가야 할 것이다.
이런 시대적인 배경을 생각할 때, 자연과 함께하고, 에너지를 절약하며, 탄산가스가 적게 나오고, Building Sick 문제를 풀어내며, 쾌적한 실내환경을 유지하고, 자원이 절약되는 건설재료로는 흙이 가장 적합할 것이다. 다행히 우리나라에는 건축재료로 쓸 수 있는 점토질 흙이 무진장 묻혀 있다.
그러므로 흙을 현대적인 건축재료로 만들 연구개발은 시대적으로 매우 중요한 과제이다.

나는 이렇게 생각해서 일찍부터 흙이 재료적으로 약한 성질을, 말하자면 강도가 약하고 수축균열이 심하며 물에 약한 성질을 개선하기 위한 연구를 하였는데, 나의 뜻을 이어받아 목포대학교 건축학과 교수인 황혜주 박사가, 학계도 관심 없는 이 분야를 연구하는 데 전념하여, 이번에 흙건축을 논리적이고도 체계적으로 정리한 책을 내게 되었으니 기쁘기 이루 말할 수 없다.

이 책은 흙건축에 대한 기본적인 이해, 특성, 유형의 3부로 구성되었는데, 흙건축의 기본적인 이해를 위해 1부에서는 건축의 본질과 흙건축의 역사를 살펴보고 흙건축을 쓴 새로운 건축방법을 찾아보았다. 또 흙건축의 특성을 다룬 2부에서는 흙의 성질, 흙 이용하기, 흙 시험하기 등을 나누어 설명하였고, 특히 흙이 반응하는 원리를 재료공학적으로 써내었으며, 흙을 이용하는 방법도 보였다. 흙건축의 유형을 다룬 3부에서는 기존의 나열하는 분류법에서 벗어나 쓰는 재료, 구조내력, 짓는 방법별로 가르는 방법으로 나누어 설명하여 체계적으로 보게 하였다.

특히, 흙이 반응하는 원리를 다룬 부분은 기존의 연구 성과를 끌어올려 지금까지 정립하지 못한 것을 새롭게 정립한 탁월한 연구 성과로서, 흙의 특성을 이해하는 데 아주 귀중한 자료가 될 것이다.
또한 이 분야를 연구하거나 이 분야 연구를 이용하려고 하는 분들에게 아주 귀중한 참고가 될 것이다.

아직 우리나라에서는 여러 가지 제약조건과 흙은 재료로서 단점이 많다는 고정관념 때문에 흙건축이 살아 있지 않다. 그러나 이 책에서 주장하는 것처럼 흙의 장점을 살리고 약점을 보완한다면 흙만큼 친환경적이고 친화적인 재료가 없다는 사실을 알게 될 것이다. 그리하여 지금 시멘트재료 하나뿐인 건축문화가 흙이 재료인 건축문화로 바뀌는 날도 멀지 않을 것이다.

이 책은 그런 사명을 진 앞선 참고서가 될 것이다. 끝으로 오랜 기간 동안
흙건축 연구의 외길을 걸어온 지은이의 노력을 치하하며,
앞으로 더 많은 학문적 성과가 있기를 기원한다.

2008년 2월

서울대학교 명예교수
한국흙건축연구회 명예회장
김 문 한

추천의 글

흙건축의..새로운..지평을..위하여..

최근 10여 년 사이 흙 건축에 대한 관심이 높아진 것은 크게 두 가지 이유일 것이다. 하나는 전통사회와의 단절된 시대 이후 진행되어 온 소위 '현대건축'의 문제와 한계를 지구 '환경문제'와 결합하여 생각하면서부터이고, 또 다른 하나는 '집'이 간소한 생활의 터전만이 아니라 사람들의 '건강'을 관장하는 중요한 인자라는 판단이 서고 그에 대한 소문이 돌면서부터 일 것이다.

지구환경문제 해결에도 작게나마 일조하고 사람들의 건강까지 배려하며, 나아가서는 아름다운 집까지 꿈꿀 수 있다면 더 바랄 것이 무엇이겠는가! 그러나 사람들이 산업사회와 소비사회에 물든 생활습관과 가치관을 고수하는 한 일석삼조의 효과로 쉽게 우리에게 다가올 수 없을 것이다. 특히 흙건축과 관련된 다양한 공법들과 다양한 쓰임새들은 이제 막 그 가능성과 효용성에 대한 객관적 검증이 시작되었다고 해도 과언이 아니기 때문에 우리들은 여기 황혜주 교수의 '책'들과 같이 흙에 대한 개인적인 실험과 체험이 몸에 배고, 구체적인 건축을 통해 실증되며, 또 이런 결과들이 적어도 학문적인 테두리 내에서 깊이 있는 논의를 거쳐야만 흙건축도 서서히 이 시대에 공유하는 가치가 될 것이다.

흙 문화의 단절 속에서 그 명맥을 잊는 것만이 아니라 전통사회에서의 흙에 대한 이해와 가능성을 넘어설 수 있는 지혜가 우리들에게 과연 있는 것일까 자문해본다. 흙건축이 현대건축의 큰 흐름 속에서 변방에 웅크리고 있으면서 흙건축을 찬양하는 사람들만의 취미로 전락하지 않으려면 객관적이고 실증적인 증명도 중요하지만 사실은 흙에 대한 상상력이 증대되어야만 한다.
그리고 또 한편으로는 흙도 하나의 보편적인 이 시대의 건축적 질료가 되도록 부단한 노력이 필요한 것이 사실이다. 황혜주 교수가 시도하는 '흙건축' 속에서 우리는 그간 그가 몸 던져 탐색하던 흙의 잠재력을 만나게 된다. 이런 노력들이 하나씩 새로운 흙의 잠재력을 일깨우고 이

것이 건축적 상상력과 근사하게 결합할 때 우리는 앞으로 나아가는 희망을 본다.

특히 황 교수가 연구한 고강도흙벽돌이나 황토 노출콘크리트, 기능성 흙벽돌들은 그간 흙이 건축적 여러 요소에서 벽체만 담당하던 것을, 즉 수직부재에서만 사용하던 것에서 '바닥' 지표로까지 연장시킨 중요한 사건이다. 이런 발견이 바로 흙건축의 다양성을 증대시키는 계기가 될 것이다.

흙건축과 관련된 참고서나 지침서가 열악한 상황 속에서 황혜주 교수의 '흙건축'의 발간은 흙건축 기술들과 관련된 그간의 여러 궁금증을 풀어주는 단초가될 것이다. 그리고 이를 계기로 이 땅에서 오래전 단절된 흙건축의 새로운 지평이 열리기를 기대한다.

2008년 2월 14일

건축가

한국 흙건축연구회 회장

정 기 용

개정증보판을 내면서

땅속에 잠들고 있는 흙을 일깨워
지표면 위에 벽을 세우고, 공간을 만들며 집을 짓고 산다는 것은
자연스러운 일이다. 그리고 위대한 일이다.

그래서 아직도 지구 인구의 절반은 흙건축 안에 거주한다.
흙 속에, 저 바람 속에
소위 우리가 말하는 '풍토'를 거스르지 않는 건축 속에, 지속가능한 삶이 있으며
후손들도, 그들이 원하는 집을 짓고 살, 지속가능한 대지가 있다.
이제, 산업사회와 후기 산업사회를 지나고 있는 이 땅에도
흙 속에 내재하고 있는 창조적 상상력을 다시 불러일으킬 때가 되었음을 인식하는 우리들은
이를 시대적 요청으로 받아들이고 오늘 이 자리에 모였다.

이 땅을 살다간 사람들의 집짓는 지혜를 다시 생각하고
흙건축이 여전히 새로운 시대의 삶을 담아낼 대안적 건축으로서의 가능성을 연구하고,
세계 흙건축 연구소들 간의 정보를 교류하고
나아가서는 건축의 사회적, 생태적 소명을 지속적으로 세상에 환기할 것이다.
흙건축은 지구를 생각하는 건축이며, 동시에 생명을 존중하는 건축이다.
그러기 위하여 우선
인간이 자연을 객관적으로 바라보는 주체가 아니라
우리 스스로를 자연으로 귀속시키는 일부터 해야 한다.
바로 그렇게 할 때만 우리들 스스로가 바로 그 자연인 것이다.
이렇게 주체가 이성과 새롭게 결합할 때
비로소 흙건축은 지구를 생각하는 건축이 될 것이며,
동시에 생명을 존중하는 건축이 될 것이다.

걷고 생각하는 별인 인간이 지구의 피부인 흙–우주 입자 속에서 호흡할 때
지구도 살고 인간도 함께 살 것이다. (한국 흙건축 연구회 창립취지문)

흙건축 연구회 창립취지문을 다시 꺼내 읽어봅니다. 인류사 이래로 가장 많이 사용했던 재료인 흙에 관한 연구, 교육, 교류를 통하여 새로운 건축문화를 구축하고자 했던 그때의 다짐을 잊지 않았는지 돌아봅니다.

그리고 흙을 공부하기 시작할 때의 생각을 떠올려 봅니다. 딸아이가 태어났을 때 초보 아빠가 느끼는 많은 설렘 속에서도 이 아이가 콘크리트를 연구하는 내 연구실에는 들어오지 못하겠구나 하는 생각에 무언가 잘못되었다는 느낌을 받았고, 이를 계기로 콘크리트에서 친환경재료로 연구주제를 바꾸었습니다. 흙건축을 처음 시작했을 때, 주변에서는 흙건축을 하면 배고프고 험한 길이라면서 많이들 말렸지만 그 속에서도 흙에 대한 연구에 매진하겠다는 다짐을 하였는데 그 다짐을 잊지 않고 살아왔는가를 돌아봅니다.

지난번 이 책을 낸 이후 흙건축계에서는 많은 변화가 있었습니다. 한국흙건축연구회 회장이셨던 정기용 선생께서 세상을 떠났고, 흙건축의 촉망받는 신예였던 신근식 선생이 세상을 떠나는 아픔이 있었습니다. 반면에 국제 흙건축 콘퍼런스인 TerrAsia2011이 한국에서 열렸고, 유네스코 석좌프로그램 한국흙건축학교가 개교하였고, 흙건축 기술이 정립되어 『흙집 제대로 짓기』라는 책이 출판되는 경사도 있었습니다. 이러한 많은 일들 속에서 흙건축을 같이 해나가는 학문적 기술적 동료들과 즐겁게 흙에 대해 공부하고 일하고 있는지 돌아봅니다.

이번 책에는 흙건축의 이론에 대한 부분을 새로 정리하였고, 재료와 공법 부분에서 그간의 연구성과를 반영하여 보완하였습니다. 또한 에너지 문제 해결을 위하여 단열과 구들에 대한 부분과 테라패시브하우스에 대한 부분을 새로이 추가하였습니다. 흙건축의 이해, 흙건축의 재료, 흙건축의 공법, 흙건축의 활용 등 총 4부로 구성하여 흙건축의 전반에 대한 조망이 가능하도록 하였습니다.

지난번 책을 내면서 했던 약속처럼 이번에도 흙건축 공부에 더욱 정진하겠다는 다짐으로 인사를 대신합니다.

2016년 3월

길목나루에서

황 혜 주

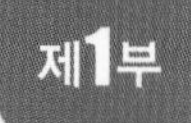

흙건축의 이해

차례

차례

제1부 · 흙건축의 이해

흙건축은 새로운 시대의 새로운 요구로서 미래를 담보할 건축으로 자리매김하고 있는데, 제1부에서는 흙건축의 개념에 대해 살피고 흙건축의 역사를 통하여 이러한 흙건축을 이해하고자 한다.

흙건축 개념 부분에서는 건축의 본질은 무엇인지 살펴보고, 이러한 건축의 본질을 구현하기 위한 노력은 어떠하며, 새로운 시대에 맞고 인간과 자연에 유익한 건축을 위하여 새로운 인식의 전환을 통한 새로운 건축의 모색에 대하여 살펴본다. 이를 통하여 새로운 건축의 대안으로서 흙건축의 의미를 짚어본다.

흙건축 역사 부분에서는 인류역사에서 흙건축은 어떻게 시작되었으며, 흙건축이 고대 문명의 주요한 요소로서 지역적으로도 아프리카, 아메리카, 아시아, 유럽 등 거의 전 대륙으로 확산되는 경위와 이러한 흙건축을 현대화시키는 과정을 살펴본다. 아울러 현재 전 세계적인 흙건축의 현황과 전망을 살펴보고 우리나라에서의 흙건축에 대하여 고찰한다.

1장

흙건축의 개념

1장

흙건축의 개념

1.1 흙건축의 의미

• 건축의 본질

우리가 우주라는 단어를 쓸 때 한자로는 집 우(宇)자 집 주(宙)자를 쓴다. 우주는 집이다. 그러면 왜 우주를 집이라고 표현했을까. 우주는 다른 말로 천지(天地)이다. 물질적이고 눈에 보이는 것은 땅(地)이고, 보이지는 않지만 힘을 가지고 있는 것은 하늘(天)이다. 생명력이라는 것은 하늘(天)의 기운을 받았을 때에만 땅(地)이 생명을 잉태하게 된다. 땅(地)이라고 하는 실(實)은 하늘(天)이라고 하는 허(虛)를 통하여 생명의 장(場)이 만들어지는 것이다.

집을 지을 때 땅(地)의 성질을 가진 것만 가지고 지어내면 이것은 그냥 아무 의미도 아니고 형체일 뿐이다. 우리가 집을 다른 여러 가지와 구분 지어 집이라고 표현하는 이유는, 물질(地)로 건물을 짓지만 그 속에는 하늘(天)이라고 하는 게 필요하기 때문이다. 햇볕이라든가 공기라든가 공간이 있지 않으면 그것은 단순한 물체 덩어리일 뿐이다. 건물은 바닥이나 벽이나 기둥 그 자체를 목적으로 짓는 게 아니다. 사람이 살아가는 활동을 하는 집은, 땅(地)이라고 하는 물체 속에 하늘(天)이라고 하는 것이 반드시 들어가야 비로소 그 안에 생명이 잉태된다. 그 속에 사람이 '산다'. 사람이 살 수 없다면 그것은 집이 아니다. 폐허다.

땅(地)으로 지어놓고 그것과 만나는 하늘(天)을 통하여 인간이 생활하는 생명의 장(場)을 구축하는 것이다. 땅(地)에 하늘(天)을 만나게 하고, 그 안에서 생명의 작용이 이루어진다. 우주의 메커니즘하고 똑같기 때문에 우주를 표현할 때 집이라고 한다. 그래서 우주는 집이다. 집은 우주다.

또한 건축을 의미하는 영문인 architecture는 archi와 tecture가 결합한 것으로서, archi는 희랍어의 arkhe에서 연원하며, 세상의 근본을 의미하고, tecture는 technology를 의미하여, 건축(architecture)은 가장 근본적인 기술이다. 하고많은 기술 중 왜 건축을 가장 근본적인 기술이라고 하였을까. 이는 건축이 집이라고 하는 것을 지어내기 때문일 것이다. 일본 명치유신 이후의 서양용어의 번역어인 '건축'이라는 용어 이전에 조가(造家)라는 말이 사용된 이유가 그것이리라. 집을 나타내는 한자인 가(家)는 울타리(宀) 안에 돼지(豕)가 있는 것이다. 돼지는 다산, 생명, 풍요를 상징하는 것이어서, 집이란 생명을 보존하고 풍요롭게 하는 울타리라고 할 수 있을 것이다. 생명이 태어나고 살아가는 것은 물론이거니와, 죽음에 있어서도 가장 비참한 것이 노상객사로서 집에서 죽지 못하고 밖에서 죽는 경우라고 할진데, 집은 생명과는 뗄 수 없는 관계이며 이러한 집을 짓는 건축은 이 세상의 가장 근본적인 기술이라고 칭한 것이리라. 이는 집을 의미하는 우(宇)와 주(宙)가 합쳐 우주가 되는 것과도 상통한다고 할 것이다. 생태를 지칭하는 ecology 또한 eco(household)와 logos가 합쳐진 것으로서, 집이란 생명을 전제로 하는 것이다. 집이란 생명을 보호하는 울타리이다.

• 건축의 본질을 구현하기 위한 노력

건축은 생명을 보호하는 울타리이다. 이러한 건축의 본질을 구현하기 위한 노력은 과거 약한 재료에서 산업혁명을 기점으로 하여, 강한재료를 사용함으로써 좀 더 많은 인간을 보호하려는 방향으로 발달되어 왔다.

옛 건축에 사용된 대표적 재료들은 돌과 나무였다. 약한 재료의 시대이며, 사용가능한 재료인 약한재료의 특성을 이해하고 거기에 맞는 구법과 형태가 도출되었다. 형태와 구조가 일치하는 건축을 구현하는 시기였다. 그림 1-1과 같은 고대의 신전을 떠올려 보라. 공간을 구성하기 위하여 엄청난 재료가 들어가는 시기였다.

산업혁명을 거치면서 산업화, 상업화의 흐름 속에서 인간이 실제로 기거하게 되는 공간에 대한 요구가 높아지게 되고 이를 충족하기 위한 강한 재료가 등장한다. 시멘트와 철의 시대가 펼쳐지면서 형태와 구조의 분리되는 변화를 겪게 된다. 그림 1-2는 르 꼬르뷔제[1)]의 도미노라고 명명된 집인데, 강한 재료의 특징을 유감없이 발휘하고 있다. 강한 재료의 특성을 이해하고 거기에 맞는 구법과 형태가 도출되었고, 이제 인류는 구상하는 모든 공간은 최소한의 재료로 완벽하게 구현할 수 있게 된다. 산업화한 도시에서 사람들은 건물 속에서 생산하고 건물 속에서 거래하며, 건물 속에서 소비한다. 또한 건물 속에서 태어나고, 살고 사랑하고, 죽는다. 세계 도처에 서있는 기념비적인 건물들이 위용을 자랑하고 있는 시대이다. 더 높이, 더 크게, 더 깊게(Higher, Bigger, Dipper) 건물은 지어지고 소비된다. 약한재료의 시대에서 강한재료의 시대로의 변환이 있었다.[2] 가히 혁명이라고 부를 만한 전환이 있었다.

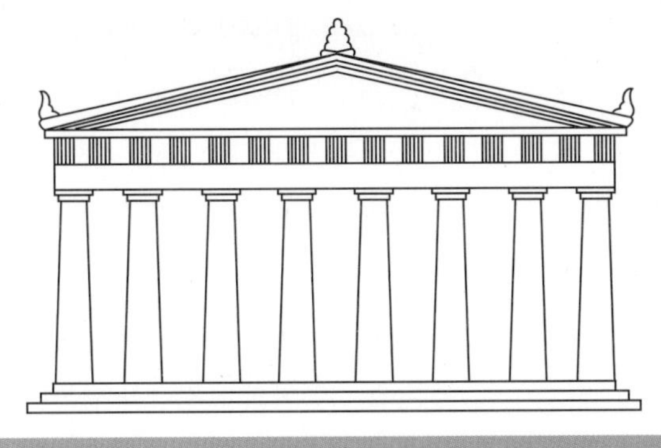

그림 1-1. 고대 신전의 기본 형태

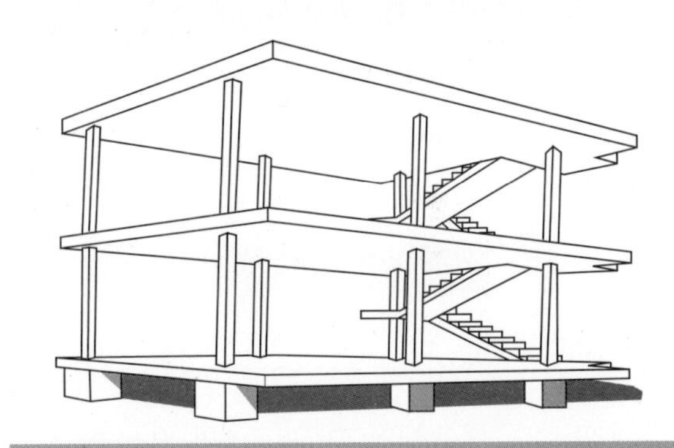

그림 1-2. 르 꼬르뷔제의 도미노

그러나 생명이란 인간의 생명을 전제로 하였기에 '건축은 생명을 보호하는 울타리'라는 관점에서 이러한 건축은 인간의 개체생명을 보호하는 데 중점을 두어 비바람, 맹수의 습격 등 외부로부터 인간을 안전하게 보호할 수 있는 집을 짓는 데 집중하여 집을 지어 왔다. 그러다 보니 건설은 산을 깎아 집을 짓고, 콘크리트 폐기물을 다량 배출하는 등 환경파괴적인 특성을 갖게 되고 말았다. 시인은 다음과 같이 안타까워 하고 있다.

> 들판의 논들을 다 뜯어고쳐,
> 길이란 길은 다 빤듯하게 그어 버렸다.
> 논두렁은 없고 길 뿐이다.
> 우리들은 세상을 얼마나 더 뜯어 고쳐야 평안을 얻을까.
> 고향산천을 막무가내로 뜯어고치는 건설의 포크레인 소리,

1) 철과 시멘트라는 새로운 강한 재료가 개발되었음에도 불구하고, 예전의 디자인과 구법으로 새로운 재료를 사용하는 인식에서 탈피하여, 르 꼬르뷔제는 새로운 강한 재료의 특성을 이해하고, 그에 맞는 디자인과 구법으로 새로운 건축의 시대를 열었다. 친환경 시대를 맞이하여 새로운 친환경 재료들이 개발되고 있는데, 지난 시대의 디자인과 구법에서 벗어나 새로운 시대 새로운 재료에 걸맞는 디자인과 구법을 구현할 때다.

2) 함인선, 구조의 구조, 발언, 2000.

여기저기 엄청나게 파뒤집어 쌓아 놓은 흙더미.

아,아, 하루라도 좋다.

건설 없는 평화로움 속을 나는 거닐고 싶다.

정말 우린 왜 사는가?

뜯어고쳐야 할 세상을 두고 사람들은 강과 산을 뜯어고친다. (김용택, 세한도)

심각한 환경파괴에 직면한 인류는 이에 대한 심도있는 반성과 새로운 대안을 모색하고 있는데, 사람도 자연의 일부이며 자연을 파괴하여서는 살 수 없다는 인식이 확대되면서 집은 사람만이 사는 것이 아니라, 사람과 자연이 함께 사는 공간으로 전환할 것을 요구받고 있다. 기존의 강한재료에 기반한 건축과는 다른 새로운 건축을 도모해야 하는 시점이며, 새로운 패러다임의 전환이 시작되고 있다.

• 인식의 전환

새로운 패러다임의 전환은 생명을 바라보는 시각이 달라지게 되면서 시작되었다. 즉, 인간개체의 생명에서 지구생명, 온생명으로의 인식전환이 이루어지면서 '건축은 생명을 보호하는 울타리'라는 관점에서, 이제 건축은 인간개체의 생명뿐 아니라 지구생명 온생명을 보호하는 울타리를 만들어가는 과정으로 그 시각이 바뀌어가고 있다.

인간은 자신의 생명본성을 자제하고 극복하는 반면에, 자연의 생명본성을 활성화시키고 극대화시켜나가야 자연정복적인 태도를 바로잡을 수 있다. 왜냐하면 인간은 성장논리에 매몰되어 과학기술을 도구 삼아 한정없이 번성하고 한정없이 이동함에 따라 현재 온생명을 병들게 하는 암세포적인 구실을 하고 있기 때문이다. 인류가 지속가능한 삶의 문화를 꾸려나가려면 인간은 스스로 생명본성을 자제하는 반면에 자연은 생태학적 조화를 통해 그 생명력을 되살려내도록 해야 한다. 인간이 할 수 있는 일을 최선을 다해서 하지 않으면 안 된다. 심을 수 있는 곳마다 나무를 심는 일처럼 한 사람 한 사람이 지구와 함께 건강을 누리기 위해 할 수 있는 일을 해야 한다. 산림의 파괴를 막는 일, 자연파괴의 성향이 적은 농경기술을 개발하는 일, 인구증가와 소비수준의 향상을 억제하는 일들이 좋은 보기이다. 대기오염의 주범인 화석원료를 최대한 적게 쓰고, 물을 아껴 쓰고, 모든 자원을 재활용하며, 생물종 다양성을 확보할 수 있도록 최선의 노력을 기울여야 한다.

이러한 의미로부터 좋은 집이란 생명을 북돋우는 조건을 가져야 한다. 사람은 자연환경의 일부이고 자연환경이 파괴되지 않고 잘 보존되어야 사람 또한 잘 살 수 있다는 관점에서 좋은 집이란, 자연환경을 파괴함으로써 얻어지는 것이 아니라 자연환경과 집이 다르지 않다는 불이(不二), 상생(相生), 조화(調和)의 결과를 의미한다고 정리된다. 집을 인공적인 생태계로서 인식하여 자연생태계에 유기적으로 통합시키는 것이다. 좋은 집이란 바람과 물과 에너지와 물질이 순환되는 집이다. 자원과 에너지를 생태학적 관점에서 활용하고, 폐기물을 감소시켜 환경충격을 최소화하고, 녹지조성, 건물내외의 연계성, 거주자의 공생활동등 사람과 자연환경과의 접촉을 최대화하고, 건강하고 쾌적한 조건을 갖추어야 한다고 볼 수 있다.

우리는 흔히 집을 짓는다고 표현하지, 만든다고 표현하지는 않는다. 밥을 짓는다, 옷을 짓는다와 같은 맥락이다. 밥을 지어서 제1의 피부로 둘러싸인 몸을 생장시키고, 제2의 피부라는 옷을 짓는다. 이제 사람들은 배를 채우는 것에서 유기농이니 무공해 채소니 하는 친환경 농산물을 찾고 있고, 화학섬유로 만등 옷에서 자연소재로 만든 옷으로 바꿔 입고 있다.

이제 제3의 피부라는 집도 그저 비바람이나 추위를 피하는 공간이 아닌 좀 더 사람답게 살 수 있는가, 자연과 접할 수 있는가에 초점이 맞춰지고 있다. 자연환경과 별개로 집을 짓고, 사람의 생명을 보호하는 집만 짓던 시절은 가고 있다. 이제 건축에서는 '관계'를 생각하게 되었다. 자연환경과 집과 사람의 관계. 이런 관계를 고찰하면서 나타나는 건축의 흐름이 유럽에서는 '생태건축' 미국에서는 green architecture, 일본에서는 '환경공생주택' 우리나라에서는 '생태건축, 친환경 건축, 생명건축'이라는 이름으로 모색되고 있다.

1.2 흙건축의 이론

1.2.1 관 계

• 기본 개념

집은 왜 짓는가, 밥은 왜 먹는가, 옷은 왜 입는가 하는 질문에 가장 원초적이고 본질적인 대답은 생명일 것이다. "생명에 맞으면 좋아하고, 생명에 맞지 않으면 싫어하니, 情의 발현을 일곱가지로 이름 붙였으나, 실은 好惡(좋아하고 싫어함)뿐이다. 싫어함이 절실하면 슬픔이 되고, 싫어함이 격렬하면 노여움이 되고, 좋아함을 드러내면 즐거움이 되고, 좋아함이 사물에 미치면

사랑이 되고, 싫어함을 피해 좋아함으로 달려가면 욕망이 된다(혜강 최한기)."[3] 모든 인간의 활동은 생명에 기인한다. 생명의 다른 표현은 삶이고, 삶을 나타내는 징표는 몸이다. 몸은 육체를 나타내기도 하지만, 몸은 육체와 정신을 不二로 아우르는 표현, 즉 몸과 마음(인식하고 처리하는 뇌활동의 방식)을 포괄적으로 나타낸다. 몸이 살 수 있는 조건을 만드는 것이 생명을 보위하는 것이다.

신학자 안병무는 태초에 말씀이 있었다에서 말씀은 말의 쓰임으로 해석하여, 생명은 관계맺음이라고 하였고, 양자는 생명은 소통이라고 하였다. 즉, 소통은 나와 타자의 관계이며, 이러한 관계 끊어지면 생명은 위험한 것으로 인식하였다. 정치적 죽음, 사회적 죽음 같은 예에서 보듯, 죽음이란 관계가 일거에 끊어지는 것이다. 모든 것은 연관되어 있고, 천지만물은 상호작용하는 관계라는 인식을 바탕으로 생명은 유지되는 것이라고 볼 수 있다. 이러한 관계를 벗어나서 자기만의 생존을 도모하면 결국 모두 다 죽게 된다는 것인데, 이러한 것의 대표적 사례가 암세포이다. 암세포는 주변을 고려하지 않고 자기의 동일성만 증식하여, 결국 모체도 죽고 자기도 죽는 속성을 가진 것으로서, 내가 살기 위해서는 타자도 같이 살아야 한다는 것을 알려주는 사례라고 생각한다.

• 인식구조와 사회체제

입자와 공간이라는 물리학적 사실에서 출발하여, 철학적으로 존재론(실체론), 이분법으로 정리된 뉴튼-데카르트 패러다임은 관계론적 사고보다는 존재자체의 동일성에 주목해왔다. 이는 근대를 규정하는 대표적인 인식체계이며, 이를 통해 엄청난 과학적 발전과 지적수준의 증가를 가져왔다. 그러나 관계론적 인식 없이 나만 살려고 하는 것, 남(타자)은 나와 상관없다는 이분법적 존재론 인식은 죽고 살고, 이기고 지는 극단적 이항대립과 남(타자)은 배제하고 폭력을 행사하면서 '우리가 남이가' 하는 동일성을 극대화시켜 왔다. 이는 모든 것을 대상화하고 객체화함으로써 세상을 상품화하기에 이른다. 이러한 인식구조는 자본 중심, 物神 중심의 사회체제를 만들었고, 과잉 생산과 과다 소비로 대표되는 이러한 사회체제는 무한증식이라는 자본의 속성에 따라 가용자원을 무한정 채취할 수 있다는 환상에서 출발하여, 재활용 · 재사용 등 순환적인 자원소비에 대한 고려 없이 자원을 무제한적 착취하고 독점함으로써 환경을 파괴하고 삶의 토대를 파괴하여 왔다.

이러한 것이 가능한 이유는 인간의 욕망에 기초하여 욕망을 부추겨 왔기 때문이다. 이는 두

3) 기세춘, 실학사상, 바이북스, 2012.

가지 방향으로 행해져 왔는데, 공포와 환상이다. 즉, **돈 없으면 죽는다는 공포**의 확대와 **돈 있으면 행복하다는 환상**을 확산시켜 왔고, 결국 '경쟁해서 이겨라'는 논리만이 황행하기에 이른다. 物神에 대한 지독한 욕망과 그에 따르는 치열한 경쟁으로 우리의 삶과 환경은 위기를 맞고 있는 것이다.

이러한 상황을 극복하고 자아실현욕구 등 높은 차원의 욕구를 충족하기 위해서 필요한 것은 무엇일까. 입자 공간이라는 근대물리학에서 벗어나 아인슈타인은 에너지 질량 등가원리 ($E=mc^2$)를, 닐스 보어는 양자이론을 주창했고, 하이젠베르크는 만물은 고정실체가 아니라 관련된 조건과 주변 여건에 따라 변화하기 때문에 확정할 수 없다는 불확정성 원리를 설파함으로써 우주는 에너지 작용에 의하여 생성－성장－소멸의 순환관계를 가진다는 것을 입증하였다. 이러한 과학적 사실에 기초하여 이분법적 존재론에서 벗어나 관계론적 사고로 전환하는 것이 필요하다. 생명은 관계에 의해서 결정된다. '관계가 존재에 우선한다'는 생각으로 삶의 토대를 살펴보아야 할 것이다. '죽고 살고'에서 '같이 산다'. '이기고 지고'에서 'win－win'으로 바꾸어야 한다. 자본 중심, 물신 중심의 사회체제를 생명 중심, 생태 중심의 체제로 바꾸어야 한다.

돈 없으면 죽는다는 공포는 생존을 보장하는 시스템을 통해 극복해야 한다. 국가권력에 의한 자본통제, 한계비용0(에너지의 공유)를 통한 공유경제, 지역에 기반한 지역 및 자립경제 등 생태복지국가가 필요하고 이에 따른 실천이 필요하다. 또한 **돈 있으면 행복하다는 환상**은 적정소비개념을 통하여 과다 소비에 대한 환상을 깨야 한다. 경쟁하지 말고(공정하게 경쟁하고) 적정하게 소비하는 방식이 만들어져야 환경의 회복과 우리의 삶이 보장될 것이다. 먹고살기 위해 해야 하는 일만 하는 게 아니라, 하고 싶은 일을 하면서 먹고 살아야 자아실현욕구 등 높은 차원의 욕구를 충족된다.

나와 남(타자)과의 관계에 대한 성찰은 타자를 내 마음처럼 헤아리는 것(如心 = 恕)에서 시작한다. "들어주는 사람에게 사랑받고 있다는 느낌이 든다"는 말처럼 내 입장만 고수하는 게 아니라 상대입장에 귀를 기울여서(傾) 듣는(聽) 경청(傾聽)이 필요하다. 타인과 자연에 귀기울여 듣고 배우는 것이 필요하다.

• 관계와 흙건축

관계론은 우리의 삶에서 익숙한데, 언어생활에서는 삶의 절정의 순간에 '죽인다'는 표현을 쓰고, 뜨거운 국을 먹을 때 '시원하다'고 한다.[4] 삶과 죽음, 시원함과 뜨거움에 대한 관계가 머릿속

4) 이도흠, 원효와 마르크스의 대화, 자음과 모음, 2015.

에 같이 공존한다. 또한 '한솥쿰'이라는 말은 공간에 의한 시간인식을 나타내고, '평'은 면적에 의한 길이 인식을 나타내는 것이다. 또한 관계를 도태로 한 분류체계를 기본으로 사물을 인식하는 체계인 오행과 관계를 도태로 한 건축의 도구로서 풍수 그리고 관계를 도태로 한 자기성찰의 도구로서 사주에 이르기까지 다양하다.

이러한 관계론에 기반하여 좋은 집과 도시에 대하여 살펴보자. 먼저 건축과 우리의 삶에 대한 성찰한 사례들을 보면 루이스 칸은 "어떤 건물을 만든다는 것은 어떤 인생을 만들어내는 것이다"라고 했고, 윈스턴 처칠은 "우리가 건물을 만들지만, 이 건물들은 또한 우리를 만든다"라고 했다. 최우용은 "삶과 정신이 천박하면, 건축은 천박해지고, 건축이 천박해질 때, 삶과 정신은 병든다. 삶과 정신이 건강하면 건강한 건축이 만들어지고, 건축이 건강할 때, 삶과 정신은 치유된다"라고 했다.[5] 또한 신경건축학의 창시자 중 한명인 에스더 M 스탠버그는 "아름다운 경치, 노을, 숲 등을 볼 때 엔도르핀 분비되는 경로의 신경세포가 활성화되고, 뿐만 아니라 풍경에 색, 깊이 움직임이 더해지면 그 경로를 따라 더 많은 신경세포 활성화된다"[6]라고 하였다. 이러한 성찰들을 종합해보면 건축과 우리의 삶은 밀접한 관계가 있고, 특히 중요한 것은 살아있음에 대한 확인이나 안도감이 아주 중요하다는 것을 알 수 있다.

사는 것, 삶, 생명의 다른 말은 목숨이라고도 하는데 이는 숨의 중요성을 나타낸 것이라고 본다. 숨이 막힐 것 같다거나 숨죽이며 산다 같은 표현과 숨통이 트인다거나 살 것 같다는 표현을 생각해보면 좋은 집과 도시의 조건은 생명활동을 보장하는 것, 즉 내가 숨을 쉴 수 있고 나아가 숨쉬며 다닐 수 있는 것이라고 할 수 있을 것이다. 숨 쉴 수 있는 집, 걸을 수 있는 도시가 좋은 건축과 도시의 중요한 요건이라고 할 수 있다. 또한 자연환경과의 관계 속에서 살펴본다면 이러한 것들은 자연환경에 피해를 최소화(Low Impact)하고, 자연환경과의 접촉을 최대화(High Contact)하는 방향에서 구현되어야 할 것이다.

지금까지 건축은 더 크게(Bigger) 더 높게(Higher) 더 깊이(Deeper) 지어져 왔고, 철학적으로는 이분법적인 일방성(天의 강화)을 강화하는 방향으로 발전하여 왔는데, 좋은 건축과 좋은 도시의 조건에 부합하지 않은 채, 지구자원의 고갈과 자연환경의 황폐화에 따른 삶의 위기를 불러왔다. 이러한 위기를 극복하기 위해 기존방식에 대한 반성과 새로운 대안들을 찾고 있는데, 생태건축, 친환경건축, 환경공생주택, Green Architecture 등 지속가능한 건축을 모색하는 다양한 노력이 진행되고 있다. 나와 타인이, 나와 자연이 별개라는 생각에서 나와 타인, 나와 자연이 다르지 않다는 생각으로 바뀌고, 내가 살려면 타자도 살려야 한다는 관계론 관점에서 모든 생

---

5) 최우용, 다시 관계의 집으로, 궁리, 2014.
6) 에스더 M 스탠버그(서영조 옮김), 공간이 마음을 살린다, 더퀘스트, 2013.

명은 존중되어야 한다는 인식의 전환 (地의 복원, 관계의 복원)에 의해 가능한 것이다. 흙건축은 일찍이 타인과의 관계와 자연과의 관계 속에서 지어져온 건축으로서 진정으로 좋은 건축과 좋은 도시를 만드는 기본조건을 충족하는 건축이다. 이는 지속가능한 건축으로서 흙건축이 주목받는 이유이기도 하다.

1.2.2 소 비

• 기본 개념

위에서 자본 중심, 物神 중심의 사회체제는 과잉 생산과 과다 소비로 자원을 무제한적 착취하고 독점함으로써 환경을 파괴하고 삶의 토대를 파괴하여 왔고, **돈 없으면 죽는다는 공포**와 **돈 있으면 행복하다는 환상**으로 공고하게 무장되었는데, 이를 극복하기 위해서는 이분법적 존재론에서 벗어나 관계론적 사고로써 자본중심, 물신중심의 사회체제를 생명 중심, 생태 중심의 체제로 바꾸어야 한다고 하였다. **돈 없으면 죽는다는 공포**는 삶을 국가 사회가 책임져본 적이 없는 역사 속에서, 자기 삶은 오로지 자기만이 책임져야 하는 현실의 무게이고, "부자되세요"의 역설을 생각하면서, 생존을 보장하는 국가사회시스템을 통해 극복되어야 한다는 점이 앞에서 논의되었다.

여기에서는 **돈 있으면 행복하다는 환상**에 대해 살펴보려 한다. 메를리 퐁티는 신체를 가지는 한 폭력은 불가피하다고 하였는데, 우리는 살아가기 위하여 어쩔 수 없이 타인과 자연에 대해 폐를 끼치는 존재이고, 소비는 삶을 위한 불가피한 행위인 것이다. 그러나 현 산업사회는 계획적 폐기와 자원의 무제한적 착취로 인하여 과잉 생산과 과다 소비가 그 주요한 특징이다. 계획적 폐기는 소비주기를 짧게 하여, 계속적이고 반복적인 소비가 일어나도록 제품의 기획, 설계의 전 과정에서 일부러 성능이나 내구성을 저하시키는 것으로서 이전 제품의 계획적 폐기가 후속 제품의 생산 토대가 되는 것을 말하며, 자원의 무제한적 착취는 가용자원을 무한정 채취할 수 있다는 환상에서 출발하였고, 재활용, 재사용 등 순환적인 자원소비에 대한 고려가 없는 일방적인 자원소모를 의미한다. 이러한 계획적 폐기와 자원의 무한착취의 상황에서 우리의 소비는 어떠한가, 지금은 우리의 소비에 대하여 질문을 할 때이다. 소비를 많이 하면 편리하긴 하지만, 그 편리함에 대한 근본적인 문제를 제기할 때이다. 진짜 나를 위한 소비인가, 누구를 위한 소비인가, 우리의 소비가 누구의 이익을 위한 것인가, 얼마큼의 소비가 나에게 맞는가, 우리의 삶의 질을 높이는 소비는 어떤 것일까. 이러한 질문에 대한 답을 몇 가지 예화를 통해 더듬어본다.

利를 도모해도 되는가
사람은 利가 아니면 살 수 없으니 어찌 도모하지 말라 하겠는가
利를 추구함이 義로 나아가지 못함을 걱정해야지
사람들이 利를 추구하는 것을 걱정할 것은 없다.
慾을 도모해도 되는가
慾이란 사람의 情이니 어찌 도모함을 불가하다 하겠는가
다만 도모한다 해도 禮로써 하지 않으면
탐욕이요 방탕이니 죄다. (혜강 최한기)[7]

다 아는 이야기

바닷가 마을 백사장을 산책하던
젊은 사업가들이 두런거렸다
이렇게 아름다운 마을인데
사람들이 너무 게을러 탈이죠
고깃배 옆에 느긋하게 누워서 담배를 물고
차를 마시며 담소하고 있는 어부들에게
한심하다는 듯 사업가 한 명이 물었다
왜 고기를 안 잡는 거요?
"오늘 잡을 만큼은 다 잡았소"
날씨도 좋은데 왜 더 열심히 잡지 않나요?
"열심히 더 잡아서 뭘 하게요"
돈을 벌어야지요, 그래야 모터 달린 배를 사서
더 먼 바다로 나가 고기를 더 많이 잡을 수 있잖소
그러면 당신은 돈을 모아 큰 배를 두 척, 세 척, 열 척
선단을 거느리는 부자가 될 수 있을 거요
"그런 다음엔 뭘 하죠
우리처럼 비행기를 타고 이렇게 멋진 곳을 찾아

7) 기세춘, 실학사상, 바이북스, 2012.

인생을 즐기는 거지요
"지금 우리가 뭘 하고 있다고 생각하시오?"(박노해)
아프리카에서 교육활동을 하는 서양인이
하루는 아이들에게 내기를 제안했다.
"저기 보이는 나무에 먼저 뛰어가는 사람에게
저기 놓여진 바구니의 빵을 모두 주마"
그 말을 들은 아이들은 누가 먼저랄 것도 없이
같이 손을 잡고 가서 빵을 나누어 먹었다.
이를 본 서양인이 말했다.
"왜 먼저 가서 빵바구니를 차지하지 않니
아이들이 말했다
"혼자는 못먹고 어차피 나누어 먹을건데요, 뭘" ('아프리카에서의 나날'에서)

삶은 소비를 전제로 한다는 말이 있듯이 소비는 우리의 삶을 영위하는 데 없어서는 안 되는 요소이다. 하지만 승리 소비 패배 죽음이라는 극단적인 현 상황에서 적정소비개념을 통하여 과다 소비에 대한 환상을 깨야 한다. 무엇이 필요한 것이고 무엇이 불필요한 것인지 자기 삶의 행태와 방향에 대한 성찰이 중요하다. "행복이란 나에게 필요한 것을 얼마나 가지고 있는가가 아니라, 나에게 불필요한 것을 얼마나 가지고 있지 않는가이다"라는 법정의 말처럼 필요한 것을 가지려는 욕구보다 불필요한 것을 갖지 않겠다는 용기로, 자본의 이익을 위한 소비, 무지에 의한 소비에서 삶을 위한 소비로 바꾸어야 한다. 돈(이익)이 지배하는 삶을, 경쟁에 눌린 삶을 행복한 삶으로 바꾸어야 한다. 우리의 삶은 저들의 이익보다 중요하다.

돈 없으면 죽는다는 공포는 생존을 보장하는 국가사회시스템을 통해 극복되어야 하고 이는 구성원들의 합의적 노력이 필요한 부분이지만, 돈 있으면 행복하다는 환상을 깨는 것은 개인적 결단에 의해서도 가능하다. 지금, 여기, 나부터 가까운 것에서부터 실천할 수 있다. 적정소비, 삶을 위한 소비를 통해서 우리는 지구환경의 보존과 우리 삶의 위기를 극복할 수 있다.

• 소비와 흙건축

흙건축은 가장 본질적인 재료인 흙을 사용하는 건축이다. 흙은 경쟁하지 않는다. 강자생존이 아니라 적자생존의 의미를 새기고, '어디 핀들 꽃이 아니랴'처럼 다양하게 조화롭게 사는 것을 추구한다. 또한 흙은 서두르지 않는다. 느리게, 차근차근 여유 있게 사는 것을 지향한다.

느림은 뒤처짐이 아니다. 프랑스의 철학자 피에르 쌍소(Pierre Sansot)의 말처럼 "느림은 인간이 수동적으로 갑자기 달려드는 시간에 얽매이지 않고, 시간에 쫓겨 다니지 않는 지혜와 능력이며, 우리로 하여금 불필요한 계획에 이리저리 정신을 빼앗기지 않고, 명예롭게 살 수 있도록 만들어줄 것이다"라는 시간의 존중이다. 흙은 다른 재료와 다르게 수십억 년의 축적이 있는 재료이기 때문이다. 그리고 흙은 드러내지 않는다. 일부러 드러내지 말고, 자연스럽게 드러나게 한다. 겉멋 부리지 말고, 본질적이고 담백하게 하는 건축을 지향한다.

이러한 흙건축은 무의미한 소비를 줄이는 건축이며, 우리의 삶에서 소비의 의미를 되새기는 건축이다. 무제한적으로 자원을 쓸 수 있다는 오만이 아니라 자연과 타인에 겸손한 건축이다. 흙(humus)의 어원이 겸손(humility)한 인간(human)이다. 쌩텍쥐페리가 "완벽한 디자인이란 그 이상 더할 것이 없을 때가 아니라, 더 이상 뺄 것이 없을 때 완성된다"라고 지적한 대로, 흙건축은 흙의 본질적 의미와 흙이라는 구체적 재료를 통하여 건축의 본래적 의의를 구현하는 것이다. 폰 골드버거의 "건축이 비바람을 막아주는 데서 그치지 않고, 거기서 더 나아갈 때, 세상에 대해 무엇인가 말하기 시작할 때, 건축은 중요해지기 시작한다"라는 말처럼 흙건축은 왜 건축을 하는가, 어떻게 건축을 해야 하는가, 누구를 위해 건축을 하는가, 어떤 세상을 만들기 위해 하는가, 누구에게 이익이 되는가 하는 질문을 끊임없이 하면서 과잉 생산 과다 소비가 되지 않는 건축을 지향한다.

삶이 가장 중요한 가치이기 때문이다.

"지구를 파괴하면서 얻는, 안락한 삶의 방식은 그대로 놓아둔 채, 흙이 가지는 장점만을 취하려는 자세로 흙건축을 한다면, 그것은 환경이나 생태를 이용한 또다른 환경파괴이며, 자연착취가 될 것입니다. 흙건축은 우리 삶의 방식의 변화를 요구하는 건축이며, 우리 삶의 방식이 바뀌어야 구현되는 건축이라고 생각합니다."

자본의 이익에 충실할 수밖에 없는 그간의 건축의 한계 때문에 소모된 자원의 낭비와 그에 따른 폐해를 시정하기 위하여, 무엇을 얼마나 더할 것인가가 아니라, 가장 최소한으로 가장 좋은 건축을 할 것인가를 생각하는 건축, 그것이 가능한 것은 건축의 본질적 의미를 살피고, 건축에서 무엇이 중요하고, 무엇을 줄일 것인지를 생각하기에 가능한 것이다. 흙이 가지는 재료의 솔직성과 본래적 가치를 추구하기에 가능한 것이다. 그것이 흙건축의 아름다움이다.

Why earth? 왜 흙인가

Use earth, Save Earth. 흙으로 지구를 살리자

1.2.3 공 간

• 몸과 균형 그리고 공간

생명은 관계이며, 모든 인간의 활동은 생명에 기인한다. 생명의 다른 표현은 삶이고, 삶을 나타내는 징표는 몸[8]이다. 몸이 살 수 있는 조건을 만드는 것이 건축이다. 건축에서 균형은 중요한 개념인데, 이 균형의 개념은 아주 오래전 몸에서 시작되었다. 사냥이나 채취를 하던 전기 구석기 시대에는 신체의 균형을 의미했고 도구를 사용한 후기 구석기 시대에는 사냥감이 늘면서 저장의 문제가 대두되어 삶의 균형이나 예술작품의 균형이라는 의미로 발전했으며, 신석기 혁명 이후 풍족한 식량으로 인해 살림이나 재정의 균형으로, 기축시대에는 중도, 중용이라는 철학적 개념으로 발전하였다.[9]

이러한 균형인식은 이후 대칭적인 균형, 비대칭적인 균형으로 예술에 적용되어 다양한 미학 개념이 등장하게 된다. 비트루비우스에서 레오나르도 다빈치에 이르기까지 많은 예술가들이 몸의 비례에 따른 감각을 중시하였으며 여러 작품에 적용된다. 황금비율 (1∶1.618, 대략 1∶1.6, 3∶5, 5∶8) 또한 몸에 의한 비례감을 표현한 것이다. 이러한 것들은 인체비례에 따른 관계론적 인식이 반영된 것이다. 미터법은 인체와 무관한 기준으로 만들어진 것이어서 균형과 비례에는 적합하지 않은 방식이다. 1평(1.8 × 1.8m, 6자 × 6자)은 한사람이 편히 누워서 생활할 수 있는 면적으로서 인체비례에 의한 크기이며, 우리 조상들은 이러한 면적인식을 바탕으로 길이를 가늠했는데, 사람이 실제 생활할 수 있는 면적을 먼저 생각하고 그에 따른 길이를 추산하는 관계론적 인식의 산물이다.

그리고 이러한 균형인식은 슈마르조(August Schumarsow)에 의하여 면의 예술-회화(2Dimension Art), 물체의 예술-조각(3Dimension Art), 공간의 예술-건축(3Dimension Art)으로 정의된다. 진흙을 형성하여 그릇을 만들면 그 비어 있는 허공에서 유용성을 찾게 되고, 집에 문과 창을 뚫게 되면 그 비어 있는 공간에서 유용성을 찾게 된다(도덕경11장). 건축적 공간은 일련의 건축적 표현들을 포함하기 때문에 단순한 비움(Raum)이 아닌, 공간조형(Raumgestaltung)이라 해야 하며, 다른 비구축적인 공간과는 분리되어 정의되어야 한다. 아울러 몸의 움직임을 느끼는 것이 시간개념이며, 공간은 그러한 움직임을 가능하게 하는 원천이다. 시간과 공간은

---

8) 몸은 육체를 나타내기도 하지만, 몸은 육체와 정신을 不二로 아우르는 표현, 즉 몸과 마음(인식하고 처리하는 뇌활동의 방식)을 포괄적으로 나타낸다고 하였다.

9) 이도흠, 원효와 마르크스의 대화, 자음과 모음, 2015.

별도로 분리된 것이 아니며 몸에 의해서 통합된다. 건축은 시간의 차원에서 인간의 삶 및 경험을 공간적으로 표현한 것(topic의 어원은 topos 장소이다)이므로, 건축공간을 내적 성능에 따라 필요한 규모와 연관지어 결정해야 한다.

결국 건축공간은 몸에 의한, 몸의 활동과 관련된 관계맺음이다. 몸의 편안함을 위하여, 시간과 공간의 관계맺음, 자연과 인공의 관계맺음, 내부공간과 외부공간의 관계맺음, 공적 공간과 사적공간의 관계맺음의 과정이라고 할 것이다.[10)]

· 흙건축 공간

침실, 주방, 거실 등 활동 중심으로 구획된 서구적 주거공간 개념과는 다르게 우리의 공간은 관계맺음을 방식에 기반하여, 외부공간을 활용하고 비워두는 공간을 둠으로써 집이 클 필요가 없다. 작은 공간으로도 큰 공간적 만족감을 누릴 수 있다. 그러나 아파트나 아파트처럼 되어버린 단독주택은 모든 걸 실내에서 해야 하니까 공간에 대해 욕심낼 수밖에 없다. 지금, 우리의 공간은 어떠해야 할까.

현재 내 공간은 어떻게 구성되어 있나, 내 공간은 적절한가, 누구를 위한 공간인가 하는 자기공간에 대한 분석과 나는 주로 무엇을 하며 보내는가, 무엇을 하고 싶은가 하는 자기행태 분석을 통하여 나에게 맞는 공간, 나에게 필요한 공간을 구성하기 위하여 작은 집(small house) 운동, 한옥의 여름집-겨울집 구성, 코하우징(co-housing) 개념으로 나누어 살펴본다.

❶ 작은 집(small house) 운동[11)]

'더 큰 집에 살아야 하고 더 좋은 직장과 연봉을 획득해야 하며, 더 큰 차를 몰아야 한다. 이것이 곧 행복'이라는 집단 주문에 걸린 상태. 하지만 정작 이런 극한 경쟁사회에서 행복한 사람은 많지 않다. 모두가 오늘의 행복이 아닌 내일의 부를 위해 뛰기 때문이다. 이런 맹목적이고 강박적인 경제생활로부터 자유롭기 위해 등장한 것이 '스몰하우스' 운동이다. '빽셈' 스타일'인 제이 셰퍼의 스몰하우스를 시작으로 '소유'를 돌아보며, '인생을 통째로 다이어트한다'는 그레고리 존슨의 스몰하우스, 소비와 돈벌이로부터의 자유를 위한 '살림은 작게, 생각은 크게' 태미 스트로벨 부부의 스몰하우스. '아무것도 해치지 않는 집, 기능적이고 아름다우며 생태환경에 좋은

---

10) 창덕궁, 부석사, 소쇄원 등 우리 건축에는 이러한 관계맺음의 특징을 보여주는 건축이 많다. 필요한 것을 가지려는 욕구보다 불필요한 것을 갖지 않겠다는 용기로, 할 수 있는데 안 하는 겸손의 결과라고 본다.

11) 정지연, 작은 집의 함의로 고찰한 흙건축의 가치, 한국흙건축학교 전문가 학위논문, 2015.

집'을 강조하는 디 윌리엄스의 스몰하우스, '인류가 지속가능한 방식으로 양심 있게 살아갈 방법에 대해 재고하는 집'을 주장하는 다란 마카와 앤 홀리의 프로토하우스 등 많은 사례들이 등장하고 있다.

또한 이러한 작은 집에 관한 전통은 우리에게도 있었다. '불필요한 부분이 없는 건축이며 최소한이면서 모든 것이 갖추어진 건축'이라는 퇴계의 도산서당. 도산 12곡을 통해 주변의 자연과 역사와 사람들의 일상사에까지 관계 맺고 무한한 크기로 확장된다. 세종의 경회루 동쪽 작은 집에서는 세계문명의 큰획을 그은 훈민정음 28자가 탄생한다. 송순의 면앙정은 우리전통의 차경개념으로 인해 건물은 작지만 공간은 무한하게 확장된다. 세 칸짜리 건물이 작은 집에 머물지 않고 무한하게 확장될 수 있는 이유는 건축물에 철학과 세계관을 담았기 때문이다. 우리의 전통 건축에서는 집이 단순한 건축물이 아니라 자신의 생각과 이상을 담는 그릇이었다.

미국의 스몰하우스 운동과 우리의 전통 건축을 통해 본 작은 집의 함의는 세 가지다. 첫째 '나': 삶의 지향(작은 집은 '나의 삶을 바꾸는 건축') 둘째 타자(他者) : '자연'과 '환경'을 인식(작은 집은 '환경'과 '자연'을 인식하고 배려하는 것) 셋째 '관계'와 '소통': 선순환의 철학(작은 집은 관계가 확장되고, 확장된 관계가 선순환되는 데 도움이 되는 집)이다. 작은 집은 규모를 무조건 작게 하는 것이 아니라 자신의 삶의 방향성을 성찰하고 거기에 맞는 적절한 규모의 집을 의미한다.

❷ 한옥: 여름집–겨울집[12)]

자연과 더불어 고졸하게 사는 삶을 노래한 면앙정 송순의 시조를 보면, 우리 건축공간의 특성이 잘 드러나 있다. 여름철에 시원한 바람이 부는 공간과, 겨울철 맑은 달을 보는 따뜻한 아랫목이 있는 공간이 그려진다.

> 十年을 經營 ᄒᆞ여 草廬三間 지어내니
> 나 ᄒᆞᆫ 간 ᄃᆞᆯ ᄒᆞᆫ 간에 淸風 ᄒᆞᆫ 간 맛져두고
> 江山은 드릴 듸 업스니 둘너 두고 보리라.
> (십년을 경영하여 초려 삼간 지어내니
> 한 칸은 청풍이요 한 칸은 명월이라
> 강산은 들일 데 없으니 둘러 두고 보리라)

한옥은 북방식 주거(겨울집)와 남방식 주거(여름집)가 합쳐진 세계적인 주거양식이다. 겨울집

---

12) 박수정, 한옥의 공간구성 원리에 기반한 원가절감형 흙집 프로토타입 제안, 목포대학교 석사학위논문, 2015.

과 여름집의 조화는 흙과 나무의 조화이고, 무거운 것과 가벼운 것의 조화이다. 겨울에는 겨울집인 구들방을 중심으로 생활하고, 봄 여름 가을에는 여름집인 대청을 중심으로 하되 집 전체를 사용하는 방식이다. 이런 방식을 현재에 적용하여 단열이 잘되고 난방이 되는 고가의 난방공간(겨울집)과 개방형이고 단순하게 지어서 저가인 비난방공간(여름집)으로 나누어 생각하면, 짓는 비용과 유지 비용이 모두 저감되는 집을 지을 수 있다. 겨울집은 흙(기둥 + 벽체)을 주재료로 하여 (신)구들이나 지열, 태양광을 이용한 난방과 패시브하우스 정도의 단열을 하되, 고가이므로 밀집된 최소한의 구성으로 하고, 여름집은 나무를 주재료로 하여 난방이나 단열을 하지 않아 저가이므로 대청개념을 활용한 여유 있는 구성을 하는 것이다. 30평을 짓는다고 할 때 여름집 – 겨울집 개념을 적용하여 각각 15평으로 한다면, 난방비는 절반으로 줄어들 것이고 시공비용은 70%선에서 해결될 수 있을 것이다.

③ 코하우징(co-housing)

코하우징은 상시적으로 필요한 공간과 부가적인 공간을 분리하여, 공간의 효율성을 높이는 방식이다. 예를 들어 10가구가 모여서 각 가구당 30평씩의 집들을 짓는다고 하면 10채에 총 300평의 면적이 지어지게 된다. 그런데 집을 지을 때, 우리는 우리가 상시적으로 사용하는 공간 이외에, 손님이 온다던가 아니면 어쩌다 한번 있는 넓은 면적이 필요한 상황을 고려하여 크게 짓게 된다. 일년에 몇 번 있는 경우를 대비해서 짓는 것은 낭비같기도 하지만, 안 만들 수도 없고 하여간 난감하다. 이럴 때 공간의 일상적으로 꼭 필요한 공간과 추가적인 공간으로 나누어 생각해보면 일은 간단히 풀릴 수도 있다. 꼭 필요한 일상공간이 20평이라면 각각 20평을 짓고, 나머지 추가공간은 10가구가 공유하는 공간 30평을 별도로 공동으로 짓는다. 이 공간은 공동 손님방이라든가 공동식당, 계절용품 보관 등 가끔씩 있는 여럿이서 필요한 공간으로 쓴다.

이럴 경우 각각의 가구는 자기집 20평과 공동공간 중 3평을 합친 23(20 + 3)평에 해당하는 비용이 들고, 누리는 공간은 상시공간인 자기집 20평과 추가공간인 공동공간 30평을 합하여 50평을 누리게 된다. 짓는 비용과 유지 비용이 모두 적어지고, 전체적으로는 11(10 + 1)채에 총 230(200 + 30)평이 지어지게 되어 지구환경에도 좋은 단지가 만들어지는 효과가 있다. 자기만의 공간을 가지고 자기생활을 하면서도, 공유하는 공간을 가져서 더불어 같이 사는 것의 장점을 살리는 방법이다.

이것은 두 가구 이상의 집짓기에 적용될 수 있으며, 혼자서 집을 짓는 경우에도 적용가능한데, 상시공간과 추가공간을 분리하여 지으면 난방 등 유지관리 비용이 줄어들게 된다. 이러한 코하우징은 내 공간 분석과 내 생활방식의 성찰이 우선되어야 가능하다.

안도 다다오는 "쓸데없는 공간이 있어야, 정신적 안락을 얻을 수 있다"라고 했는데 쓸데없는 공간은 무가치하거나 낭비되는 공간이 아니다. 무엇이 쓸데 있는 공간인지, 어떤 것이 쓸데없는 공간인지 분간이 필요하고, 그러려면 나에게 맞는 공간과 나에게 필요한 공간을 분석하여야 한다. 이러한 분석은 나의 삶의 방식과 지향에 대한 성찰을 전제로 한다.

과다한 소비 없게, 관계를 고려하여 공간을 구성해보자.

1.3 좋은 건축과 도시

타인과 같이 살아야 한다는 측면에서 숨쉴 수 있는 집과 걸을 수 있는 도시 그리고 자연과 같이 살아야 한다는 측면에서 자연환경에 피해를 최소화(Low Impact)하고, 자연환경과의 접촉을 최대화(High Contact)하는 것이 진정으로 좋은 건축과 좋은 도시를 만드는 기본이라고 할 수 있을 것이다.

• 타인과 같이 살아야 한다

① 숨 쉴 수 있는 집

숨 쉴 수 있는 집은 호흡(실내공기질, 재료, 외부공기, 집의 위치…) 시각(트인 시야, 창크기, 배치, 외부정원, 외부환경…) 체감(단열, 구들, 집의 배치…) 등 여러 관점에서 살펴볼 수 있을 것이다. 건축이 상업적 목적을 충족시키도록 보기에만 좋도록 지어지는 것이 아니라, 사람이 그 안에 생활할 때, 건강과 생활의 쾌적성을 높이는 것이다. '건물 따로 사람 따로'가 아니라 사람도 자연의 일부요, 건물도 자연의 일부라는 의식 아래 자연을 최대한 반영하도록 주거환경을 디자인하고, 안전하고 건강하며, 쾌적한 실내환경을 실현하는 것이다. 또한 건물을 매개로 하여 인간과 인간의 소통을 확대하는 것이 필요하다. 공동경작지, 공동작업장 등 공동공간을 확보하여 사람들 간의 접촉을 늘리고 건물의 배치나 구조를 통하여 이웃과의 소통을 원활히 하도록 하는 것이다.

② 걸을 수 있는 도시

걸을 수 있는 도시는 호흡(공기질, 차량저감, 교통노선…) 시각(녹지조성, 다양한 볼거리…)

체감(도시규모, 소비행태…) 등으로 살펴 볼 수 있을 것이다.

건축이나 도시적 접근을 통하여, 도시계획이나 구조를 바꾸는 일 뿐만 아니라 정책적인 측면에서의 접근을 하여야 하며, 지속가능한 정책을 입안하도록 하는 활동과 그러한 정치세력이 집권할 수 있는 활동도 병행하여야 한다.

• 자연과 같이 살아야 한다

❶ 자연환경에 피해를 최소화(Low Impact)

자연환경에 가해지는 폐해를 최소화시키는 것이다. 건물형태나 구체 결정(자연채광/통풍 등 순환형 건물, 원에너지 저소비 소재 사용) 에너지 저감(태양열 이용, 고효율 냉난방, 고단열, 폐열회수, 미이용 에너지 활용…) 자원절약 및 재활용(자연소재 재생/재활용소재 이용, 고내구성 재료 사용, 우수/생활하수 순환활용, 유기폐기물처리/자연발효 화장실…) 등 여러 관점에서 자연환경에 피해를 최소화하는 방안을 찾아야 한다.

건축이 자연환경을 파괴하고 공격하는 것이 아니라 자연환경 속에서 조화롭게 결합되는 것이다. 자원이나 에너지를 생태적 관점에서 효율적으로 이용할 수 있도록 집의 구조나 설비 등을 고안하고, 자연에너지나 미이용 에너지를 이용한다. 자연소재나 재활용소재를 이용하며, 폐기물이 생기지 않는 재료나 공법을 선택하는 것이다. 어떤 것을 만들 때 에너지가 적게 들거나, 발생하는 오염물질이 적도록 하여 자연에 충격을 적게 주고, 자연의 피해를 최소화하고자 하는 것이다. 또한 공기가, 물이, 재료가 순환해야 한다. 공기가 건물에서 자연으로 자연에서 건물로 순환해야 하며 물이 대기에서 건물로, 외부로, 지하로, 다시 대기로 순환해야 한다. 특히 재료는 모두 자연으로 돌려보내야 한다. 자연은 자연에서 나고 자라서 돌아가는 구조인데 건축재료의 대부분이 자연에서 오지만 자연으로 돌아가지 못하고 구천을 떠돈다. 자연으로 돌아가지 못하는 게 바로 공해다.

❷ 자연환경과의 접촉을 최대화(High Contact)

친환경 외부공간 조성(친수공간 조성 및 생태적 식재, 우수의 침투 유도 등 순환형 외부공간 조성, 자연토양의 보전 및 인공지반의 조성, 건물외피의 녹화 및 녹지공간의 최대화, 건물 내외의 연계성 증대)이나 토지이용 및 배치(기후/지형을 고려한 환경친화적 배치, 지역성을 고려한 배치) 등에서 인간이 조금이라도 더 자연환경과 가깝게 접할 수 있도록 건물이 매개하여 자연환경과의 접촉을 최대화하여야 한다.

1.4 세상살림집-흙건축

이러한 집을 추구하기 위하여 여러 재료들이 논의되고 있으나, 확실한 대안을 찾지 못하는 현실에서, 흙건축은 생태건축을 구현할 수 있는 현실적이고 실제적인 대안으로서 세계 각국의 주목을 받고 있다.

흙건축은 요즘 집과 달리 콘크리트나 페인트 등과 같은 인공적인 재료는 거의 쓰지 않는다. 흙과 나무, 돌 등 자연재료가 집을 짓는 데 필요한 자재의 전부라 해도 지나치지 않는다. 이들 재료들은 자연으로부터 채취해온 것이기는 하지만, 이러한 집은 결코 집터의 토양을 오염시키지 않을 뿐더러 집이 수명을 다해서 해체되어도 집에서 나온 쓰레기 때문에 자연 생태계를 오염시키거나 훼손하는 일은 없다. 해체된 집의 재료가 모두 자연상태로 고스란히 환원되면서 집과 자연의 생태학적 순환이 계속될 수 있는 것이다. 그러므로 이러한 집문화는 끊임없이 지속가능하다. 그러나 콘크리트 집은 사정이 다르다. 대부분 인공적 재료를 쓰기 때문에 엄청난 자연훼손과 에너지를 소비함으로써 엔트로피를 증가시킨다. 그리고 콘크리트는 땅을 오염시키는 까닭에 집터의 흙이 죽게 된다. 집이 있는 동안 자연오염은 계속될 뿐 아니라, 집의 수명이 다하여 해체될 때에는 땅을 오염시키는 쓰레기 더미일 뿐 재활용되지 않아서 자연상태로 환원되지 않는다. 자연과 집, 또는 집과 자연이 순환되지 않는다. 따라서 콘크리트 집이 계속해서 지어지면 자연은 끊임없이 죽어가게 된다. 그러므로 이러한 집문화는 지속불가능하다.[13]

흙은 오래전부터 사용하여 온 전통적인 소재[14]인 데다가 주위에서 흔하여 구하기 쉬운 재료이며 값도 싸서 새롭게 주목받고 있는 재료이다. 또한 사용하고 난 다음에 폐기물을 남기지 않고 자연으로 순환되며, 동식물의 생육에 좋은 영향을 미치고, 자재를 생산하기 위한 원에너지가 극히 낮은 재료[15]이다. 무엇보다도 유럽제국들은 2050년까지 철근 소비를 현재 사용량에서 90%, 알루미늄 85%, 시멘트 80%만큼 줄이려 노력하고 있다. 흙이 아니면 어떻게 해결할 수 있겠는가?[16]

흙건축의 정의에 대하여 김문한은 건축재료로 흙을 사용한 집이라고 하였고, 정기용은 흙을

---

13) 임재해, '민속문화의 생태학적 인식과 공생적 세계관', 민속문화의 생태학적 인식, 당대, 2002, p.154-155.

14) 흙건축은 일 만 년의 역사를 갖고 있다. 인류가 건설한 최초로 도시는 바로 흙을 이용한 것이었다. 흙건축의 역사 자체도 대단하지만, 더욱 놀라운 것은 대부분의 건축역사서가 오랫동안 흙건축을 간과했다는 점이다. 퐁피두 센터 Jean dethier와의 인터뷰.

15) 건축 자재별 원에너지(kcal/kg) : 자재 1kg를 만들어내기 위한 총투입 자원을 칼로리로 환산한 수치로서, 수치가 낮을수록 친환경적임. 흙 5, 목재 250, 시멘트 1160, 강재 7400, 알미늄 73000, 석고보드 2043, 유리 3785, 합성수지 제품 22000.

16) CRATerre 부소장 Hugo Houben 인터뷰 (2003.4.30. KBS 수요기획 세계의 흙집).

소재로 지은 집이라고 하였으며, 황혜주는 흙이 기능하고 흙의 역할이 강조된 건물이라고 하였다. 이러한 여러 가지 정의가 있어 오다가, 한국 흙건축 연구회에서 2006년 '흙건축은 자연상태의 흙을 소재로 하는 건축행위와 그 결과물이며, 좁은 의미로는 건축의 주된 재료로서 흙의 역할이 강조된 건축물'로 정의하였고, 영문으로는 earth construction, earth architecture, earth building을 혼용하여 쓰기로 하였으며, 이러한 정의가 통용되고 있다.

흙건축의 성격을 한마디로 정의한다면, 能大能小라 하겠다. 어느 곳에서나 어떤 방법으로나 누구나 다가갈 수 있는 특성을 지녔다. 흙은 천의 얼굴을 가졌다! Low tech에서 High tech까지 기술적 다양성을 지녔고, 저가에서 고가까지 경제적 다양성을 지녔으며, 과거에서 미래까지 시대적 다양성을 지녔다. 죽어가는 지구를 살려내고, 그 속에 사는 사람들을 살려내고, 사람들 간의 관계를 살려내는 흙집은 죽임집이 아니라 살림집이다.

지금 세계 여러 나라에서 흙건축에 대한 관심이 높다. 유럽의 경우는 2050년경 대부분의 집을 흙으로 지을 것을 염두에 두고 연구하고 있고, 미국은 건강주택으로서 흙집을 활발하게 짓고 있으며, 전 세계 인구의 3분의 1인 15억의 인구가 흙집에서 살고 있다. 이제, 흙은 과거의 약하고 후줄근한 재료에서 미래의 새로운 재료로 재인식되고 있다. 현재에는 흙으로도 현대적 집을 지을 수 있다는 것을 보여주고는 있지만 흙의 한계로 인하여 그 건축범위가 제한적이어서, 여러 나라들에서 아주 다양하고 예술성 높은 건축을 구현하고자 흙의 여러 단점을 보완한 재료기술개발에 박차를 가하고 있다. 국내에서도 재래식 흙집뿐만 아니라 미래형 흙집에 대한 연구가 있고, 선진제국을 넘어서는 연구성과의 축적이 있다. 우리나라는 좋은 흙이 많다. 처참하게 파괴되어가는 지구환경을 보존하고, 인류의 참다운 발전을 구현하는 길 위에 흙이 자리하고 있다.

2장

흙건축의 역사

2장

흙건축의 역사

2.1 흙건축의 시작

흙건축은 인간의 역사와 함께해오고 있으며 지금도 흙을 이용하여 수없이 많은 건축행위가 이루어지고 있다. 인류 최초 흙주거에 대해 많은 문헌에서 설명하고 있지만, 오랜 시간에 걸쳐 그 흔적이 사라져버려 정확히 알기는 어렵다. 다만 최초 인류가 주변에서 가장 손쉽게 구할 수 있는 재료를 이용해 그 지역 환경에 맞는 주거를 지어 사용했을 것이라고 추측했을 때 흙건축도 인류 건축 역사의 시작과 기원을 함께 할 것이라고 추측할 수 있을 것이다.

문명 이전의 원시 인류는 생존을 위해 식량채집과 낮은 수준의 수렵 생활을 하며 식량을 찾아 계속 이동을 해야 했다. 그러므로 원시 수렵 채집인들의 주거는 대개 며칠 동안만 사용하는 가장 단순한 주거형태로 단순한 은신처였고, 규모가 작았으며, 야영지 주변에서 손쉽게 모을 수 있는 건축재료만 가지고 지어졌다. 그래서 짧은 시간 안에 주거지를 완성할 수 있었고 특별한 기술을 필요로 하지 않았기 때문에 실내 기온을 유지할 수 있을 정도로 매우 기초적인 형태로 지어졌다.

이보다 발달된 단계의 수렵 채집인들은 이전과 같이 그들의 은신처는 한두 시간 내에 지어졌지만 사용 기간은 며칠이 아니라 몇 주까지 늘어났다. 주거의 내부 면적이 늘어났고 무리가 새로운 야영지로 이동할 때 집짓는 재료 일부를 최소한이나마 옮겨 가서 재사용하였다. 이들은 구조물을 만들 때 다양한 재료를 복합해서 건설하는 기술을 가지고 있었다. 그들은 각각의 재료가 가진 기본 특성을 알고 있었으며, 보다 복잡한 도구를 만들기 위해 그 재료들을 효과적으로 조합했다.

끝으로, 수렵채집 무리와 농경 민속사회를 연결하는 중간 단계의 유목민들은 이동용 천막집을 사용했다. 이동용 천막집은 좀 더 영구적인 구조체와는 달리 실내와 실외의 경계가 뚜렷하지 않았다. 추운 지역의 경우 바깥 공기를 단단히 차단하는 천막집을 만들기도 하지만, 사막지역의 천막집은 그저 햇볕을 가리는 그늘막 형태여서 집의 시작과 끝을 정하는 수직벽이 없다. 유목민들은 주기적으로 거주지를 옮겨다니기 때문에 주거재료의 이동이 용이해야 한다. 따라서 무게가 가벼운 재료로 천막집을 짓는다. 이런 이동형 주거는 고유의 특성상 오늘날의 고고학자들이 연구할 수 있는 영구적인 흔적을 남기지 않았다. 그럼에도 이동 주거들은 선사시대에 사용되었을 것으로 추측되고 이때는 생존을 위한 이동이 중요한 문제였기 때문에 이동이 용이하지 않은 건축 재료인 흙의 사용은 어려웠을 것이며, 만약 사용됐다면 부분적이었을 것이라고 추측된다.

건축재료로서 흙의 본격적인 사용은 사냥을 하고 가축을 길러서 생계를 유지하고 계절에 따라 이동하면서도 그 사이에 씨를 뿌려 수확하는 형태의 경작을 하는 반유목민(반정착민)의 주거였을거라 추측된다. 반유목민 사회는 진화 과정상의 과도기적 단계를 나타내는 '반정착민'이라고도 할 수 있다. 특히 이들은 간혹 자신들이 예전에 정착했던 곳에 다시 찾아가 주거지로 삼는다. 반유목민 또는 반정착민은 환경요인과 생산성 수준이 각양각색이어서 건축유형도 다양하다. 그럼에도 불구하고 이들 주거에는 공통된 특징이 있다. 보통 처음에는 다른 유형의 주거를 번갈아 사용한다. 정착생활을 하는 동안에는 튼튼한 집에서 살다가 이동생활을 할 때에는 임시 주거에서 머무는 것이다. 이들 주거의 일반적인 형태는 역시 그 환경을 지배하는 기후에 따라 변화한다는 것이다. 이때 흙으로 된 벽체와 지붕의 재료로 사용된 두꺼운 진흙 덮개층은 열 취득과 열 손실을 지연시켜주며 내부와 외부의 온도 차이를 24시간 내내 평형하게 한다. 겨울주거는 혹한과 강풍을 막아낼 정도로 튼튼해야 하므로 열용량이 큰 벽과 지붕이 필요했다. 그래서 대부분의 겨울주거는 추위와 바람을 최대한 막아 줄 수 있는 흙을 덮은 반지하의 주거형태를 사용했다. 계절 변화가 거의 혹은 전혀 없는 아열대의 사바나 기후에서는 뜨거운 낮과 추운 밤, 낮은 습도와 희박한 강수량이 특징이다. 이러한 지역에서는 하나의 일반적인 주거형태를 필요로 한다. 그것은 흙으로 된 높은 열용량의 벽체와 지붕으로 된 축열 구조의 건물로서 낮에 흡수한 열을 밤에 방출하고 반대로 밤에 냉각된 벽체가 최소한 낮 시간의 얼마 동안만이라도 실내를 시원하게 유지해준다. 이렇게 흙건축은 작물재배와 가축사육을 통해 얻은 식량에 우선적으로 의존하면서 유랑 수렵채집인들보다는 좀 더 제한된 지역 내에서 활동하는 반유목민(반정착민)들로부터 본격적으로 이루어지기 시작했을 것이다.

고대문명 태동 이전 시대의 흙건축은 세계 각지에서 그 흔적이 발견된다. 특히 세계 각지에 잔존하는 고고학의 흔적들은 거의가 흙으로 세워진 도시들이다. B.C. 8000년경 요르단, 이란, 아나톨리아에서 신석기 문화 혁명이 일어났으며, 이때 곡식이 재배되었고 가축이 길들여졌다. 이와 같은 것들은 영구적인 인류정주의 조건이었고 인간은 정착생활을 시작하면서 오래 머물 수 있는 새로운 주거공간이 필요했다. 흙건축은 이때를 전후해 많은 흔적들이 발견된다.

예를 들어, 요르단강 기슭의 초원위에 자리 잡은 신석기 이전의 부락 예리코(Jericho)는 발굴을 통해 알려진 가장 오래된 마을 중 하나이며, 이 부락은 B.C. 8000년경에 큰 발전을 하였고 진흙벽돌과 원형 혹은 타원형의 돌기초로 지어진 집들로 마을이 만들어졌다(그림 2-1). B.C. 6500~5700년경의 아나톨리아(터키)의 카탈 휘익의 정착지는 진흙벽돌로 된 벽으로 지어졌다. B.C. 8000~6000년경의 러시아 투르키스탄에서 지어진 진흙벽돌 주택이 발견되었고, 아시리아에서는 B.C. 5000년경 다짐흙의 기초가 발견되었다. B.C. 4800년경에 형성된 이라크의 야르모 유적에서는 흙주거의 흔적이 발견되었고, 메소포타미아 지역에서는 야르모의 주거지보다 한층 더 발달된 핫수나 유적이 발견되었다. 핫수나의 주택은 흙벽돌이 갖는 구조적 단점을 보완하기 위해 버팀벽(buttress)으로 받쳐 내구력을 갖도록 하였고, 마당의 빗물이 뒤로 흐르도록 배수구도 만들어주었다. 배수구는 흙벽에 빗물이 스며들 경우 내구력이 약해지는 문제점을 해결하기 위해 설치된 것이다. 이 밖에도 파키스탄의 하라파(Harappa)와 모헨조다로(Mohenjo Daro), 이집트의 아크렛아톤(Akhlet-Aton), 페루의 찬찬(Chan-Chan), 이란의 바빌론(Babylon), 스페인의 코르도바(Cordoba) 근처에 있는 쥬에로스(Zuheros) 그리고 사이프러스의 키로키티아(Khirokitia) 등에서도 흙건축의 흔적은 발견된다. 이 흔적들은 흙이 아주 오래전부터 인류 문화 안에서 주거지뿐만 아니라 다양한 용도의 건축물 등에 건축재료로 이용되었다는 것을 보여준다.

그림 2-1. 예리코
예리코는 1만 년 전(혹은 기원전 7500년)에 벽과 계단이 있는 탑으로 구조된 거대한 도시로 인류가 세운 최초의 요새화된 성곽 도시로 알려져 있다.

2.2 흙건축의 확산

모든 고대 문명에서 흙은 주거지와 지역적인 건축물을 짓는 데 사용되었다. '강 사이의 땅' 메소포타미아의 유프라테스 강과 티그리스 강 유역은 이집트에서 출발하여 팔레스타인과 시리아를 지나 메소포타미아에 이르는 '비옥한 초승달'의 동쪽 부분을 형성하고 있다. 메소포타미아 문명의 발상지 유프라테스와 티그리스 강 연안은 도시문명이 발달하기에 이상적인 조건을 갖추고 있었고 B.C. 3500년경에 발달한 수메르 문명은 석재가 없고 목재가 부족한 지역적 특성을 가지고 있었다. 이런 취약점을 극복하는 과정에서 흙벽돌 조적구조를 기반으로 기둥, 벽기둥, 아치, 볼트 등을 이용한 복잡한 건축기술이 발전되었고 가족 혈연사회로 구성된 많은 흙벽돌 마을들이 시골지역과 도시 주변에 점점이 흩어져 있게 되었다. 진흙 벽돌은 햇빛과 바람에 의해 침식되는 내구성이 약한 재료이므로 중요한 건축물에는 구운 점토 타일이나 회반죽, 혹은 석회 칠로 외피를 보호했을 것이다. 대다수 소규모 건물의 지붕은 벽돌 자체의 구조적 한계와 지붕보로 이용되는 목재의 부족 때문에 자연적 구조체계인 아치 형태의 볼트로 처리 되었다. 소규모 건물은 대부분 단층으로 만들어졌지만, 4층 정도까지 가능했던 것으로 판단된다. 특히 B.C. 2200 ~ 2100년 사이에 세워진 우르의 지구랏트는 15m 높이의 거대한 기단 위에는 2개의 작은 단이 놓였는데, 이것은 햇볕으로 건조시킨 벽돌로 세워졌으며 표면은 역청으로 처리한 구운 벽돌을 사용하여 덮었다.

그림 2-2. 지구라트

흙건축은 또한 고대 페르시아의 중심부 이라크와 이란, 수메르 문명의 발상지 아프카니스탄과 남·북 예멘의 중앙아시아에도 깊은 뿌리를 가지고 있다. 이란의 고대 도시 밤(bam), 야자드(yazd), 서전(Seojan), 타브리즈(Tabriz)에는 완벽한 배럴볼트와 돔 기술의 증거들이 남아 있다. 그리고 남예멘의 쉬밤(Shibam)에는 여물을 섞은 알매흙(Cob) 방식의 10층 이상 건축물들이 있다.

Egypt - Adobe making, Tomb of Queen Hatshepsut
Courtesy Hassan Fathy

그림 2-3. 흙벽돌 제작
이집트의 하셉슈트 여왕 무덤

'나일 강의 선물'인 이집트 문명에서 돌로 지은 피라미드와 바위를 쪼개 만든 공동묘지처럼 강한 재료는 죽은 자를 위한 영원한 안식처로 건설되었고, 대조적으로 산자의 안식처인 이집트인의 집은 햇볕에 말린 벽돌처럼 시간의 파괴를 이겨내지 못하는 약한 재료로 지어졌을 것이다. 이들은 햇볕에 말린 벽돌을 이용하여 집을 지었고 천장은 야자수 줄기와 잎자루를 엮어 얹고 흙을 덮었다. 바닥은 흙을 다진 다음 그 위에 회칠을 했을 것으로 생각된다. 어떤 이집트학 연구자들은 다른 견해를 내놓고 있는데, 상대적으로 평화로운 나라인 이집트의 도시들은 요새화할 필요가 없었다는 것이다. 따라서 그들은 개방된 형태를 갖고 있었으며, 이는 그들의 도시구조가 느슨했고 그 구성 부분들도 성벽으로 둘러싸여 속박되거나 고정되지 않았다는 것을 의미한다.

'인더스 문화'는 석기를 사용하다가 서서히 청동기를 사용하기 시작하던 금속병용 시대에 탄생했다. 인더스 문명은 매우 발전된 건축기술을 보유하고 있었다. 모헨조다로의 건설기술자들은 벽을 만들 때 '구워 만든 벽돌'을 사용했다. 두껍게 그리고 경사지게 세운 벽의 안쪽은 대부분 수직이었으며 표면에는 진흙반죽을 발랐다. 벽의 바깥 면은 마감 없이 노출시켰던 것으로 생각되며, 대규모 건물들에서만 벽을 경사지게 만들었던 것으로 추정된다. 건물의 기초는 상당히 깊이 매우 조심스럽게 설치했다. 바닥은 일반적으로 벽돌로 깔았다. 대부분의 방에 벽돌을 눕혀 깔았으나 욕실처럼 잘 닳는 곳에는 세워서 깔았다. 당시 이 지역에서는 제대로 된

그림 2-4. 흙벽돌집
이집트 베지르스 레크미레 무덤

그림 2-5. Shunet el-Zebib
이집트의 에비도스(Abydos) 지역의 높이 10.7m, 두께 4.6m 흙벽돌 유적으로 피라미드 이전의 유적 photo by new york times

모양의 아치는 사용되지 않았던 것으로 추정된다. 다만 두꺼운 벽의 움푹한 부분에 까치발 아치가 사용되었고(드물게 벽에 낸 창이나 문 위를 걸치는 용도로 사용) 문과 창문 상부의 돌 밑에는 나무 인방을 대서 받쳤다. 또한 상부층 바닥과 평지붕은 목재를 짜서 만들었다. 이 목구조는 보와 판자로 이루어졌다. 지붕은 아마도 흙을 덮어 밟아 다지고 보호벽돌을 한 겹으로 깔았을 것이라 생각된다.

끝으로 중국 문명은 먼 옛날부터 농업이 신성한 직업이었고 지금도 그 전통은 남아 있다. 중국의 신들 가운데 가장 오래된 신의 하나인 "흙의 신"은 중국인들로부터 매우 숭배되었으며 점차 가족 농지와 동일시되었다.

2.2.1 아프리카

아프리카에서 이루어진 인류의 진화는 거대했으며, 아마도 아프리카에는 인류가 세계무대에 처음 등장했던 곳일 것이다. 또한 아프리카는 거의 3천 년 가까이 번영했던 이집트 문명의 본산지이기도 하다. 나일강 유역의 메림(Merim)이나 페이윰(Fayum)에서 발견되는 기원전 5000년경의 인류 최초의 정착에는 갈대와 나뭇가지를 엮은 후 흙을 덮거나 흙 덩어리를 채워 사용했음이 확인된다.

그림 2-6. 흙벽돌 제작

그림 2-7. 외벽 보수

아프리카 흙건축은 다양한 형태의 곡식창고에서 가장 간단한 임시 오두막, 모로코 남부의 카스바(kasbah)에서 나이지리아 지방의 강변, 베닌(Benin)의 솜바(Somba)족의 요새, 카메룬 모스곰(Mousgoum)족의 오두막 외벽, 말리의 사원과 도시 주거 등으로 그곳의 땅, 재료, 건설자의 영혼을 반영한다.

이후 아프리카의 발전된 문명은 이집트 왕조가 세워지며 나타난다(B.C. 2900). 이집트의 나일 유역은 흙과 같은 중요한 건축 재료를 제공했으며, 점토와 실트로 이루어진 흙은 사막 주변의 모래와 섞은 후 곡물로부터 얻어진 짚을 첨가하여 건축 재료로 사용하였다. 이 건축 재료는 처음에는 손으로 만들어 사용하였으나 시간이 지나면서 거푸집에 재료를 부어넣고 햇빛에 건조해 굽지 않은 벽돌 형태로 만들어졌다. 이 흙벽돌은 외부벽 형태가 층계식인 왕조나 고위 관료들의 석실분묘를 짓는 데 사용했으며, 이런 형태는 아마도 메소포타미아 건축물을 모방했을 것이다.

사하라(Saqqarah)와 에비도스(Abidos)의 동굴에서는 이후에 돌로 덮여진 경사진 흙벽돌 벽의 발전을 보여준다. 흙은 돌에 의해 보호되어 사라지지 않는 영원한 재료로 임호텝(Imohotep)에 의해 지어진 사하라의 석회암 사원에 최초로 사용되었다. 그것은 농촌 거주지뿐만 아니라 귀족과 왕의 저택과 건물로 시민 건축물로 보존되었다. 흙은 돌에 의해 불멸의 재료가 된다. 매장 유적에 쓰이거나 칠해진 장식은 가장 최근의 이집트 문명에까지 햇빛에 건조한 벽돌이 사용됐다는 것을 알 수 있다.

데엘메디네(Deir el-Medineh)의 테베스(Thebes)에 있는 대규모 공동묘지에서 일하던 장인들의 집들은 계단식으로 되어 있었고, 돌 기초 위에 진흙 벽돌로 지어졌다. 각각의 집들에는 연속하여 응접실, 휴게실, 침실 그리고 부엌이 있으며, 계단은 평지붕에 접근이 가능하도록 되어 있다. 햇빛에 건조한 벽돌로 만든 이 마을은 장인들이 400여 년의 오랜 세대에 걸쳐 자리잡고 살아왔으며, 이집트 건축 기술자들은 둥근 천장을 만들 수 있는 조적공법을 개발하였다. 우리는 룩소(Luxor)와 아수완(Asswan) 사이에서 낮은 누비안을 찾아볼 수 있다.

아프리카 대륙의 북쪽 지역들은 지중해 문명에 영향을 주었다. 그 문명들은 담틀과 햇빛에 말린 흙벽돌의 사용에 널리 영향을 끼쳤다. 동아프리카는 칠, 도료 그리고 직접 모양을 만들면서 사용한 인도양의 사람들에게 영향을 받았다.

케냐와 같이 멀리 떨어진 누비아(Nubia)로부터 나온 Axum 왕국의 영향과 kushite의 이주는 햇빛에 말린 흙벽돌의 사용을 널리 퍼뜨렸는지도 모른다. 하지만 이슬람은 매우 큰 영향을 미쳤다. 11세기 시작점에 아프리카의 고대의 중심지의 외관상으로 진지한 변화를 가져왔고, 모스크(mosque)의 건축물로 소개되고 있다. 이것들은 대체로 지역적으로 가능한 기술들을 사용함으로써 흙으로 지어졌다. 이 기술들은 직접 모양을 만들거나, 칠하거나, 햇빛에 말린 흙벽돌로 다양하게 할 수 있다. 가장 아름다운 건물 가운데에는 SAN의 이슬람 사원들, Djenne의 젠네 그리고 말리에 있는 몹티(mopti)가 있다. 이것들은 이웃 국가들의 모델로 적당하다. 이것 모두는 현실적이고 이론적인 영향에도 불구하고, 이 거대한 아프리카 대륙에 특히 아프리카 문화를 키우고 있었다. 이 문화들은 햇빛을 말린 흙으로 축조하는 기술을 완벽히 숙달했다.

수단 메사킨(Mesakin)족의 벽들은 간혹 푸른 유리가 덮인 것처럼 광택을 내기도 하는데, 이렇게 하면 장식적인 효과뿐만 아니라 표면을 단단하고 매끄럽게 해준다. 이것은 화강암이 섞인 흙을 푸른 광택이 날때까지 손으로 문지르면 된다. 또한 진흙벽의 테두리에는 넓게 장식용 채색도 한다. 가나와 볼타 지역 고지대의 토착민인 아운나족(Awuna)의 주거는 전형적인 아프리카 원형 오두막 무리주거이다. 원형 오두막을 둘러치는 벽체는 진흙으로 만들어 세웠고, 대부분의 오두막들은 나뭇가지를 잘라 만든 구조 위에 두꺼운 짚으로 지붕을 이었다. 창고건물은 나무 서까래 위에 진흙으로 만든 평지붕을 얹어, 곡식을 비롯한 농작물을 건조시키는 데 이용한다. 오두막의 진흙벽과 평평한 바닥에는 소똥과 메뚜기 알주머니에서 추출한 분비액을 섞은 진흙을 바른다. 이 혼합물은 단단하게 굳으면 방수 효과를 내며 동시에 마감을 매끈하게 한다. 진흙 문지방은 23센티미터 높이로 비를 막기 위해 문이 열리는 안쪽으로만 설치된다. 침실로 이용되는 오두막에는 벽에 침대를 흙으로 빚어 붙인다. 판편 부엌의 일부 공간은 낮은 진흙벽으로 구획하여 그 한쪽 기둥에다 염소들을 매놓는다. 바깥의 취사공간과 가까이 있는 오두막 벽에는 흙으로 낮은 좌석들을 만들어 붙인다. 농작물 건조장은 사방이 30센티미터 높이의 진흙벽으로 둘러싸여 있는데, 이 벽 또한 앉는 자리로 쓰인다.

말리의 도곤족(Dogon)도 무리 형식의 주거에 사는데, 그들의 이웃인 볼타 고지대 부족들과는 대조적으로 도곤족의 오두막들은 대부분 직사각형이나 정사각형 평면이다. 주거들은 가족 마당을 둘러싸는 형태로 자리잡고 있으며 주요 주택과 곡식 창고, 보조 오두막들이 돌담으로 연결된다. 오두막과 창고들은 돌과 나무줄기로 만든 기초 위에 세워지는데 그 벽체는 지푸라기로 보강하여 볕에 말린 진흙벽돌을 쌓은 다음 진흙을 발라서 마감한다. 도곤족이 주로 사용하는 주택은 여러 개의 실이 합쳐져 있다. 전실, 가족실, 저장실, 우기에 사용하는 부엌으로 나뉜다. 부엌공간은 원시 형태인 원형 평면이며 원통 오두막의 원뿔지붕 대신에 집의 다른 부분과 마찬가지로 평지붕으로 덮여 있다. 진흙으로 바른 지붕은 나무 서까래와 보로 받치며 필요한 경우 독립기둥으로 지지한다. 덥고 건조한 시기에는 가족들이 평지붕에서 자는데 전실이나 부엌 근처에 홈을 판 나무줄기 사다리를 설치해 그것을 이용해 지붕으로 올라간다. 보와 서까래는 벽면의 바깥으로 나오게 하여 진흙벽을 보수할 때 발판 역할을 한다.

그림 2-8. 도곤족 마을
말리의 도곤족이 거주하는 주거지와 창고 photo by CRA-Terre

그림 2-9. grand mosque
세계에서 가장 거대한 흙건축 중 하나로 말리에 위치하며, 이슬람 사원으로 사용되고 있고, 매년 정기적인 보수를 실시하여 유지관리 photo by roadwarrior

그림 2-10. 시밤(Shibam)
흙으로 지어지 고층 건물로 이루어진 예멘의 도시-사막의 맨해튼으로 알려져 있음

그림 2-11. Al Muhdhar Mosque
높이 53m의 가장 높은 흙건축물 중 하나로 예멘에 위치 photo by peace-on-earth.org

2.2.2 아메리카

아메리카 대륙은 농업문명이 나타나기 전 몇천 년 동안 유목민의 수렵생활이 지속되었다. 그것은 중앙 아메리카 안에 있었고, 중부 아메리카 문명의 수많은 중심은 종교에 기초를 두는 도시와 복잡한 사회로 대표되는 문명 형성 기간 동안에 급속히 진행됐다.

라벤타 지역에서는 폭이 65미터, 높이 35m 정도의 흙 피라미드가 지배적인 건축형태였다. 주거형태는 가벼운 건축자재인 나무와 벽돌, 혹은 흙덩이, 야자 나뭇잎 지붕으로 세워진 열린 구조의 작은 사각형 형태의 집들이었다. 태양에 건조한 벽돌의 사용은 사회의 복잡성과 계급성의 정도에 따라 기원전 500년에서 서기 600년 사이에 나타난다.

멕시코 테오티휴아칸(Teotihuacan)의 태양 피라미드의 중심부는 약 2백만 톤의 다짐흙으로 건설되었다. 돌과 흙의 찬란한 도시였던 테노취티트란(Tenochtitlan)은 1521년 헤르난 코테즈(Hernan Cortez) 부대에 의해서 파괴되었다. 남아메리카에서는 산악지역과는 달리 충적평야와 해안에서는 돌이 많지 않아 흙을 많이 사용했다. 안데스 지역(묘의 토템들)의 가장 오래된 지역들인 '휴카나(Hucana)'는 돌더미로 이루어졌으며, 이후 외관은 자갈을 채워넣고 평평히 다진 흙벽돌을 사용하여 피라미드가 되었다(Rio Seco B.C. 1600). 페루 세로 세쉰(Cero Sechin)에는 조각이 새겨진 흙벽돌로 둘러싸인 차빈(Chavin B.C. 1000~200)의 원뿔형 사원이 있다. 13~15세기 페루 북부도시 트루히요 교외에 남아 있는 찬찬(chan chan)은 1470년 잉카제국에게 정복되어 사라져버린 치무(Chimu) 왕국의 수도였던 곳으로, 그 도시유적을 일컫는 말이다. 치무인들은 안데스의 물을 끌어들여 농사를 지었는데, 그 본바탕은 모래땅이었다. 그래서 20km^{2}에 이르는 찬찬유적 어디를 다녀도 돌조각 하나 볼 수 없다. 잉카는 석조건축물이 도시를 온통 뒤덮고 있으나, 이곳에선 흙벽돌이 대부분이며 이 유적은 여전히 거대함과 섬세함을 간직하고 있다. 또한 흙건축은 태평양 연안의 모쉬카(Mochica) 문화에 의해 광범위하게 이용되었다. 모쉬카 운하는 다진 흙과 태양에 건조한 벽돌로 수로를 건설했고 모세(Moche) 강에는 굽지 않은 벽돌로 세워진 거대한 피라미드가 있다. 내부구조는 굽지 않은 벽돌로 만들어진 육면체 형태의 기둥이 밀실하게 구성되어 있다. 11세기 취무(Chimu) 왕조의 수도 찬찬은 모든 건축이 굽지않은 벽돌로 건설되었고 약 20km^2 되는 도시가 수많은 흙벽으로 연결되어 있다.

본투슈디(Von Tschudi) 지역의 벽돌벽은 격자와 동물형태로 장식되어 있다. 잉카문명은 산악도시의 대부분이 석재 블록으로 이루어졌으며, 안데스 산맥의 해안지방에서는 흙은 지속적으로 이용되었다. 리오 피스코 계곡의 탐보 콜로라도 도시는 완전히 굽지 않은 사각 흙벽돌로 이루어져 있다. 벽은 노랑이나 빨강의 밝은 칼라의 점토로 칠해져 있다. 농촌 주거의 대부분은 흙으로 건설되어 있고 'Curaca'(마을의 우두머리들)와 'Tucricuc'(지배인, 행정관)의 거주지도 흙으로 지어졌다. 리막(Rimac) 계곡의 아도비 벽돌과 다짐흙벽(Pise ; Taipai)으로 지어진 부유한 주택들이 최근에 복원되었다. 오늘날 중앙 아메리카에는 벽돌과 다짐흙벽 (Tapial ; Pise)은 지배적인 건축양식으로 남아 있다.

북아메리카 남서부의 인디안들은 일찍이 건축적 목적으로 흙을 이용하여 발전시켰다. 에리조나의 호호캄(Hohokam)의 수혈주거는 흙으로 덮인 나무 안에 지어졌고, 카사 그랜드(Casa Grand)는 두껍고 거대한 흙벽으로 대형 공동 주거지를 형성하였다. 호호캄은 아나사지(Anasazi)의 영향 하에 땅 위에 흙으로 된 거주지를 건설했다. 몽골론(Mongollon) 문화는 나무와 흙으로 덮인 짧은 줄기 형태의 독특한 주거를 발전시켰다. 아나사지(Anasazi) 문화는 아메리카 남서의 수많은 인디안 부족의 일반적인 전통을 대표하게 됐고 대부분의 흙건축이 남아 있다.

바스켓 마커(Basket Maker) I 기간(A.D. 0 ~ 500)에는 나무 막대기에 흙으로 덮인 얕은 구덩이 주택으로 알려진 원형 참호형 주택의 특성을 보인다. 바스켓 마커(Basket Maker) II 문화(A.D. 500 ~ 700)에는 이 거주지는 피라미드 형태로 추정되는 직사각

그림 2-12. Ancient Chan Chan Holy District
벌집 모양의 벽돌로 벽을 세운 다음 그 아래 수생동물을 새겨 놓은 페루의 찬찬 유적지 photo by frecklescorp

형의 평면 형태로 변화했으며, 나무와 흙을 사용해 건설되었다. 푸블로(Pueblo) I과 II (A.D. 700-1100)는 보다 견고해졌으며, 흙으로 덮거나 나무구조 사이에 알매흙을 쌓아 땅위에 거주지를 지었다. 뉴멕시코의 캐논으로부터 아나사지는 다른 지역으로 이주했다. 리오 그란데(Rio Grande)와 리오 프에르코(Rio Puerco)에는 건설재료로 사용할 수 있는 점토와 모래가 있었다. 인디안의 푸블로의 건축은 흙벽돌 기술이 얼마나 완벽할수 있는가를 보여주며, 타오스(Taos)에는 뾰족한 피라미드 형태의 우아한 계단식 주택이 있다. 흙벽돌은 잘린 볏짚과 혼합한 흙으로 칠해지거나 손으로 매끄럽게 압축된 알매흙으로 장식되었다. 지붕은 작은 나뭇가지로 덮고 다짐흙으로 마감했다. 이것은 주로 스페인계 멕시코의 벽돌 건축 발달에 도움을 주었다. 오늘날 이 지역의 모든 나라안에서 문명의 거대한 발전속에서 벽돌과 다짐흙벽은 주요한 건축 요소로 자리잡혀 오고 있다.

나바호(Navaho) 인디언의 계절용 숙소의 두 가지 형태인 호간(hogan)과 라마다(ramada)는 가족단위의 임시주거 중 견고한 만듦새의 전형적인 예이다. 이 중 호간은 라마다에 비해 좀 더 견고한 주거로서, 내부 지붕이 낮고 원룸식이며 진흙을 덮은 긴 움집이다. 호간에는 여러 유형이 있다. 가장 오래된 원형은 끝이 갈라진 장대 세 개가 꼭대기에서 모이면서 서로 기대어 고정되는 방식이다. 이 위를 흙으로 덮는다. 나중에 새로운 원형 주거가 생겨났는데, 이것이 가장 일반화된 유형으로, 끝이 갈라진 장대 네 개를 똑바로 세운 뒤 여기에 통나무를 촘촘히 걸쳐서 지붕 바닥과 경사벽을 만든다. 그 위는 흙을 덮어서 다진다. 이 흙은 비가 올 무렵 바구니에 담아놓았

그림 2-13. 카사그랜드(CASA GRANDE)
미국 국립 유적지로 지정된 고대 호호캄(hohokam) 농업 공동체의 대형 거주지 photo by styggiti

던 것이기 때문에 응당 젖어 있다. 잠시 후 이 사막의 흙은 햇볕에 말라 매우 단단해지고 벽체와 지붕이 마치 회반죽을 바른 것처럼 된다. 실제로 호간의 실내는 낮과 밤의 기온 차이가 없어 매우 쾌적하다. 앞서 말했듯이, 외부와의 온도 차이가 두꺼운 진흙덮개층의 열 취득과 열 손실 지연에 따라 24시간 내내 평형을 이루기 때문이다. 그래서 호간은 낮에는 외부보다 시원하고 밤에는 따뜻하다.

자칼(Jacal)은 마야인의 타원형 주택과 유사하며 멕시코 남부의 마을들에서 발견된다. 그곳의 거주자들 또한 원시적인 농경민으로 타착 인디언 부족의 후손들이다. 자칼은 직사각형으로 옥수수 줄기를 덩굴로 엮어서 짓는다. 지붕은 덩굴을 꼬아서 만든 박공 모양의 초가지붕이다. 자칼에는 창이 없으나 수직으로 된 줄기들 사이에 틈이 나 있어 시원한 산들바람이 오두막을 통과한다. 자칼의 바닥은 흙으로 다졌으며 실내로 들어가는 출입구는 하나이다. 무리주거의 중심 부근에 있는 원형 곡물창고는 안팎을 진흙으로 발라서 건조한 상태를 유지하고, 비가 들이치지 않도록 하기 위해 원뿔 모양의 초가지붕을 얹는다.

아메리카의 푸에블로(Pueblo)는 공동 반영구 주거의 예로서 매우 흥미롭고 아름답다. 아리조나와 뉴멕시코 주의 반사막 고원지대에 사는 호피, 주니, 아코마 인디언들과 다른 푸에블로 인디언 부족들이 점토로 만든 집단주거인 푸에블로에 거주한다. '푸에블로'는 많은 단위주거들이 계단식으로 모인 여러 층의 건물군이다. 보통 이들 건물군은 하나 또는 여러 개의 광장을 감싸며 형성된다. 푸에블로 집단은 때로 100여 개의 방으로 구성되는데, 모두 같은 모양의 계단식

그림 2-14. Huaca Cortada pyramids

구조를 형성한다. 두터운 벽들은 점토 벽돌 또는 석재를 진흙 모르터 위에 쌓아서 만든다. 과거에는 주로 형틀 안에다 진흙을 다져서 만들었다. 두 방식 모두 외벽과 내벽은 진흙을 발라 마감한다. 또한 내부는 흰 점토를 바르거나 다양한 색상으로 장식한다. 직경 30센티미터 정도의 껍질을 벗긴 삼나무보는 벽체에 가로질러놓고 거기에 작은 장대들을 서로 붙여 가로로 놓는다. 그 다음 삼나무 껍질과 곁가지, 풀들을 깔고 7.5~10센티미터 정도 두께로 점토를 덮는다.

2.2.3 아시아

고대 농업문명의 후손인 약 4,000만 명의 중국 농촌 주민들이 땅을 파서 만든 동굴식 영구 주거에 살고 있다. 이 동굴은 스텝의 혹독한 겨울바람과 낮은 기온을 막아주고 여름에는 시원함을 제공한다. 이 지역은 목재가 희소하기 때문에 지하 주거가 합리적인 은신처가 되어준다. 이 지역의 흙은 스스로 지지되는 독특한 성질을 갖고 있는데, 바로 그 점을 이용한 것이다. 중국의 동굴주거는 여러 개의 실로 이루어져 있는데 2~3대에 걸쳐 연속 사용되는 다른 대부분의 영구 주거들처럼 쾌적성과 위생성을 동시에 갖춘 매우 정교한 주거이다. 동굴주거들은 두 가지 기본 유형으로 나눌 수 있다. 절벽면의 동굴은 단층면을 파고들어 만들고 평평한 지하 주거는 지하를 파내어 만든다. 두 유형 모두 풍부하고 비옥한 흙이 많은 중국 북부와 북서부에서 자생적으로 건설되었다. 이것은 바람에 의해서 두껍게 퇴적된, 층을 이루지 않는 찰흙 성분의 흙으로 보통 석회질 실트와 섞여 있다. 공극이 많아서 간단한 도구로도 쉽게 파낼 수 있다. 보통 절벽면의 동굴주거는 다수의 둥근 천장을 가진 방들로 구성되는데 평균적으로 폭 3미터, 깊이 6미터, 높이 3미터 정도이며 흙 언덕의 남쪽 면에 터널을 뚫어 만든다. 방 하나를 뚫는 데 보통 40일이 소요된다. 그러나 벽면이 완전히 건조되기까지 3개월 이상이 걸린다. 둥근 천장은 바닥에서 약 2미터 높이에서 시작하며 실내 벽면 전체는 표면이 떨어지는 것을 막기 위하여 흙을 바르거나, 흙과 석회를 섞을 것을 바른다. 때때로 벽돌이나 석재를 안쪽에 쌓아서 더욱 내구성 있는 벽면을 만든다. 만리장성은 원래는 단지 흙다짐벽이었으

그림 2-15. 간수지방의 만리장성
흙다짐벽으로 지어진 중국 만리장성의 서쪽 끝부분
photo by picturejourneys.net

나 이후에 돌과 벽돌을 사용해 석벽의 형태로 나타난다.

중국의 헤난(Henan), 샹시(Shanxi), 간수(Gansu) 지역에서는 천만 명도 넘는 사람들이 황토층을 파낸 수혈주거에서 거주하고 있다. 내몽고 시슈안(Sichan)과 휴난(Hunan)의 헤베이(Hebei)와 지린(Jilin)의 농촌 주거 대부분은 흙벽돌, 칠하기, 흙다짐으로 건설됐다. 북동 지역에서는 일곱 기둥 사이에 장방형의 주택이 지어졌고 제지안(Zhejiang) 지역에는 중정이 있는 큰 거주지와 복층으로 된 흙다짐 주택이 있다. 중앙 고원의 퓨지안(Fujian) 지역 중앙 고원에는 중앙 원형 주택이 1954~1955년까지 존속되어 왔다.

인도 아대륙의 토착 도시주거는 마당이나 정원이 있는 주택이다. 석재를 구할 수 없거나 운반하기에 너무 멀어서 경제성이 떨어지는 경우에는 벽돌로 쌓고, 상부층은 목재 골조에 점토나 흙벽돌을 채워서 짓는다. 지붕도 마찬가지로 평지붕에 흙을 덮거나 지역에 따라 경사지붕에다 기와를 얹었다. 서민 주택의 경우 바닥은 지면의 흙을 다진 그대로 사용했고 마당과 통행로와 물 쓰는 공간에만 바닥재를 깐다.

일본은 목구조에 벽체를 대나무, 나무, 짚 등의 재료를 엮고 흙으로 발라 마무리하는 심벽 방식의 거주지가 많이 발전되었으며, 일본의 가장 오래된 절 중 하나인 나라의 법륭사에서는 흙다짐벽이 발견된다.

고대 중동의 문명 아시리아, 바빌로니아, 페르시안, 수메리안 등의 지역은 흙으로 이루어졌다. 중동에는 라틴 아메리카 전체에 걸쳐 atobe라는 라틴 용어로 알려져 있는 adobe 제작 기술이 발전되었고, 이 기술을 스페인에 전했다. 이란, 이라크 등의 중앙아시아의 도시에서는 흙벽돌로 된 벽과 돔, 보울트, 아치 구조로 이루어진 흙지붕들을 쉽게 볼 수 있다. 중동의 흙으로

그림 2-16. hakaka house
약 1200여 년 전에 처음 나타났으며, 외부의 침입으로부터 보호하기 위해 흙다짐으로 외벽을 높게 쌓아 올린 중국의 주거지 photo by Dr. Tin-Kay Goh

그림 2-17. 법륭사 흙다짐벽
흙다짐벽으로 이루어진 일본 나라 법륭사의 외부 담장 photo by Jamie Barras

그림 2-18. 이란의 밤시
흙으로 이루어진 도시로 현재는 지진으로 인해 도시가 많이 훼손 photo by BBC

그림 2-19. 프랑스 남부 지방의 흙다짐 주택

된 사막 정착지는 기후적인 이유로 태양의 열로부터 실내공간을 보호하기 위해 최소한의 외부 표면을 가지고 있으며, 이로 인해 도시의 거주지는 조밀하게 모여 있는 형태가 된다. 이러한 도시의 형태는 사하라 남부의 건조한 사바나 지역에까지 나타난다.

2.2.4 유 럽

유럽에서 가장 오래된 정착은 기원전 6000년 전부터 시작한다. 에게 해 그리스의 원시주거 테살리(Thessaly : Argissa, Nea-Nico-demia,Sesklo)는 나무와 흙으로 짜여졌으며, 이후에 흙벽돌로 발전했다. 세스클로(Sesklo)에는 흙벽돌에 마감 칠을 한 주택이 발견된다(B.C. 4600). 이 형태는 그리스 건축에서 주된 위치를 차지했던 메가론(Megaron)으로 발전하였다. 이러한 건축양식은 유럽 내륙으로 전해지게 되고 북쪽의 흙과 나무 구조물을 대체한다. 이것들은 청동기 시대(B.C. 1800~570)에 유럽 전역에 전해졌던 다뉴브(Danube) 문화의 전형적인 주택이다. 독일의 코른 린덴탈(Koln-Lindenthal)에서는 4개의 본당 회중석에 나무와 흙으로 지어진 오두막의 흔적이 발견된다. 이것들은 길이 25m, 넓이 8m나 되었다. 에게 해의 미케네(Mycenae)에는 청동기 후기 도리안(Dorian)의 공격에 대비해 수많은 요새가 지어졌다. 거석으로 쌓은 벽들은 흙벽돌을 대체한다. 이것은 아크로폴리스 안에 있는 집들을 보호하기 위한 것이다. 같은 시대에 상대적으로 고립되어 있던 크레타(Crete)의 섬들은 미노안(Minoan) 문명이 발전하게 된다. 청동기 시대에 시작한 미노안 문명은 미케네 문명을 발현시켰고 후에는 미노안 문명과 미케네 문명을 에게 해 문명이라 부르게 된다.

크노소스(Knossos), 파이스토스(Phaistos) 그리고 말리아(Mallia)에서는 응회암, 편암, 대리석, 석고와 나무를 이음매로 하여 굽지않은 벽돌을 사용했다. 그리고 이 재료들은 어두운 빨강, 짙은 파란색과 다양한 황토색으로 칠해졌다.

크레타(Crete) 근처의 섬 테라(Thera)에 있는 아크로티리(Acrotiri)의 고고학적 발굴, 그리고 헤라클라이온(Herakleion) 박물관의 유명한 세라믹 모형은 미노안 중기(B.C. 1900~1600) 주거 건축에서 목구조의 중요성을 확인해준다. 집은 1층 또는 2층으로 지어졌다. 이것들은 나무로 뼈대를 이루고 여기에 태양에 건조한 벽돌을 채워 넣은 후 미장으로 마무리하여 완성된다.

그리스 본토에서 도리아인의 침략 후 발생한 암흑 시기에는 작은 가지로 엮은 후 진흙으로 바르는 방식으로 되돌아갔다고 기록되어 있다. 그리스 중정주택은 일반적으로 단층이었다. 그러나 때때로 큰 주택은 중정 내에 2개 층 회랑을 갖는 2층 구조물이었는데, 이런 점은 2,000년 전 우르의 주택과 유사하다. 집은 진흙이나 벽돌 또는 석재로 지었으며, 바닥은 흙을 강하게 다지거나 자갈이나 정교하게 자른 돌을 사용하여 모자이크를 만들었다.

중세기간 동안(13th~17th) 흙은 중유럽 전역에서 건축 재료로 광범위하게 사용되었다. 스페인은 흙건축이 전 지역에 광범위하게 퍼져 있고, 저비용에서 고비용의 건축까지 다양하게 이용되었다. 영국은 흙쌓기(cob) 방식이 많이 발달되었고, 흙주택의 흔적이 서부와 남부를 중심으로 전 지역에서 나타난다. 1300년경 중산층이 거주하던 가장 오래된 흙주택이 아직까지 남아 있고 그 벽의 두께는 75~80cm나 된다. 프랑스에서는 로마 점령기 초창기부터 2차 세계대전까지 지속적으로 흙건축이 이용되었고, 흙다짐벽으로 지어진 주택이 많이 발견된다. 흙다짐은 프랑스어로 PISE로 알려져 있으며, 15세기부터 19세기까지 널리 사용되었다. 현재 프랑스 남부지역의 대부분의 농촌 주택은 흙다짐 방법으로 지어져 있다. 독일은 오랜 흙건축 전통을 지니고 있다. 목구조에 흙을 채워 넣는 방식이 주로 많이 발견되며, 목재가 풍부하지 않은 지역에서는 흙쌓기(cob) 방식이 많이 발견된다. 18세기에 흙건축은 독일 전역으로 광범위하게 퍼졌으며, 1828년 중유럽에서 가장 높은 흙다짐 건물이 지어졌다. 이 밖에도 흙건축은 유럽 전역에 퍼져 있으며, 많은 흔적들이 남아 있다.

그림 2-20. 독일의 흙다짐 건물
1828년 6층 규모로 지어졌고, 흙다짐이 구조체 역할을 수행

2.3 흙건축의 현대화

2.3.1 현대화의 시작

흙의 사용을 현대화하고 산업화하려는 최초의 시도는 2세기 전인 18세기 후반에 일어났다. 처음 산업사회가 시작되었던 근대에도 오늘날 우리들이 직면하고 있는 비슷한 문제들에 직면해 있었다. 프랑스에서는 흙건축에 대한 일련의 연구와 실험은 혁명직전인 1772년에 프랑수와 꾸앵트로(Francois Cointeraux ; 1740~1830)가 흙다짐 건축술을 출판했을 때 시작되었다. 그는 새로운 사회의 건설을 위하여 사회 각 계층의 다양한 욕구를 수용하고, 농촌은 물론 도시의 주택에서까지도 사용할 수 있는 흙으로 근대적인 건물을 세우는 연구와 실험을 접목시킨 최초의 건축가라 할 수 있다. 그는 당시 국가의 경제 · 사회적 위기를 해결하는 방법의 하나라고 보았던 흙다짐 공법의 현대화에 전 생애를 바쳤다. 그는 전통적 흙다짐 공법을 수정 · 보완하게 되면 주택, 공공건물, 도시형 공장과 전원건축 등 모든 형태의 건축에 적용 가능하다고 제안했다. 그의 생각은 여러 나라에 알려졌으며, 많은 제자들이 그의 생각을 따르고 실행했다. 영국의 홀랜드(Holland)와 바버(Barber), 미국의 길만(Gilman)과 존슨(Johnson), 독일의 길리(Gilly), 사쉬(Sachs), 콘라디(Conradi), 엔젤(Engel), 윈프(Wimpf) 등이 그의 제자들이다. 또한 많은 흙건축 옹호자들이 스칸디나비아반도, 호주, 이탈리아 등에 그의 주장을 전하며 그의 저서들을 번역 출판하였다.

또한 20세기 산업사회가 심각한 경제위기를 겪고 있을 때, 혹은 전쟁으로 주택이 황폐해지고 건축자재를 생산하던 공장이 파괴된 후, 대규모 재건계획을 착수해야 했던 시기에 흙건축 관련 전문가들이 많이 배출되었다. 유럽에서는 1차 세계대전 이후 여러 나라에서 흙건축 계획이 세워졌으며, 미국에서도 1930년대의 경제공황으로 흙건축에 관한 실험연구와 계획이 많이 이루어졌다. 이것은 흙벽돌의 재사용과 많은 지역개발계획을 고무시켰으며, 흙의 군사적 이용을 진작시켰다. 2차 세계대전을 통해 연합국과 동맹국은 여러 종류의 건물을 짓는 데 흙을 사용하므로서 물자절약에 진력했다. 프랑스의 르 꼬르뷔제, 독일의 알버트 스피어, 미국의 프랭크 로이드 라이트는 당시 다양한 작품 활동을 하던 유명한 건축가들로 그들 모두 1940~1950년 사이에 흙건축을 발전시키는 데 기여했다.

이러한 흙건축 활동은 전쟁 후 도시와 마을이 모두 파괴되자 더욱 확산되었다. 영국, 프랑스, 서독 특히 동독에서는 흙을 사용하여 재건사업을 하였고 이런 추세는 1960년대까지 계속되었다. 동독은 북한과 같은 경제적 어려움에 처한 다른 사회주의국가들에게 흙건축 기술을 보급

했다. 그리고 세계대전 이후 유럽의 식민지국가들의 독립운동이 일어나고 서구방법에 대한 거부현상이 나타났다. 그들의 문화적 주체성의 추구는 아마도 서구기술의 도입을 강력하게 반대하고, 흙건축의 역사적 · 대중적 전통을 부활하여 현대화시키는 데 노력한 이집트 건축가 하싼 화티(Hassan Fathy)에 의해 가장 웅변적으로 주장되었을 것이다. 그의 시험적 마을인 이집트 구르나 마을(New Gourna)는 문화적 상징이 되었고, 서구의 젊은 건축가들은 하싼화티를 정신적 지도자로 추앙했다.

또한 자국의 자원에만 의존하고자하는 정치적 · 경제적 결정을 내린 중국은 1950년대와 1960년대에 댐에서 인민공사본부에 이르기까지 모든 건축물을 흙으로 건설했다. UN도 많은 식민지 국가들이 자국의 독립을 주장하던 1950년대의 위기에 경제적으로 미개발된 국가들에게 흙건축을 권장했다. 1950년대와 1960년대에 라틴아메리카, 아프리카, 중동에서는 주로 경제적 위기와 인구증가에 대처하기 위해 도시와 농촌에 많은 흙건축을 건설했다.

2.3.2 흙건축의 재조명

1973년 에너지 파동이 제3세계의 석유수입국뿐만 아니라 서구에서도 타격을 주었을 때, 자국의 경제적 · 정치적 독립을 보호하기를 원하는 나라들은 에너지 관리에 관한 문제는 거의 강박관념에 사로잡힐 정도로 중대한 문제가 되었다. 이와 동시에 서구에서는 심각한 경제적 난국, 즉 대규모의 실업문제와 생태학적 위기 등의 문제가 대두되면서 흙건축은 1970년대 후반과 1980년대 초기에 세계 전역에서 이 유서 깊은 기술에 대한 현대화와 사용 확장에 건축가, 엔지니어, 정부, 잠재 수요자들의 강렬한 관심을 불러일으키게 된다.

에너지와 경제 위기에 직면한 산업 국가들에서는 건물 재료로서 흙의 재사용에 대한 논의가 이루어졌고 흙의 연구 프로그램과 개발 적용에 대한 지원이 시작됐다. 미국은 지역과 국가의 흙건축 기술 표준을 통합해 흙벽돌과 흙다짐 사용을 공식적으로 인정했고 흙의 열특성에 관한 연구 프로그램에도 수백만 달러를 투자했다. 프랑스는 미래 건축재료로서 흙에 집중되어야 할 연구계획을 수립하여 우선 약 2400만 프랑의 예산이 집행되었고 예산의 83%는 연구와 교육에 사용됐다. 이러한 연구와 개발을 토대로 1982년 리옹근처의 일다보 지역에 72개의 주택으로 이루어진 현대적인 흙건축 마을(Domaine de la terre)을 건설하기도 하였다. 이러한 연구프로그램은 독일, 스위스, 벨기에 등의 유럽의 여러 나라에서도 시작했다. 국가와 국제적 모임들은 건설 기술자와 건축 교육 전문가들이 계속해서 배출될 수 있도록 서로 협력하고 있고 실제로 프랑스 그르노블 건축학교의 흙건축 연구소인 크라떼르(CRA-Terre) 에서는 대학원 수준의 흙건축 전문가들을 배출하고 있으며 전 세계에서 활동하고 있다.

또한 개발 도상국에서 흙건축은 일자리 창출, 건설 기술자와 기능공의 교육, 지역적 재료 이용 등을 촉진시키며 짧은 시간에 많은 사람들의 거주지를 확보할 수 있는 효과적인 수단으로 등장했다. "재료는 그 자체로는 매력적이지 않으나 전체로 보면 사회를 위해 매력적인 역할을 할 수 있다."라고 존 터너(John Turner)는 간단히 말하고 있는 것처럼 흙을 이용한 건축은 다양한 사회적 역할을 훌륭히 수행하고 있다.

2.3.3 흙건축 현황

80년대 초 조사에 의하면 세계 인구의 30%, 약 15억 인류가 흙으로 된 거주지에서 살고 있는 것으로 나타났다. 개발 도상국만을 대상으로 하면 인구의 50%가 흙건축에서 생활하고 있는 것으로 나타났다. 그림 2-21은 흙건축의 분포를 나타낸 것이며, 흙건축이 일부 지역에 국한된 것이 아니라 전 세계적으로 분포하고 있음을 보여준다.

아프리카의 여러 나라에서는 단순한 주택뿐만 아니라 시청사, 법원, 도서관등 공공시설들을 토속적인 심벽 구조체를 발전시켜 자연적인 환경에 조화를 이루고 있고, 가장 시급한 문제인 주택보급 문제에도 흙건축이 매우 효과적인 대안으로 적용되고 있다. 지금도 대규모의 주거단지를 압축흙벽돌을 이용하여 경제적으로 짓고 있다. 주택 1채를 짓는 데 평균 80~100달러 정도인 농촌환경의 경우에는 흙건축이 도심보다 더욱더 경제적이고 활발하게 적용될 수 있다. 이는 또한 지역적인 건축이라는 관점에서 또 다른 의미를 부여할 수 있을 것이다. 페루의 Correo 신문의 1978년 1월 30일자를 보면 "흙벽돌은 페루건축의 파수병이 될 것이다."라고 이미 천명을 하고 체계적인 연구를 바탕으로 흙벽돌을 이용한 다양한 건축물들을 짓고 있다.

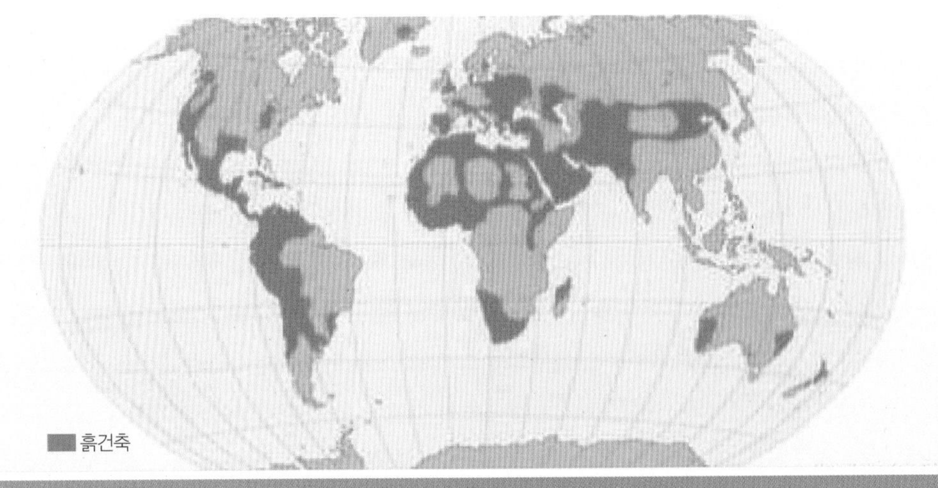

그림 2-21. 흙건축의 분포

인도에서는 1971년 조사에서 거주지의 72.2%가 흙으로 되어 있다는 것을 이미 확인했으며, 이같은 수치는 약 3억 7천 5백만 명이 6천 7백만 가구에서 거주하고 있는 것이다. 또한 페루의 건축의 60%가 흙벽돌과 담틀공법으로 세워졌으며, 르완다의 수도 킹갈리의 건축의 38%가 심벽 방법으로 세워져 있다. 아프리카대륙에서는 대부분의 시골뿐만 아니라 도심의 주거까지도 banco(서아프리카), thobe(이집트와 북아프리카), dagga(남동 아프리카), leuh(모로코) 등과 같은 다양한 명칭의 흙건축 공법으로 지어져 있다. 이렇게 알려진 여러 가지 흙건축 공법의 명칭들은 선사시대 이래로 인류에게는 흙기술과 관련한 매우 세밀한 지식과 다양한 기술이 있었음을 반영한다.

유럽에서는 스웨덴, 덴마크, 독일, 영국, 스페인, 포루투칼, 프랑스 등의 몇몇 나라의 농촌 지방의 흙건축 공법들이 유지되고 있다. 특히 프랑스에서는 인구의 15%, 대부분의 농촌에서 흙다짐, 흙벽돌, 흙칠하기로 건설된 주거지에서 살고 있다.

아메리카 남서쪽 지방에서는 건물 재료로서 흙벽돌의 인기는 커지기 시작했다. 1980년 미국에서는 176,000가구가 흙으로 건설되었고 이 중 97%는 남서쪽에 위치하고 있다. 캘리포니아에서는 흙벽돌의 수요가 매년 30%씩 증가하고 있고 뉴멕시코 지역에서는 48개의 흙벽돌 공장에서 매년 4백만 장 이상의 흙벽돌을 생산하고 있다. 매년 비슷한 규모의 흙벽돌이 수작업으로 생산되고 있을 것으로 추정하고 있다.

2.3.4 흙건축의 현재

유네스코는 흙건축 문화유산의 보존과 유지와 관련된 연구, 교육 등을 주도적으로 진행시키고 있으며 현재 흙건축 활동과 관련한 아프리카 2009 등의 프로젝트에서 중심적 활동을 하고 있다. 또한 세계에 존재하는 흙건축 기관들이 서로 연결해 정보를 교류할 수 있는 장을 마련해주고 있다. 이러한 활동은 단순한 문화유산 보존의 차원을 넘어서 정치, 사회, 문화가 교류할 수 있도록 만들어주고 있다.

프랑스는 1982년 Jean dethier가 주도하여 퐁피두센터 전시 등 파리 흙집에 관한 다양한 프로그램을 통해 흙집의 인식을 바꾸었으며, 그레노블 건축학교 CRATerre 연구소의 Patrice doat, Hugo Huben와 함께 일다보 마을을 시 당국과흙건축 프로젝트지역으로 선정하여, 시 당국과 도시개발국의 적극적 협조로 개발하여, 흙도 건물을 지탱하는 주건축 재료로서 산업적으로 이용할 수 있다는 주장을 현실화하였다.

이후 각국의 관련 기술자들이 대규모로 흙건축 마을을 방문하였는데 처음 5년 동안만도 공식 방문자는 무려 4만4천 명에 달했으며, 프랑스 내 툴루즈, 렌느, 렝스 등 프랑스 다른 지역에

그림 2-22. 아프리카 2009
아프리카의 흙건축 문화,기술 등의 보존 유지를 목적으로 유네스코에서 시행하는 프로젝트 photo by CRA-Terre

서도 서민주택 단지를 중심으로 흙건축이 이루어지는 결과를 낳았다. 각국에 흙건축 시도가 전파되었고, 특히 프랑스 정부가 아프리카 44개국 대사를 초청, 흙건축 프로젝트를 소개하여 선진국에서도 흙건축이 이루어지고 있음을 알렸고, 그 결과 아프리카에서 수천 개의 프로젝트가 수립되었고, 유네스코와 함께 진행하는 '2009년 아프리카' 프로젝트는 아프리카의 30여 개국의 역사적 기념물 보존에 관한 것이며 이 프로젝트는 고용 창출 효과도 낳고 있다.

독일은 Kassel 대학의 Gernot Minke 교수를 중심으로 하여 실용적 흙집에 관한 시도가 많다. 민케 교수는 자신의 집과 그 이웃의 집을 현대적 감각의 흙집으로 건축하였고, 주변의 목조집과 아울러 Kassel 지역의 생태마을로 많은 관심을 받고 있다. 또한 하노버 지역의 발도르프 유치원을 흙으로 지음으로써 어린이들의 건강을 우려하는 학부모들의 지지를 받았다. 실제 이 유치원에 다니는 아이들은 호흡기 질환 등 잔병치레가 없다고 한다.

독일의 흙건축에 대한 관심은 주로 내장재에 대한 것으로서 인체에 유익하다는 판단에서 많은 수요를 창출하고 있으며, 이러한 흙제품을 제조하는 회사가 10여 군데 이상이 있으며, 대형 판매상도 60여 곳 이상이 있다.

미국은 아주 다양한 흙건축이 이루어지고 있는데, 싼타페 지역의 호텔이나 교회, 집들은 대개 4 ~ 5층 정도의 규모로서 많은 관광객에게 실제로 애용되고 있다.

근래에 들어서 Davide Eastern은 흙을 건축에 이용하는 새로운 방법들(흙다짐기계나 흙 뿜칠 기계를 이용한 흙집시공법)을 고안하여 수십채의 현대적 흙집을 지음으로써 흙집의 상업화에 성공하였다. 또한 Rick Joy 같은 건축가는 다양한 형태의 흙건축을 시도하고 그 결과를 담은 작품집을 출간함으로써 흙건축이 도달할 수 있는 예술적 성취를 보여주고 있다.

흙이 많아서 오래전부터 구운 벽돌을 이용한 호주는 근래에 흙을 이용한 건축이 활발하다. Kooralbyn호텔은 흙으로 지어진 휴양 리조트 건물이며 이와 유사한 흙다짐을 이용한 큰 규모의 흙건축이 다양하게 이루어지고 있으며, 이에 대한 기술적 성취도 높다. 또한 Bonsai house 등 다양한 형태의 흙건축과 볏단을 이용한 흙집(straw bale)을 짓는 것도 활발하다.

이제 흙은 과거의 약하고 후줄근한 재료에서 미래의 새로운 재료로 재인식되고 있다. 현재에는 흙으로도 현대적 집을 지을 수 있다는 것을 보여주고는 있지만 흙의 한계로 인하여 그 건축 범위가 제한적이어서, 여러 나라들에서 아주 다양하고 예술성 높은 건축을 구현하고자 흙의 여러 단점을 보완한 재료기술개발에 박차를 가하고 있다.

흙은 앞으로도 가장 유용하게 쓰일 수 있는 건축적인 재료임에는 분명하다. 문명의 발상과 함께 우리 곁에서 주거를 위한 중요한 소재로서 존재하여 왔고 그 소임을 지금도 묵묵히 해내고 있다. 다만 흙의 무한한 잠재력을 무시하고 철과 콘크리트만의 진보와 발전의 대명사라고 생각하는 섣부른 판단을 버리고 체계적이고 과학적인 연구와 기술개발을 한다면 흙은 다시 그 역할을 충분히 해낼 것이다. 흙건축은 더 이상 가능성으로 존재하지 않는다. 이미 실제하고 있고 항상 우리의 따스한 손길과 관심을 기다리고 있다.

그림 2-23. 미국의 흙다짐 건물
미국의 건축가 Rick joy의 작품 photo by Rick joy

2.4 세계 흙건축의 연구동향

흙건축과 관련해 조직화된 세계적인 학술단체는 아직까지 없으며 정기적으로 발간되는 학술지 또한 없다. 유네스코 등의 몇몇 기관과 단체에서 문화유산 보존을 위해 흙건축 활동을 펼치고 있긴 하나 대부분은 지역적으로 이루어지고 있고, 흙으로 된 유적지나 건축구조물을 보존하고 복원하는 연구들이 대부분이다. 그러므로 세계 각지에 흩어져 있는 모든 연구 내용을 일일이 수집한 후 내용을 분석하여 연구동향을 살피기란 쉬운 일이 아니다. 그래서 여기에서는 흙건축과 관련해 유일한 국제학술회의인 TERRA를 통해 발표된 논문들을 조사·분석하여 세계 흙건축 연구에 관한 전반적인 동향을 살펴보고자 한다.

연구동향은 시기에 따라 두 부분으로 나누어 살펴보았다. 총 8번의 국제학술회의 중 2000년 이전에 열렸던 7번의 국제학술회의에서 발표된 논문들을 분석하여 과거에 이루어졌던 연구동향을 살펴보았고, 최근에 개최된 국제 학술대회인 지난 2000년 영국의 8차 국제학술회의의 논문들을 분석하여 최근 연구동향을 살펴보았다.

2.4.1 20세기 연구동향

지난 20세기에는 1972년을 시작으로 총 7번에 걸쳐 국제학술회의가 개최되었다. 지난 7번의 국제학술회의의 논문 발표 숫자를 살펴보면 1972년 이란에서 11편, 1976년 이란에서 14편, 1980년 터키에서 16편, 1983년 페루에서 16편, 1987년 이탈리아에서 11편, 1990년 미국에서 76편, 1993년 포루투칼에서 110편, 총 254편이 발표되었다(그림 2-24).

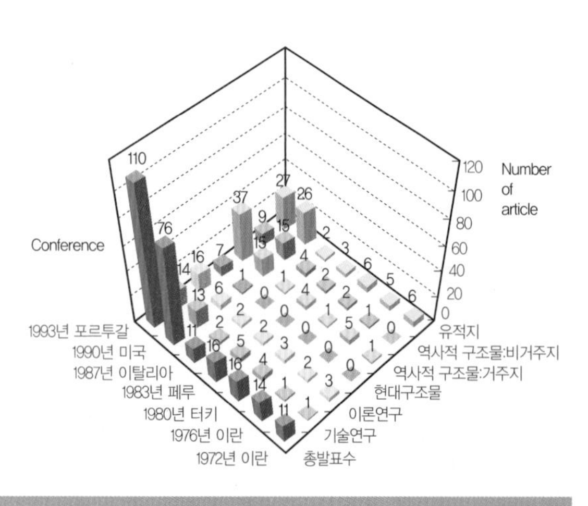

그림 2-24. 시기별 논문발표 수와 연구내용

학술회의가 최초로 개최된 70년대는 오일쇼크로 인한 에너지 위기 등의 산업화로 인한 문제가 본격적으로 발생하였고 문화유산의 복원에 대한 관심이 고조되던 시기이다. 이런 시대적 배경과 맞물려 1972년 이란에서 흙건축 국제학술회의가 최초로 개최되기 시작한 것으로 보인다.

70~80년대에 개최된 5번의 국제학술회의에서는 발표된 논문의 숫자가 적었으나, 90년대 들어 개최된 2번의 국제학술회의에서는 논문 발표 수가 급격

히 증가하고 있다. 이것은 시간이 흐를수록 흙건축에 대한 관심이 높아지고 있다는 것을 알 수 있다. 이는 90년대는 공업화로 인한 환경문제가 심각해지면서 건축적 대안으로 흙건축에 대한 관심이 더욱 증가하였고, 지역적으로 활동하던 관련 전문가들이 본격적으로 국제학술회의에 참가하면서 논문의 양이 급격히 증가한 것으로 보인다. 이렇듯 논문 발표 숫자만을 놓고 봤을 때 흙건축 활동은 20세기 후반부에 접어들어 에너지, 자원고갈, 환경 문제 등의 사회적 문제들을 배경으로 연구활동이 점점 활발해지는 것을 알 수 있다.

지난 20세기에는 산업화로 인해 흙건축이 잊혀졌고 산업화로부터 발생되는 문제로 인해 흙건축이 다시 시작되기도 했다. 일련의 과정을 거치며 흙건축은 새로운 기술 발전 기회를 잃었고 대표적 현대공업 재료인 시멘트나 철에 비해 많은 연구가 이루어지지 않았으나 현대 건축의 대안으로서 관심을 끌고 연구가 지속적으로 이루어지고 있었다.

국제학술회의에서 발표된 연구들 중 71%가 현장 사례 연구들인 것으로 나타났다. 그 내용들을 살펴보면 유적지(30%), 역사적 구조물(38%), 현대구조물(3%) 등으로 주로 전통적인 건축물들에 대한 연구들이었다. 처음 3번의 회의에서 유적지에 관한 내용들이 상대적으로 많이 발표되었고 90년대 접어들면서 역사적 구조물에 대한 사례 연구들이 늘어났다. 이와 더불어 이론이나 기술에 관한 연구들도 이루어지기 시작하며 흙에 관한 연구들이 다양해지는 것으로 나타났다(그림 2-25).

흙건축 공법별(벽돌, 다짐, 미장, 붙이기, 복합) 연구 경향을 살펴보면, 모든 연구의 대부분(60%)이 흙벽돌에 관한 것이었고 그 밖에 복합구조 30%, 다짐 8%, 미장 1%, 붙이기 1% 등으로 나타났다. 흙건축 공법 중에서 흙벽돌에 관한 연구가 압도적으로 많이 이루어지고 있는 것으로 나타났는데 이는 흙벽돌이 과거 건축에서 가장 많이 이용되던 재료 중 하나였고 현재에도 건축 공사에 다양한 방법으로 손쉽게 사용할 수 있어 많은 연구가 이루어진 것으로 보인다(그림 2-26).

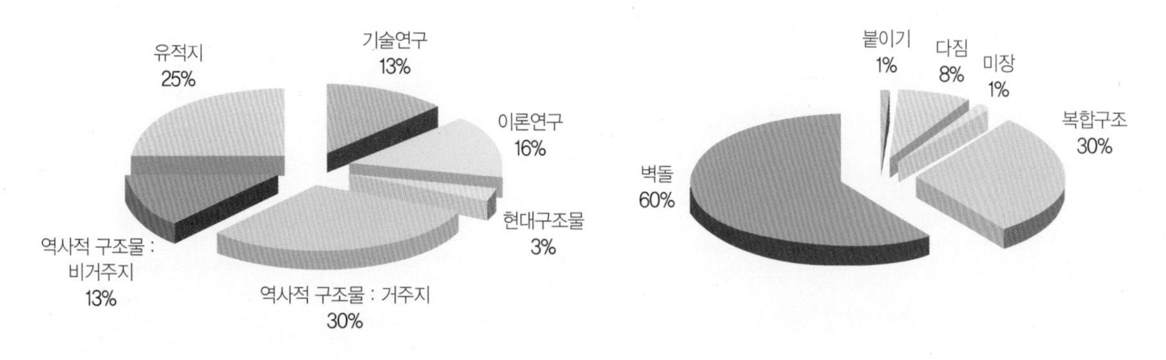

그림 2-25. 연구유형 : 종류

그림 2-26. 연구유형 : 공법

TERRA(국제학술회의)의 주된 목적이 문화유산의 보존과 유지인 만큼 연구 대상들이 새로운 기술이나 재료개발을 통한 관련 분야의 발전보다는 주로 잊혔던 흙 관련 문화유산 복원과 관계된 연구들이 많이 이루어지고 있었다. 특히 잊혔던 전통적인 방법들의 구현을 통해 흙 관련 문화유산을 보수하고 유지하였고, 이때 파생되는 연구결과들은 미래 흙건축의 가능성들을 보여주고 있었다.

2.4.2 21세기 연구동향

새로운 세기를 맞아 2000년 영국에서 열린 국제학술회의는 1993년 미국에서 열린 후 7년 만에 이전과 같이 국제기념물 유적회의(ICOMOS)의 원조 하에 흙 문화유산의 보존과 유지 관리에 관한 내용으로 개최되었다. 국제학술회의 기간 동안 빠르게 변하고 있는 흙건축 분야의 미래 동향과 비전에 관한 정보를 나누고 현재 실행되고 있는 흙건축에 대한 비평을 실시하며 서로의 경험을 공유했다.

발표된 논문수는 구두발표 78편, 포스터발표 19편 등 총 97편이 발표되었다. 1993년 미국에서 열렸던 국제학술회의 때보다 논문 발표 수는 약간 줄어들었으나 연구 주제와 내용은 더욱 다양해졌다. 여전히 흙건축 문화유산 보존과 유지에 관한 내용들이 많이 발표되었으며, 재료와 기술, 사회적 배경(정치, 법, 경제) 등의 다양한 연구 내용이 발표되었다. Terra2000의 학술 프로그램은 유적지, 재료와 기술, 보존과 유지, 전통기술, 사회적 배경 등의 테마로 이루어져 있다. 각 테마별 발표 편수를 살펴보면 유적지 구두 16편 포스터 2편, 재료와 기술 구두 15편 포스터 1편, 보존과 유지 구두 15편 포스터 1편, 전통기술 구두 16편 포스터 7편, 사회적 배경 구두 16편 포스터 8편이 발표되었다. 과거 학술대회와는 달리 어떤 한 분야에 발표가 편중되지 않고 전 분야게 걸쳐 골고루 연구가 진행되었음을 알 수 있다. 이것은 이전의 연구가 전통적 관점에서 흙이 건축재료로서 가지는 특성을 중심으로 흙건축 문화유산의 보존과 유지가 주를 이루었다면 이번에는 흙의 특성을 파악하여 전통기술을 현대에 적용 가능하도록 개선하거나 흙건축과 관계된 사회적 배경(정치, 법, 경제) 등을 살펴봄으로써 보다 다양한 관점에서 흙건축을 바라보고 현재와 미래 흙건축 비전에 대한 연구들이 많이 이루어지고 있었다.

사회가 급속히 변화함에 따라 앞으로의 연구는 더욱 다양해질 것으로 보이고 전통적 가치에 바탕을 둔 흙건축의 개념에서 현대에 사용할 수 있는 전통과 결합된 최적 기술에 관한 연구가 더욱 가속이 붙을 것으로 보인다.

2.5 한국의 흙건축

2.5.1 주거의 역사

한반도에서 가장 오래된 인류의 흔적은 평양 상원군에서 발굴된 검은모루 유적이라고 한다. 이 유적은 북한측 주장에 의하면 60~40만 년 전 정도의 것이라고 하여 전기 구석기인이 살았던 것으로 믿어진다. 이 시기의 인류는 곧선사람으로서 주먹도끼를 만들어 사용하였고, 불을 능숙하게 사용하였으며, 수렵이나 채집으로 생활을 영위하면서 계절에 따라 거주지를 옮겨 다니는 이동생활을 하였을 것으로 추정된다. 한반도 구석기인들의 유적은 주로 자연동굴이나 바위그늘 등에서 발견되고 있다. 이를 근거로 구석기인들은 아직 인공적인 주거가 아닌 자연동굴이나 바위그늘 등 자연적으로 주어진 은신처에 일시적인 거처를 만들었다고 알려져 왔다. 따라서 대부분의 주거사 학자들은 인공주거의 고고학적 증거가 발견되는 신석기 시대를 한국 주거사의 출발점으로 생각해 왔다.

그러나 세계적인 유적으로 볼 때, 이 시기의 사람들도 지역에 따라서는 일찍부터 인공적인 주거를 만들 수 있었다. 지금까지 보고된 세계 최고의 한데집터는 동아프리카의 탄자니아에 있는 올드바이 계곡의 원형 돌들림(stone-circle) 유구라고 한다. 이 유구는 연대측정 결과 185만 년 전의 것으로 밝혀져 인공주거의 건설이 이미 구석기 전기에 시작되었음을 보여준다. 물론 구석기 시대에 인공주거가 만들어졌다고 해도 이는 정착형 주거가 아닌 일시적인 거처로서 매우 단순하고 취약한 구조체였을 것이다. 원초적인 단계에서는 살아있는 나무의 가지를 묶어 지붕을 만들었을 것이다. 이것을 응용하면 가느다란 나뭇가지를 꺾어 땅에 박고 윗부분을 묶는 방법으로 발전할 수 있다. 한 단계 더 나아가 나뭇가지를 삼발이 형식으로 묶어 세우는 형식이 만들어졌을 것이다. 이러한 구조체들은 현존하는 원시부족들의 주거에서 찾아볼 수 있다.

기원전 약 5000년쯤부터 한반도에는 신석기 주민이 들어와 살기 시작했다. 신석기 시대의 가장 큰 변화는 식량생산을 시작하였다는 점이다. 어로생활은 신석기인들의 주요한 식량생산방법이었다. 그들은 정교한 낚시바늘까지 만들어 어로작업에 사용하였다. 기원전 3000년경에 이르러서는 농경의 증거도 나타난다. 물론 당시의 농경은 원시적인 수준이었겠지만 농경의 시작과 함께 정착생활이 유도되었을 것이다. 이러한 도구와 생활의 변화는 주거문화에도 혁신적인 변화를 가져오게 된다.

오산리 집터는 기원전 5000~6000년대의 것으로서 현재까지 발견된 유적 중에서 가장 오래된 신석기시대 유적으로 확인되었다. 이곳에서는 모두 8기의 집터가 발견되었는데, 원형과 원형에 가까운 타원형의 평면을 갖는 것들이었다. 그 면적이 30m² 남짓이어서 7명 정도가 거주했을 것이라고 추정된다. 움의 중앙에는 돌을 돌린 화덕자리가 있고, 바닥은 3~10cm 두께로 점토를 다진 후 불을 놓아 단단하게 하였는데 이것은 바닥에서 올라오는 습기를 차단하기 위한 방법이라 할 수 있다. 오산리의 집터는 움집이나 반움집이 아닌 지상주거로서 당시 주민들이 계절을 단위로 한 일종의 계절주거 형태를 취했을 가능성이 있다고 해석된다. 즉 따뜻한 계절에만 잠시 머물렀던 일시적 거처였을 가능성이 높다. 이러한 주거의 연대나 그 모습으로 추정할 때 움집이 발달하기 이전의 일시적인 거처로서 이러한 막집형 주거가 건설되었음을 시사해준다.

오산리 집터를 제외한 신석기 집터의 대부분은 움집의 형태로 나타난다. 물론 춘천 교동, 단양 상시, 의주 미송리 등에서는 동굴 거처가 발견되었지만 이는 극히 예외적인 것이라고 생각된다. 이 시기 주거형태는 암사동, 궁산리, 지탑리, 미사리 등의 집터에서 보여지듯이 움집이 일반적이었다고 할 수 있다. 움집은 바닥면이 지표 이하이기 때문에 추운 겨울기후에 효과적으로 대응할 수 있는 주거형태이다. 지중온도는 지하심도가 깊을수록 겨울에는 외기온도나 지표면 온도보다 다소 높아지고, 여름에는 그 반대로 낮아지는 타임랙(Time-lag) 현상을 보인다. 지하 60cm 이하의 지중온도는 계절적 온도변화의 영향만 나타나기 때문에 바닥이 깊은 움집은 혹독한 겨울기후에 대응하기 쉬웠을 것이다. 실제로 암사동에서 깊이 70cm가 되는 움집의 경우를 실험조사한 결과 난방을 하지 않은 상태에서 외기온도가 영하로 내려갈 때 온도차가 약 5~6℃ 정도로 실내가 따뜻했음이 확인되기도 하였다.

2.5.2 부위별 흙건축의 역사

• 개요

흙은 우리나라 어디에서든 손쉽게 구할 수 있는 재료로 아마도 아주 오래전부터 다양한 형태로 사용되었을 것이다. 우리나라의 대표적 민가 형태인 초가집은 거의 흙으로 토벽을 치는 토담집이다. 우리나라의 흙집은 오랜 시일에 걸쳐 시행착오를 겪으면서 한국적인 정서를 완벽하게 수용하면서 토담집으로 남았다. 그것은 질이 좋은 흙이 곳곳에서 나기 때문이다. 지붕에 두터운 보토를 깔았고, 담벼락은 흙으로 빚었으며, 토방이나 기단, 부엌이나 봉당의 잘 다져진 흙바닥, 아궁이를 설치한 부뚜막이나 온돌바닥 등을 생각하면 철저하게 흙으로 빚어낸 살림집이다.

우리 전통건축이 대부분 목구조일 것이라고 생각하는 것은 상당한 오해의 소지가 있는 것으로 보인다. 서민들의 집 민가는 조선시대까지 과연 당대의 대다수의 백성들이 전부 목구조의 집에서 살았다는 증거가 없다. 역으로 모두 토담집에서 살았다는 기록도 없다. 일제시대에 오랜 기간 출간되었던 건축잡지에 대한 연구들이 다분히 구한말에 접할 수 있었던 몇몇 물증에 근거하고 있음을 돌이켜 볼 때 전통민가의 주종을 이루는 것이 오직 목구조라고 단언하는 것은 불충분하다. 19세기 때의 신분의 혼란이 있기 전까지는 아마도 노비들은 물론 평민들까지도 대다수가 완벽한 목구조보다는 최소한의 목구조에 토담으로 형성된 집에 거주했을 가능성이 큰 것으로 보인다. 대목이나 소목의 품을 대며 살집을 마련한다는 것이 손쉬운 일이 아닐 것으로 추측되기 때문이다.

• 흙건축 정착과정

① 벽체

수혈주거지에서 확인되는 벽체시설은 수혈벽과 수혈외벽, 상면에서 확인될 수 있다. 수혈벽과 수혈외벽은 벽체의 재료에 따라 토벽, 판벽, 초벽 등으로 구분할 수 있다.[1] 토벽은 수혈외벽에 설치되며, 사질실트나 점토를 주재료로 하여 이것을 다져서 단단히 쌓은 벽이다. 판벽은 측벽에 판자를 이용한 것으로, 수혈벽의 판벽은 주구 또는 벽구직하에서 수직으로 세웠던 것으로 생각된다. 수혈외벽에 따른 판벽은 평지주거에서 인정되는 것과 같은 구상유구가 검출되는 점에서 수혈외벽에 따른 판벽이 있었다고 추측할 수 있다. 초벽은 식물섬유를 이용해 거적을 만들어 이용한 벽이다. 수혈부벽을 따라 설치된 초벽과 수혈외벽으로서 초벽을 세운 것이 있다.

유적에서 발굴되는 벽체는 설치방법에 따라 크게 6가지로 구분된다.[2]

- **화점벽 :** 외견상 수혈주거의 모습을 가지는 경우라도 내부적으로 지상으로 돌출된 벽을 가지는 경우이다. 어깨선을 따라 판재나 가는 기둥을 촘촘히 박아 벽을 세우는 경우와 샛기둥을 박고 그 사이에 판재를 가로로 놓은 벽의 형태가 가능하다.
- **귀틀벽 :** 벽 자체가 상부의 하중을 받는 구조체의 기능을 하는 경우의 예로 귀틀벽의 형태를 들 수 있다. 가공하지 않은 원목을 횡으로 쌓아서 벽체를 형성한다.
- **토벽 :** 구조적으로 내력벽의 역할을 하며, 흙과 돌을 쌓아서 벽을 만드는 경우이다. 수혈주거의 어깨선을 따라 돌, 흙더미가 검출되는 경우 토벽이 있었던 것으로 볼 수 있다. 벽체를 만드는 재료나 구법은 전통주거에서 볼 수 있는 토담집의 경우와 크게 다르지 않았을 것으로 생각된다.
- **목골벽 :** 목재기둥으로 벽의 골격을 짜고 그 사이를 흙이나 잔가지 등의 재료로 마감한 형태이다.

---

1) 高橋泰子・多ケ谷香理 1998, 「竪穴住居に關する基本的用語の定議」『土壁』第2號.
2) 趙亨徠 1996, 『수혈주거의 벽과 벽구에 관한 연구』, 부산대건축공학과석사학위논문.

- **판벽** : 벽이 구조적인 역할은 하지 않는 경으로, 세로판벽이나 가로판벽등의 목벽을 상정할 수 있는 주거지를 들 수 있다. 주혈이 수혈부벽에서 일정 거리 떨어진 바닥내부에 정연하게 나 있다는 점과 벽구가 나타난다는 점이 특이하다.
- **기타벽** : 내부 간막이벽이나 전통민가에서 보이는 가적벽의 형태나 울릉도의 투망집 등의 초벽이 있다.

흙집의 정착은 벽체의 발생과 깊은 관련이 있다. 철제도구의 보급에 의해 기원전에 흙집의 발생과 보편화가 이루어졌을 것으로 생각되지만, 벽체의 확실한 발생은 중국사료에 기록된 기원 후 시기인 수혈주거, 고상주거, 귀틀집으로 구분이 되는데 나무와 흙으로 벽체를 구성한 귀틀집의 경우 백두대간을 중심으로 한 강원도 지방에서 볼 수 있다. 서민거주 형태는 외형상 벽체가 확실히 구성된 흙집의 기본으로 발전을 시작하고 특히 아궁이가 밖으로 나가는 전면온돌의 시작은 늦어도 고려중기로 보고 있다.

민가의 벽체를 형성하는 방법은 세 가지로 나누어진다. 하나는 모든 벽체를 일체식의 흙벽으로 처리하는 방법이며, 또 하나는 기둥과 도리로 가구식의 틀을 짜고 그 샛벽을 심벽으로 처리하는 방법이다. 심벽은 꿸대를 짠 후에 흙을 바르는데 흙을 바르는 방식은 아주 오랜 전통을 가지고 있으며, 점토에 짚과 같은 초본류를 섞어 사용한 경우는 순천 덕암동 유적의 102호, 104호, 105호 등에서 잘 살펴볼 수가 있다. 이들 주거지는 벽면에 1~2cm 정도의 일정한 두께로 점토를 발랐는데, 화재로 폐기되어 점토가 소결된 상태로 확인된다. 마지막으로 앞에 열거한 두 가지 방법을 절충한 것으로서, 전면이나 측면은 가구식으로 짜고 일부 벽을 일체식으로 쌓는 방법인데 우리나라 민가 중 가장 많은 유형이다. 조선시대의 상류주택들도 창호를 제외하면 대부분 흙벽으로 구성되며 다만 이를 회칠하여 깨끗하게 마감하는 것이 서민주택과 차이가 나는 부분이다.

벽의 재료에 따라서는 크게 토벽집과 귀틀집으로 나뉘는데, 한국의 민가는 토벽집이 거의 대부분이다. 토벽집은 벽에 외를 엮고 흙을 발라서 꾸민 집으로 토담집이라고 부른다. 토벽집은 자연에서 얻을 수 있는 흙, 나무, 짚, 돌과 같은 재료를 이용하여 벽체를 만든다. 토벽을 세울 때는 우선, 나무로 만든 거푸집 공간에 볏짚을 잘게 잘라 섞고, 이긴 흙과 돌을 넣으면서 절구공이나 서까래 같은 나무로 다져 놓는다. 그런 다음 거푸집 나무를 떼어내고 벽체가 마른 뒤에 그 위쪽을 다시 만들어 올리는 방식으로 진행되었다. 토벽집은 비바람에 약하기 때문에 빗물이나 물기로부터 벽을 보호하기 위해 처마가 깊어지기도 하였다. 귀틀집은 나무가 많은 산간에서 별 도구 없이 있는 재료를 이용하여 지은 집으로 울릉도에서 투방집이나 투막집으로 불리고 도투마리집, 목채집이라도 불렀다. 귀틀집은 주요산맥을 중심으로 하여 분포되어 있는데, 직경한 뼘쯤의 통나무들을 차곡차곡 쌓아 벽을 만든 후 문과 창을 내고 지붕을 씌운 통나무집을 말한다. 귀틀집 중에서도 울릉도의 투방집은 특이한데, 울릉도에는 눈이 많이 오가 때문에 우데기라는 독특한 설비를 집둘레에 해놓아 방설뿐만 아니라 방풍, 방우, 차양의 기능을 하도록 했다. 우데기의 주재료는 주로 새나 싸리였으며, 전면은 새로하고 측면은 옥수수대로 하는 경우도 있었다.

❷ 지붕

지붕은 자연환경과 문화적 특성에 따라 그 형태와 기능에서 큰 차이를 보인다. 민가를 보면 지붕의 재료에 따라서는 기와집, 초가집, 샛집, 너와집, 굴피 집으로 나눌 수 있다. 통상적으로 지붕은 서까래 위에는 잡목의 나뭇가지나 잘게 쪼갠 장작개비를 칡이나 새끼로 엮어 산자(橵子)를 구성한다. 산자가 설치되고 나면 적심(積心)과 느리게를 설치하고 보토를 깐다. 지붕 전체에 골고루 진흙을 덜어 빈틈없이 다부지게 밟아나간다. 흙밟기가 끝나면 새나 이엉의 마름을 잇거나 혹은 기와를 이으면 비로소 지붕이 완성된다.

기와집은 지붕에 기와를 올린 집으로 주로 중류 상류주택에서 많이 보인다. 기와집을 한 채 지으려면 천 석은 해야 한다는 말이 있을 정도로 기와집은 부를 상징하는 것이었다. 규모가 크고 구조적으로 튼튼한 집이라야 기와지붕의 무게를 견딜 수 있으므로 기와집은 자연히 부잣집, 커다란 집을 연상하였다.

초가집은 볏짚으로 지붕을 만든 것으로서 볏짚은 만가의 지붕재료로 가장 흔하게 사용되었다. 볏짚은 속이 비어 있어서 그 안에 공기가 여름에는 햇볕의 뜨거움을 덜어주고 겨울에는 집안의 온기가 밖으로 빠져나가는 것을 막아주는 구실을 하였다. 초가는 따스하고 부드럽고 푸근한 느낌을 주며, 또한 한 해에 한번씩 덧덮어주므로 언제나 밝고 깨끗한 인상을 준다. 초가집 지붕의 물매는 매우 완만하기 때문에 지붕에 고초 따위의 농작물을 널어 말리기도 하였고, 청동호박이나 박넝쿨 등을 올려서 마당과 밭의 연장으로 사용하기도 하였다. 가을날 초가집 지붕에 열린 호박과 박 그리고 빨간 고추는 그 안에 사는 사람들의 푸근하고 소박한 마음씨를 연상하게 해주었다. 초가집은 짚으로 엮은 이엉을 지붕에 덮고 용마루에 용마름 또는 곱새라고 불리는 용구새를 얹어 마무리를 짓게 된다. 바람이 심한 지역에서는 서까래를 그물처럼 엮어서 덮기도 하였고, 돌을 달아내기도 하였다. 초가지붕이 모임지붕 형태를 이룬 겹집인 경유에는 까치구멍이라고 하여 용마루를 짧게 하고 좌우 양끈의 짚을 안으로 욱여넣어 까치가 드나들 만한 구멍을 내는 일도 있었다. 이 구멍을 통해 집안에 햇볕이 들어오고 연기가 빠져나가기도 하였다.

샛집은 들이나 산에서 나는 야생풀을 베어서 썼는데, 그 수명이 이십 년에서 삼십 년이나 되어 한 세대마나 한 번씩 덮어 사용하였다. 샛집은 지붕이 무거워 튼튼하게 지어야 했으며, 그늘져 습기 찬 곳은 쉽게 썩기 때문에 부분적으로 갈아 끼워 사용해야 했다.

너와집은 돌기와집, 널기와집, 너새집으로 불리기도 하는데 나무와 돌을 지붕재료로 사용하였다. 소나무 토막을 켜서 사용할 경우에 너와의 수명을 5년 정도이며, 얇은 판석으로 만든 돌기와를 쓸 때는 반영구적으로 쓸 수 있었다.

굴피집은 이십 년쯤 자란 상수리나무 밑둥에서 떼어낸 껍질로 지붕을 이는 것인데 보통 두 겹으로 덮었다. 굴피로 덮으면 여름에 덜 덥고 겨울에는 덜 추운 장점이 있으나 누더기를 덮은 것처럼 지저분하게 보이기도 하였다. 굴피는 대기가 건조해지면 바짝 오므라들어서 군데군데 하늘이 보일 정도가 되지만 습도가 높아지면 곧 늘어나 틈이 메워져 약 5년 정도 사용할 수 있다.

③ 바닥

우리나라 가옥의 바닥은 아직 맨바닥으로 남아 있는 부분이 많다. 이러한 맨바닥은 예로부터 정성을 들여 다지고 맥질하거나 하여 매끄럽게 다듬어서 실내 생활에 지장이 없도록 하고, 웬만한 작업은 여기에서 이루어진다. 그래서 옛날 움집터를 발굴해보면 아직도 굳은 흙바닥이 그대로 남아 있는 것을 흔히 볼 수 있다.

방바닥이 맨바닥이면 잠자리일 때 딱딱하고 차기도 하고 특히 습한 점이 매우 불편하다. 처음에는 바닥에 나뭇잎이나 짚, 마른풀 따위를 깔았고, 그 후 깔개가 출현했는데 삿자리나 멍석과 같은 것이다. 이러한 상황에서 후에 구들 구조가 고안되고, 고상식 마루가 보급된 것은 바닥 구조의 혁명이었다. 특히 구들은 제2의 흙바닥을 구조적으로 형성하여 대지의 약점을 개선시켰다. 삼국사기 옥사조에 기록된 신라의 가사규제와 송나라의 사신으로 한 달간 머무르면서 당시의 모습을 기록한 서궁의 고려도경, 특히 전면온돌의 존재를 확인할 수 있는 최자의 보한집 이후에는 온돌에 대한 기사가 귀족의 문집 곳곳에서 확인될 정도로 보편성을 보여 주목된다. 조선시대에 들어서면 조선왕족실록에서도 온돌의 효율성을 칭찬한 가사를 볼 수 있고 흙의 건축재료로서의 가치에 대한 관심을 가지게 된다. 그러나 흙바닥에 누워 잠을 잔다는 인식이 상류계층에게는 용인이 될 수 없었는데, 조선 초 장판법의 발달은 상류주택의 구들 수용을 더욱 가속화시켜서, 16~18세기에는 확실히 보편화되어 있을 것으로 보고 있다. 흙집의 정착은 한반도 전체에 구들이 보급되는 시기와 일치하다고 보고 있으므로, 벽체가 있는 수혈주거를 기원으로 보든지 귀틀집을 기원으로 보는지 벽체가 있는 흙집의 완전한 정착이 이루어지는 시간은 최초의 수혈주거에서 보면 대략 6000년이 넘는다. 결국 우리나라는 선사시대 움집의 변화 이후 취사와 난방이 다시 결합한 형태로 가장 한국적 온돌의 원초적 모습이 ㄱ자 구들이 나타나게 되었고, 이후 발전의 양상으로 벽체가 만들어 졌으며, 부분 온돌이 아닌 아궁이가 방밖으로 완전히 나가게 되는 전면 온돌의 시기, 즉 마루와 온돌의 결합이 이루어지는 시기가 흙집의 정착과정이 된다.

이상과 같이 우리나라 민가는 어떤 종별의 구조를 취하든지 간에 완전히 흙으로 포장하여 빚어낸 주거이다. 그러므로 건축 재료로서 흙은 우리 삶과 불가분의 관계에 있다. 또한 가장 친숙한 기본 소재로서의 흙은 동화와 저항이라는 차이는 있어도 우리 한국인의 주생활과 깊이 연결되어 왔다.

2.5.3 우리나라 흙건축의 현재

전통적으로 건축의 주요재료로 흙을 많이 사용한 우리나라에서 현대적인 흙건축이 시작된 것은 1980년대부터라고 할 수 있다. 서울대 교수 김문한은 현대적 흙벽돌 제조에 관한 시도를 하였으며 건축가 정기용은 '흙건축-잊혀진 정신'(건축학회지, 1992.5)이라는 기고에서 흙건축의 의미를 일깨우고 영월 구인헌, 자두나무집 등에 흙건축 요소를 도입하였다. 이들에게서 사사한 황혜주 연구진을 중심으로 1990년대 중반 현대적 흙건축 재료기술이 개발되어 장영실상, 건설신기술, 국산신기술 등 국가신기술로 인정받으면서, '황토방 아파트'가 선보여 흙에 대한 대중적 관심을 불러일으켰고, 이를 기반으로 하여 현대적인 의미에서의 흙건축이 본격적으로 시작되게 되었다.

이후 2000년대에 들어서면서 고강도 흙벽돌로 지어진 서울 반포 고층빌라, 지평선중학교 미술도자기실, 가평 골프장 클럽하우스등과, 흙을 콘크리트처럼 타설하는 타설공법을 최초로 도입한 목포 어린이집, 황토 노출 콘크리트를 도입한 영암군 관광안내소, 기능성 흙벽돌을 이용한 KINTEX 내부 흡음벽, 흙만을 이용한 현대적 미장재가 적용된 지평선 중학교 기숙사 등 다양한 방식으로 흙건축이 이루어졌고, 더 나아가 중앙박물관 외부보도, 중랑천 호안제방 등 다양한 분야로 확대되었다.

또한 흙의 시공특성을 고려한 설계가 시도된 철원 별비내리는 마을과 경기도 화성주택(土隣), 당시 국내 최고 높이의 7m를 다짐벽으로 내부를 시공한 서울 삼성동 하이야트 호텔 내부벽체, 국내에서 최초로 흙다짐 공법으로 2층으로 지어진 산청 안솔기 마을 주택, 내외부공간에서 다양한 흙다짐의 적용을 보여주는 강화 동검리 주택과 순천 응령리 주택, 관에서 발주한 최초의 흙건축 건물인 무주 된장공장, 종교건물에 적용된 사례를 보여주는 익산 천주교 천호성지, 내부 인테리어로서의 가능성을 보여주는 강화 한복연구소 건물 등 다양한 건물들이 지어지면서 흙다짐 공법은 실험 수준에서 완전한 실용화 단계로 접어들었으며, 볏단벽 공법으로 지어진 강원도 동강 주택, 안성 미리내 성당 사제관, 함평 민예학당 등 흙의 특성을 살린 흙건축도 활발하게 구현되었다.

목포대학교 흙건축연구실(Architecture Community of Terra, ACT)의 연구개발을 기반으로 하여 교류하고 협력하면서 진행되어 온 한국의 흙건축은 그간의 연구성과와 건축경험이 축적되면서, 2006년 2월 한국흙건축연구회의 발족을 계기로 체계적이고 본격적인 흙건축 활동이 시작되었다. 인류사 이래로 가장 많이 사용했던 재료인 흙에 관한 연구, 교육, 교류를 통하여 기술의 사회적, 생태적 소명을 지속적으로 세상에 환기시키는 새로운 건축문화의 구축을 표방한 한국흙건축연구회를 중심으로 교육, 연구, 지역활동, 해외활동, 디자인 공모전 등 다양한 활동이 진행되어 왔다.

2011년 유네스코 흙건축 석좌프로그램(UNESCO Chair Earthen Architecture), 국제기념물유적협의회(ICOMOS), 프랑스 국립흙건축연구소(CRATerre)가 주최하고, 한국흙건축연구회(TerraKorea) 국립목포대학교 흙건축연구실(Architecture Community of Terra, ACT)이 주관하는 국제흙건축대회인 TerrAsia2011이 아시아에서는 최초로 한국에서 개최됨으로써 한국의 흙건축은 한 단계 도약하게 되었다. 또한 유네스코 고등교육부가 인준하는 국제적인 교육 프로그램인 흙건축 석좌프로그램을 2009년부터 교육할 수 있도록 인가를 받은 이래로, 2013년 유네스코 석좌프로그램 한국흙건축학교가 설립됨으로써 수준높은 흙건축교육의 대중화가 이루어지게 되었고, 이 교육과정을 이수한 사람들이 상업적이고 미혹적인 흙집이 아니라 제대로 된 흙집을 짓기 시작하였으며, 이들을 중심으로 흙건축협동조합 TerraCoop이 결성되어 사회환원적인 흙건축활동이 본격화되고 있다.

2.6 요 약

• 흙건축의 시작

흙건축은 인간의 역사와 함께해오고 있으며 지금도 흙을 이용하여 수없이 많은 건축행위가 이루어지고 있다. 인류 최초 흙주거에 대해 많은 문헌에서 설명하고 있다.

• 흙건축의 확산

모든 고대 문명에서 흙은 주거지와 지역적인 건축물을 짓는 데 사용되었다. 흙건축은 메소포타미아 문명, 수메르 문명. 이집트 문명, 인더스 문명, 중국 문명의 발상지에서 활발하게 진행되었다. 또한 지역적으로도 아프리카, 아메리카, 아시아, 유럽 등 거의 전대륙에 걸쳐서 존재하였다.

• 흙건축의 현대화

흙의 사용을 현대화하고 산업화하려는 최초의 시도는 2세기 전인 18세기 후반에 일어났으며, 20세기 산업사회가 심각한 경제위기를 겪고 있을 때, 혹은 전쟁으로 주택이 황폐해지고 건축자재를 생산하던 공장이 파괴된 후, 대규모 재건계획을 착수해야 했던 시기에 전 세계적으로 흙건축에 관한 실험연구와 계획이 많이 이루어졌고 다양하게 지어졌다.

• 흙건축 현황

80년대 초 조사에 의하면 세계 인구의 30%, 약 15억 인류가 흙으로 된 거주지에서 살고 있는 것으로 나타났다. 개발 도상국만을 대상으로 하면 인구의 50%가 흙건축에서 생활하고 있는 것으로 나타났다. 흙건축은 일부 지역에 국한된 것이 아니라 전 세계적으로 분포하고 있으며, 세계 여러 나라에서 연구기관의 연구와 산업체의 산업화 및 국제 학술회의 및 교류가 활발하게 진행되고 있다.

• 한국의 흙건축

흙은 우리나라 어디에서든 손쉽게 구할 수 있는 재료로 아마도 아주 오래전부터 다양한 형태로 사용되었으며, 민가와 반가 모두에 사용되어 한옥의 전범을 이루게 된다. 우리나라에서 현대적인 흙건축이 시작된 것은 1980년대부터라고 할 수 있으며 여러 시도와 연구를 거쳐 흙에 대한 대중적 관심을 불러일으켰고, 이를 기반으로 하여 현대적인 의미에서의 흙건축이 본격적으로 시작되게 되었다.

이후 2000년대에 들어서서 다양한 흙건축이 이루어지고 있으며 그간의 연구성과와 건축경험이 축적되면서 2006년 2월 한국 흙건축 연구회가 발족되어 체계적이고 본격적인 흙건축 활동이 시작되었다. 2013년 유네스코 석좌프로그램 한국흙건축학교가 설립됨으로써 수준높은 흙건축교육의 대중화가 이루어지게 되었고, 이 교육과정을 이수한 사람들이 상업적이고 미혹적인 흙집이 아니라 제대로 된 흙집을 짓기 시작하였으며, 이들을 중심으로 흙건축협동조합 TerraCoop이 결성되어 사회환원적인 흙건축활동이 본격화되고 있다.

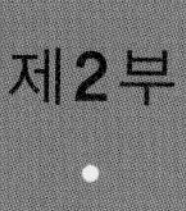

제2부

흙건축의 재료

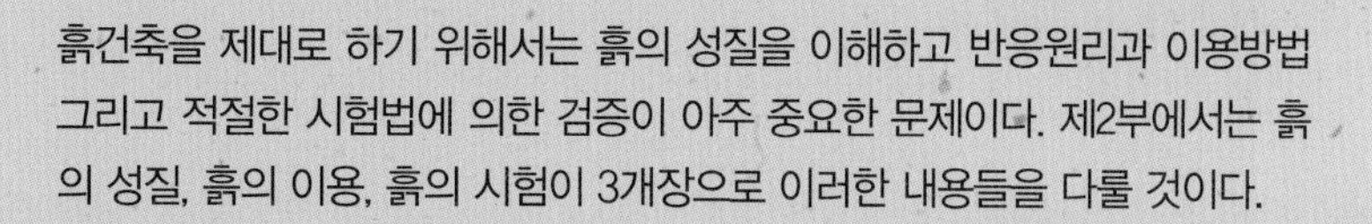

흙건축을 제대로 하기 위해서는 흙의 성질을 이해하고 반응원리과 이용방법 그리고 적절한 시험법에 의한 검증이 아주 중요한 문제이다. 제2부에서는 흙의 성질, 흙의 이용, 흙의 시험이 3개장으로 이러한 내용들을 다룰 것이다.

흙의 성질 부분에서는 흙의 정의를 이해하고, 흙의 생성과 구성 및 분류를 파악하며, 흙의 특성을 살펴보도록 한다. 또한 우리에게 익숙한 황토에 대하여 알아보고 흙의 효과를 지구환경적 측면과 주거환경적 측면에서 살펴본다.

흙의 이용 부분에서는 흙의 반응원리를 입자 이론과 결합재 이론으로 살펴보고 흙의 이용방법으로서 물리적 안정과 화학적 안정을 이용한 방법들을 고찰한다. 아울러 새로운 재료개발을 위하여, 흙을 이용한 재료개발 방안과 흙건축 규정을 알아본다.

흙의 시험 부분에서는 흙을 시험하는 방법을 현장 시험법과 실험실 분석법으로 나누어 살펴보는데, 현장 시험법에서 주요 시험과 기타 시험으로 나누어 고찰하고, 실험실 분석에서는 주요 시험, 기본 시험, 정밀 시험, 기타 시험으로 각각 나누어 살펴본다.

3장

흙의 성질

3장

흙의 성질

3.1 흙의 정의

흙은 '암석의 붕괴나 유기물 분해 등에 의해 생성된 미고결 풍화산물인 크기가 서로 다른 입자들의 집합체이며, 지각의 표층부를 구성하고 있는 물질 중에서 견고한 암석을 제외한 물질에 대해서 붙여진 명칭'으로 정의할 수 있다. 종종 흙은 점토와 혼용되기도 하는데, 점토와 흙은 확실하게 구분된다. 물론 점토는 흙의 주요한 구성물질일 뿐만 아니라 수분 등의 흡착모제로서 매우 중요한 역할을 한다. 그러나 흙은 반드시 점토로만 구성되는 것은 아니고 자갈, 모래, 실트 또는 점토의 집합체로 이루어진다는 점에서 분명히 구분된다.

또한 흙이라는 재료가 강철이나 콘크리트와 근본적으로 구별되는 것은 흙이라는 재료가 비연속체(Discrete material)라는 사실이다. 즉, 흙입자 그 자체는 각각의 입자 하나가 고체이지만 고열이나 큰 압력에 의한 물리적 결합이 이루어진 것으로 화학반응에 의한 화학적 결합이 아니기 때문에 각각의 입자는 강하게 부착되어 있지 않다. 따라서 흙입자는 외력에 의해 쉽게 분리될 수 있으므로 입자 상호 간에 위치변화가 쉽게 일어난다. 이러한 관점에서 본다면 흙은 암반과 구별된다. 광물입자들이 쉽게 분리될 수 있는 반면, 암반은 영속적인 결합력에 의하여 강하게 부착되어 있다. 비연속체 재료인 흙은 흙 입자 사이에 압축성이 큰 공기와 비압축성의 물이 존재하고 있기 때문이며 흙에 하중이 가해지는 경우 이러한 물질의 상호작용 때문에 하나의 균질한 물질로 되어 있는 경우와는 달리, 힘의 전달이나 변위가 단순하지 않은 특성이 있다.

흙의 대표격인 점토광물(clay minerals)은 주로 토양생성과정에서 재합성된 2차 광물이며, 합성될 때의 환경조건에 따라 여러 종류의 것이 이루어진다. 점토광물은 입경이 작은 소립자이므로 활성표면적이 매우 크며, 이의 함량이 결국 토성을 지배하는 기본이 된다. 또한 비료성분의 흡착 · 방출 · 고정 · 배도 · 토양반응 · 통수성 등 물리화학적 성질을 결정하는 데 가장 큰 영향을 끼친다.

점토는 일상용어로 흔히 사용되고 있을 뿐만 아니라 지질학, 토양학 및 토목공학 분야에서도 흔히 사용되는 학술용어 가운데 하나이다. 그러나 이 세 분야에서 사용되는 점토의 개념 정의는 서로 조금씩 다르다, 지질학에서의 학술적인 정의는 4㎛(1/256mm) 이하의 입도를 갖는 암석과 광물의 파편 또는 쇄설성 입자이다. 그러나 1995년 AIPEA(The Association Internationale pour l'Etude des Argiles)와 CMS(Clay Mineral Society)에서 공동으로 설립한 명명위원회에서(Guggenheim과 Martin, 1995)는 점토를 '물을 적당량 함유할 때 가소성을 갖는, 주로 세립의 광물로 구성된 자연산 물질로서 건조 또는 소성시 단단하게 굳어지는 물질'로 정의하였다. 그러나 다른 학문분야에서는 점토를 달리 정의한다. 토목공학에서는 점토를 고성의 암석과 구분하여 입자의 크기로 정의하는데, 그 분류기준에 따라 서로 다르다. ASTM(1985)은 0.075mm 이하를, AASHTO(American Association of State Highway and Transportation Officials) 기준에 의하면 0.005mm 이하의 크기를 갖는 입자로 구성된 가소성을 갖는 물질로 정의하며, 구성물질의 종류는 이 구분과는 관계가 없다. 토양학에서는 국제토양학회(International Society of Soil Science, ISSS)의 규정에 따라 0.002mm 이하의 입도를 갖는 암석이나 광물의 입자로 칭한다(Steinhardt, 1983). 이처럼 학문분야 간에 비록 적용하는 입자의 크기는 서로 조금씩 차이가 있지만 그 기준은 구성물질이 아닌 입자의 크기이다. 점토광물(clay minerals)은 점토와는 뚜렷이 구분되는 용어로서, 점토는 구성 물질의 종류에 관계없이 오로지 입자의 크기만을 고려하는 데 반하여 점토광물은 광물의 결정구조에 바탕을 둔 분류의 개념이며 정의이다. 점토광물은 AIPEA와 CMS에서 공동으로 설립한 명명위원회에서는 점토광물을 '층상규산염광물과 점토 중 가소성을 가지며 건조 및 소성 시에 굳어지는 광물'로 새롭게 정의하였다.

3.2 흙의 생성과 순환

흙의 고체부분을 형성하는 광물 입자들은 암석 풍화의 산물이다. 흙의 물리적 특성은 주로 흙입자를 구성하는 광물들에 의해 좌우되고, 따라서 흙은 암석에 기원을 둔다. 암석은 형성과정에 따라 화성암, 퇴적암, 변성암 세 가지로 나눌 수 있다. 화산활동에 의해 지구 내부의 마그마가 지각의 약선을 따라 외부로 분출되어 그대로 냉각, 고결하여 화성암이 되고, 이 암석은 표 3-1 및 그림 3-1과 같이 오랜 기간 동안 열, 대기, 물, 생물 등의 물리적·화학적 풍화작용에 의하여 자갈, 모래, 실트, 점토 등의 조각들로 되는데 이와 같은 작용을 풍화작용(weathering)이라고 한다. 풍화작용에 의하여 형성된 자갈, 모래, 실트, 점토는 퇴적된 후 상재 하중에 의하여 다져지고 산화철, 방해석, 백운석, 석영과 같은 매체에 의하여 고결된다. 고결제는 일반적으로 지하수에 융해되어 이동하고 그것들은 입자 사이의 간극을 채워서 마침내 퇴적암을 형성한다. 퇴적암은 침전물을 형성하기 위하여 풍화되거나 변성작용을 받아 변성암으로 될 수 있다. 변성작용은 암석이 용융되지 않고 열이나 압력에 의하여 암석의 구성과 조직이 변화하는 과정이다. 변성 작용 중에 새로운 광물이 형성되고 광물입자들이 전단되어 변성암에 엽리구조를 나타내기도 한다. 그리고 대단히 높은 열과 압력에 의해 변성암은 녹아서 다시 마그마가 되고 암석은 반복적으로 순환하게 된다.

일반적으로 흙은 암석의 풍화작용에 의해 형성된다. 풍화작용(Weathering)은 물리적 작용과 화학적 작용에 의하여 암석들이 작은 조각으로 부서지는 과정이다. 물리적 풍화작용은 연속적인 열의 증가와 소실에 따라 암석의 팽창과 수축이 발생되고 끝내 분해되는 과정을 말한다. 때때로 물이 간극 속이나 암석 내부에 있는 균열 사이로 침투된다. 온도가 하강함에 따라 물은 얼면서 체적은 팽창한다. 체적팽창 때문에 얼음에 의하여 가하여지는 압력은 큰 암석들까지도 쪼갤 수 있을 만큼 크다. 암반을 붕괴하는 데 도움을

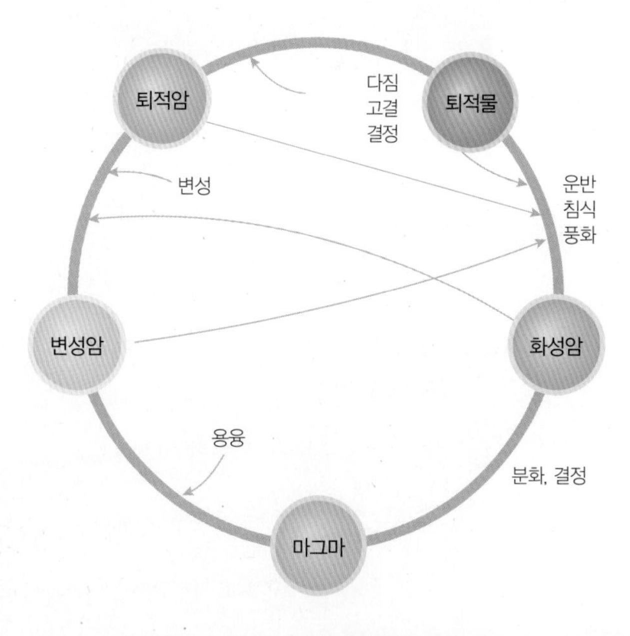

그림 3-1. 흙의 순환

표 3-1. 흙의 풍화

물리적 풍화	화학적 풍화
연속적인 온도의 변화로 암석이 팽창과 수축을 되풀이하면서 균열이 생기고 붕괴되는 현상이다.	암석광물이 화학적 작용에 의하여 다른 광물로 변화하는 현상이다.
① 온도 변화에 의한 파쇄작용 ② 유수, 파랑, 강우, 결빙 등 물의 작용에 의한 침식 및 파쇄 작용 ③ 바람에 의한 침식작용 ④ 빙하에 의한 침식작용	① 대기 중 산소의 작용에 의한 산화 및 환원작용 ② 용해, 수화, 가수분해 등의 물에 의한 분해작용 ③ 탄산 및 염류에 의한 용해 작용 ④ 부식된 유기물질에서 형성된 유기산이 일으키는 화학적 풍화작용

주는 다른 물리적 요인들은 빙하, 바람, 시냇물과 강물, 그리고 바다의 파도가 있다. 물리적 풍화작용시 알아야 할 중요한 사실은 큰 암석이 부서져 작은 조각으로 부스러질 때에 화학적 성분에는 변화가 없다는 것이다. 화학적 풍화작용에서는 원래의 암석광물들이 화학적 작용에 의하여 새로운 광물들로 변화된다. 물과 대기 중의 이산화탄소는 탄산을 생성하여 기존의 암석광물들과 작용하여 새로운 광물들과 용해성 염을 형성한다. 빗물은 암석 중의 광물과 작용하여 용해, 산화, 탄산화, 가수분해, 수화, 이온교환, 킬레이션(chelation-생물의 분비하는 산이나 생물의 부패시의 산과 이산화탄소가 암석을 용해 또는 파괴하는 작용)을 일으켜서 암석을 파괴시켜 버린다. 자하수에 있는 용해성 염과 부패된 유기물에서 형성된 유기산은 화학적 풍화작용을 유발시킨다.

앞서 간단한 설명과 같이 암석의 풍화는 암석덩어리를 큰 호박돌에서 매우 작은 점토입자들로 나열할 수 있는 여러 크기의 작은 파편으로 변화시킬 수 있다. 이들 작은 입자들은 구성비율에 따라 여러 가지 형태의 흙이 형성된다. 그리고 풍화생성물은 제자리에 있거나 빙하, 물, 바람, 그리고 중력에 의하여 다른 장소로 이동하기도 한다. 풍화작용에 의하여 형성된 흙이 원래의 자리에 그대로 남아 있는 흙을 잔류토(Residualsoils)라 부른다. 잔류토의 중요한 특징은 흙 입자크기의 분포이다. 지표면에는 세립토가 분포하며, 토층의 심도가 깊어짐에 따라 흙 입자의 크기는 증가한다. 또한 더 깊은 심도에서 모난 암석 파편들이 발견될 수도 있다.

3.3 흙의 구성과 분류

3.3.1 흙의 구성

흙은 고상 · 액상 · 기상의 3상으로 되어 있는데 고상은 무기물과 유기물로 되어 있고, 액상은 흙이 함유하고 있는 물이며, 기상은 흙의 공극이다. 흙의 3상이 차지하는 분량은 흙에 따라 일정하지 않을 뿐만 아니라 기상조건의 변화에 따라 액상과 기상의 상대적 비율이 크게 달라진다. 자연의 흙은 여러 가지 크기의 광물입자(토립자)가 집합하여 그림 3-2와 같은 골조를 만들고, 그 공극에 물과 가스(공기)를 포함하고 있다. 흙의 상태를 정량적으로 나타내기 위하여 토립자, 물, 공기의 각각을 모아 흙(흙덩어리)을 모델로 보아 모식적으로 나타내면 그림과 같이 되고 흙덩어리는 삼상으로 구분된다. 각 상은 토립자의 부분을 고상, 물로 점유한 부분을 액상, 그리고 공기의 부분을 기상이라고 한다. 상 구성 중에서 토립자 사이의 극간을 공극이라고 한다. 공극이 물로 채워져 공기가 존재하지 않을 경우 흙은 물로 포화되어 있다고 하고 그와 같은 상태의 흙을 포화토라 한다. 또, 공극 중에 물이 전혀 없는 경우 흙은 절대건조상태에 있다고 한다. 실험에서는 105~110℃에서 건조된 것은 건조상태에 있다고 한다. 지금 흙이 양쪽의 상태에 있다고 하면 상 구성은 그림과 같이 이상상태로 있게 된다. 자연 상태의 흙은 많은 경우 공극중의 물과 공기를 함유하고 있으며 그림과 같이 삼상구성으로 되어 있다. 이러한 상태의 흙을 불포화토라고 부른다.

점토광물은 수산화알루미늄규산염으로서 층상규산염광물에 해당된다. 이들의 구성성분은 규산염광물에서 흔히 나타나는 SiO_2, FeO, MgO, CaO, Na_2O 및 K_2O를 함유하는데, 광물의 종류에 따라 함량의 차이가 있다. 이들은 함수광물로서 예외없이 다량의 물을 함유하고 있다. 점토광물은 물리-화학적으로 다양한 성질을 갖지만 층상의 분자구조 때문에 대부분은 공통적으로 판상의 정상(晶狀)을 갖고 있으며, 대부분의 광물들이 완벽한 벽개변을 지니는 특징을 갖고 있다. 이러한 특성은 점토광물이 갖는 결정구조적 특성에 기인하는 것이다.

AIPEA에서 명명한 용어의 정의(Bailey, 1980b)를 살펴보면 면(plane)은 원자들의 이차원적 배열이고, 판(sheet)은 이러한 면들이 결합한 것으로서 다면체, 즉 사면체, 팔면체 등의 평면배열을 말한다. 층(layer)은 판들의 집합으로서 사면체판과 팔면체판이 결합되는 수에 따라 1 : 1 또는

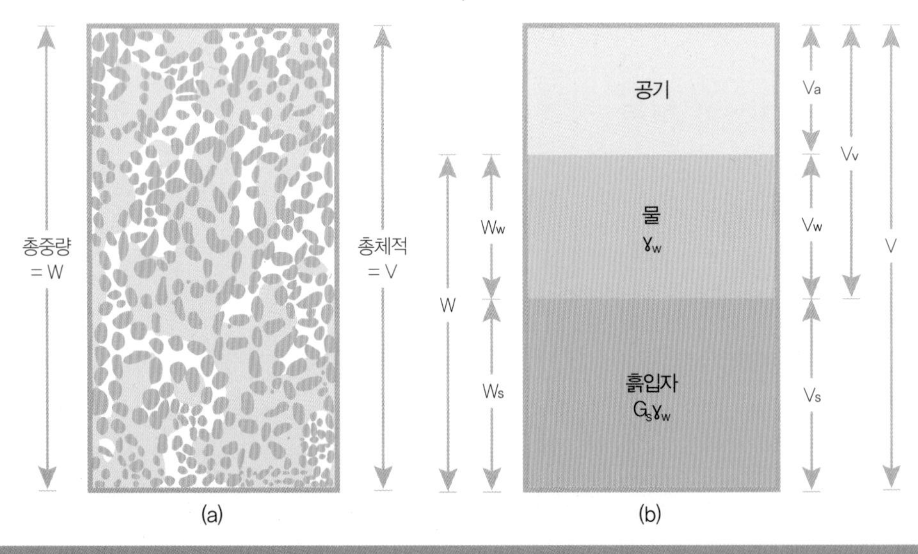

그림 3-2. (a) 자연상태의 흙, (b) 흙요소의 3상 체계
V_s = 흙고체의 체적 , V_v = 간극의 체적 , V_w = 흙고체의 체적 , V_a = 흙고체의 체적

2 : 1로 결합한 단위이다. 그러므로 그 규모는 면 < 판 < 층의 순서가 된다. 모든 층상규산염광물은 두 개의 기본 구조단위, 즉 Si-O로 결합된 사면체와 Al-O의 결합으로 된 팔면체이다. 사면체는 Si(또는 Al)가 네 개의 O에 의하여 배위되는 구조를 갖고 있으며, 사면체 새개의 모서리가 이차원적으로 연결된 육각환형을 이루어 평면으로 결합되어 사면체판을 이룬다. 팔면체는 Al^{3+}, Mg^{2+}, Fe^{2+} 또는 Fe^{3+} 등의 양이온을 여섯 개의 O 또는 (OH)가 팔면체 배위를 한 형태이다. 이들 팔면체가 이차원적으로 능을 공유하여 팔면체판을 형성한다.

팔면체판의 음이온면은 음이온의 최밀충전에 의하여 음이온 간의 결합길이는 2.94Å의 삼각형으로 배열된다. 사면체판에서 정점산소의 위치는 팔면체판의 음이온 위치와 같게 되는데, 이것은 사면체판과 팔면체판에서의 O-O 또는 OH-OH의 결합 길이가 거의 같기 때문이다. 그러므로 사면체의 정점산소는 팔면체판의 음이온면을 이루는 수산화이온 세 개 가운데 두개를 치환하여 이를 팔면체판과 사면체판이 공유함으로써 결합된다. 이렇게 각기 하나의 사면체판과 팔면체판이 결합된 구조를 1 : 1층형이라고 한다. 팔면체를 구성하는 수산화이온의 1/3은 치환되지 않고 사면체판의 이상적인 육각형 배열에서 육각환형의 중심에 놓이게 된다.

점토광물은 격자 구조 내에서 원자가가 큰 원자를 원자가가 작은 원자가 치환(동형치환)하면서 전체적으로 부전하를 띠게 된다. 이러한 부전하는 미세한 점토광물의 표면에 균질하게 또는 불균질하게 분포된다. 점토광물의 표면은 1 : 1형은 한쪽면이 저면산소면으로 되어 있고, 다른 한쪽면은 수산기로 구성되어 있다. 2 : 1형은 두 쪽이 모두 저면산소면으로 이루어져 있다. 결정입자의 끝부분은 깨진면이기 때문에 결합을 만족시키지 않은 산소나 양이온이 노출되어 있다. 흔히 이렇게 원자가를 만족시키지 않은 산소는 용액 중의 H^+이온과 쉽게 결합하여 수산기를 형성하고 층간에 존재하는 부전하를 보상하는 양이온들이 수화작용을 일으킨다. 이처럼 점토광물은 일반적으로 물에 대하여 높은 친화성을 보인다. 점토광물은 이들이 갖고 있는 표면전하 때문에 양이온과 음이온을 흡착하거나 교환 가능한 상태로 유지하는 성질을 가지고 있다. 즉 점토광물들의 층간 또는 표면에 존재하는 이온들은 수용액에 함유되어 있는 다른 이온들에 의해서 양이온이나 음이온으로 교환될 수 있다.

3.3.2 흙의 분류

흙의 분류법(soil classification system)은 성질이 비슷한 여러 가지 흙에 대하여 특성에 따라 여러 군으로 분류 · 배열한 것이다. 분류법은 무한히 변화되는 일반적인 흙의 특성을 상세한 설명 없이 간단히 표현하는 일반적인 용어를 제공한다. 공학적 목적을 위하여 개발된 대부분의 흙 분류법은 입도분포나 소성지수와 같은 단순한 지수에 근거를 두고 있다. 현재 여러 가지 분류법이 사용되고 있지만 흙 성질의 다양성 때문에 어떠한 분류법도 모든 흙을 명확히 정의하지 못하고 있다. 또한 흙은 학문분야에 따라 보는 시각이 다르며 그 표현이 갖는 의미나 범위가 다소 다르다. 흙의 입도를 조사하는 목적은 흙을 분류하고, 흙의 여러 성질을 추정하여 건축재료로서 적부를 판단하기 위함이다. 흙을 구성하는 흙 입자크기의 범위는 광범위하며 흙입자 크기의 분포 상태를 조사하는 것을 입도분석이라 한다.

자연의 흙은 여러가지 크기의 광물입자(토립자)가 집합되어 있는 것으로, 흙입자는 입경의 크기에 따라 표 3-2와 같이 분류된다. 토양을 건조한 후 2.5mm의 체로 쳐서 2.5mm 이상의 것을 자갈이라 하고 그 이하의 것을 세토라 하며, 세토를 다시 모래 · 실트 · 점토 등으로 나누는데, 이와 같은 구분을 입경구분(separates)이라고 한다. 자갈이나 모래 입자를 많이 함유한 흙은 조립토 또는 사질토라 부르고 실트나 점토 입자를 많이 함유한 흙은 세립토 또는 점성토라 부른다. 그리고 0.001mm 이하의 입자는 콜로이드(colloid)라 한다.

흙의 무기질입자의 입경조성에 의한 흙의 분류를 토성이라고 한다. 즉, 모래 · 미사 · 점토 등의 함유비율에 의하여 결정된다. 조립질은 점토함량이 15% 이하로서 모래는 85% 이상이고, 중립질은 점토함량이 15% 이하로서 모래는 85% 이하이며, 세립질은 점토함량이 15~25% 이고 미립질은 25% 이상이다. 흙의 성질 결정에는 기술과 경험을 필요로 하지만 흙 조사자들이 여러 가지 흙에 대한 실험치의 기계적 분석결과를 여러 번 손가락의 촉감으로 익혀 두면 흙의 성질을 결정하는 데 큰 도움이 된다. 습한 토양과 건조한 토양은 손가락으로 느끼는 감각이 각각 다르기 때문에 손가락의 촉감으로 올바르게 흙의 성질 등포를 결정하려면 흙을 물로 잘 축인 다음 손가락 사이에서 잘 비벼 보아야 한다. 예를 들어 모래의 입자는 까슬까슬한 감이 있고, 미사는 건조했을 때 밀가루나 활석가루를 비비는 감이 있으며, 젖었을 때에는 어느 정도

표 3-2. 흙의 입도별 분류

흙의 종류	내용
큰 자갈	큰 자갈의 크기는 25~200㎜의 범위로 형태는 모암의 풍화작용 때문에 거친 형태를 가지고 있으며, 풍화가 얼마 지나지 않은 자갈은 모서리가 날카로운 형태를 유지하고 있다.
작은 자갈	작은 자갈은 크기는 2.5~25㎜의 범위로 모암이나 큰 자갈이 풍화되어 생성된 작은 입자의 거친 재료로 구성되어 있으며 흙 속에서 수축과 모세관현상을 억제시킨다.
모래	모래의 크기는 0.074~2.5㎜의 범위로 실리카나 석영입자로 구성되어 있고 점착력이 부족하다. 낮은 흡수력은 표면의 팽창과 수축을 억제시킨다.
실트	실트의 크기는 0.002~0.074㎜의 범위로 물리 · 화학적으로 사실상 모래의 조성과 동일하며 단지 차이점이라고 하면 크기가 다르다는 것이다. 실트는 내부 마찰력 증가로 흙의 안정성을 주며, 입자 사이의 수분막은 실트에 점착력을 부여한다.
점토	점토는 0.002㎜ 이하의 범위로 물리 · 화학적 성질이 다른 입자들과는 다르며 팽창과 수축에 매우 민감하다. 점토입자들 중 0.001㎜ 이하의 아주 미세한 입자를 콜로이드라고 하며, 이것은 표면적이 크고, 그 표면의 성질이 특이하여 흙의 성질에 있어 중요한 역할을 한다.

그림 3-3. 흙의 다양한 입자와 색상

가소성이 있다. 한편, 점토는 건조하면 매끈거리는 감이 있고, 젖었을 때에는 가소성과 점착력이 크다. 그림 3-3은 흙의 다양한 입자와 색상을 나타낸 것이다.

이상의 내용을 정리하여 흙을 분류하면 표 3-3과 같다.

3.3.3 점토광물의 이용

점토의 이용은 인류문명의 시작과 함께 고대인으로부터 시작되었다는 사실은 박물관의 유물을 통해서도 쉽게 할 수 있다. 점토의 이용과 연구의 발달과정을 알아두는 것은 점토광물학의 이해에 도움이 될 것이다. 고대인들이 최초로 사용한 지구 구성물질은 광물자원 중 금속이

표 3-3. 흙의 분류

종류 구분	1차 점토 (primary clay, Kaolin)	2차 점토 (secondary clay, Clay)
성인	암석의 풍화	암석풍화물의 퇴적
주산지	산(山) 및 밭(田) 등	川(沓)
구조	1:1 구조(2층 구조)	1:2 구조(3층 구조)
주성분	SiO_2 : 35~50% $Al2O_3$: 25~40%	SiO_2 : 60~70% $Al2O_3$: 10~20%
입자 크기	조립	미립
주된 종류	고령토, 황토, 마사토, 밭흙 등	통상 점토, 논흙, 뻘흙, 진흙 등

아닌 비금속물질로서 플린트나 처트와 같은 암석이었으며, 뒤이어 약간의 가공을 통하여 사용할 수 있는 점토들이 질그릇 또는 흙벽돌의 원료로서 광범위하게 사용되었다. 점토를 소성하여 이용하기 시작한 것은 모라비아(Moravia)에서 B.C. 30,000~20,000경에 발견된 아우리그나시안(Aurignacian)의 유물이며, 이집트에서 발견된 B.C. 10,000의 Soultrean period의 팔레올리틱(Paleolithic) 질그릇은 아주 우수하게 소성된 용기였다. 이미 B.C. 5000에는 이란, 팔레스타인 및 중국에서는 밀폐된 노에서 1000℃ 정도에서의 소성이 가능하였으며, B.C. 3000에는 노 안에서 어느 정도 균질한 온도를 얻는 기술이 보급되었다. 로마시대의 건축가 Marcus Vitruvius는 B.C. 2에 남긴 그의 기록에서 태양에 건조시킨 벽돌의 제조법을 기술하고 있는데, 여기서 그는 균질한 건조를 위하여 봄철이나 가을철에 제작할 것을 권유하고 있다. 또 그의 기록에 의하면 유티카(Utica)에서 건축용 벽돌은 적어도 5년 전에 만들어진 것을 당국이 검증하기 이전에는 사용할 수 없다는 사실도 기록하고 있다. 동서양을 불구하고 태양에 건조시킨 벽돌의 사용은 오랫동안 지속되었으며, 세계 곳곳의 농촌지역에서도 아직도 이러한 방법이 많이 이용되고 있다.

3.4 흙의 특성

3.4.1 흙의 일반적 성질

• 흙의 밀도와 공극 및 입도

흙의 밀도는 입자밀도(particle density)와 용적밀도(bulk density)로 구분된다. 입자밀도는 토양의 고상 자체만의 밀도를 말하며, 용적밀도는 고상 · 액상 · 기상으로 구성된 자연 상태의 토양밀도를 의미하는데, 일반적으로 105~110℃에서 8시간 정도 건조된 후의 토양, 즉 고상과 기상으로만 구성된 토양의 용적 밀도를 측정하여 실제 사용한다. 용적밀도는 자연상태의 토양밀도인데 무기질 및 유기질입자와 함께 토양 공기와 수분이 전체적으로 종합된 밀도이다. 그러므로, 그 값이 입자밀도보다 훨씬 낮으며, 토양의 구조 · 생성 및 공극률에 따라 그 값이 서로 크게 다르다. 용적밀도는 토양의 구조를 잘 반영하여 주며, 공기의 유통이나 물의 저장능력을 나타낸다. 일정한 토양용적 내의 입자와 입자 사이에 공기나 물로 채워지는 틈새가 있는데, 이것을 토양의 공극이라고 하고, 단위용적당의 공극량을 공극률이라고 한다.

입자의 크기는 입도라고도 하는데, 입도는 평균직경으로 표시되는 것이 일반적인 표현방법이다. 그런데 이 평균직경을 표현하는 방법이 단순한 크기, 즉 어떤 입자가 안정한 상태로 놓여 있을 때 투영되는 면적의 함수로 나타낸 것인지 또는 입자가 차지하는 체적의 함수로 표현한 것인지는 흔히 간과하기 쉽다. 그러나 지금까지 정의 된 평균직경의 값 중 가장 적합한 것은 표면적의 측정값

단위 질량당 표면적을 비표면적(specific surface area)이라 하고 m^2/g으로 나타낸다. 점토광물은 대부분이 아주 작은 입자로 구성되어 있기 때문에 비교적 표면적이 다른 규산염광물에 비하여 큰 값을 가지고 있다. 그러므로 토양의 비표면적을 측정한 값의 대부분은 점토광물의 값으로부터 기인된다.

• 흙의 구조

흙의 구성성분들이 서로 결합하여 배열되는 상태를 흙의 구조라고 한다. 흙은 대소의 여러 가지 크기의 입자로 구성되어 있지만, 이들 입자는 특수한 경우를 제외하고는 집합하여 입단(aggregate) 또는 흙덩어리(clod)를 이루고 있다. 그리고, 입단은 입체적으로 배열되어 물의 보유 및 이동과 공기의 유통에 필요한 공극을 이루고 있다. 흙의 구조에 양향을 미치는 요소들은 흙 입자들의 모양, 크기, 광물학적 조성 등과 흙 속에 있는 물의 특성과 성분 등이 있다. 일반적으로 흙은 사질토와 점성토로 크게 나눌 수 있다.

❶ 사질토

자갈, 모래, 및 실트는 유수, 바람 등에 의해 운반되어 퇴적할 때, 처음에는 느슨하나 그 위에 퇴적되는 퇴적물의 자중에 의해서 점점 조밀하게 된다. 또한 입잔간의 점착력이 없고 마찰력에 의해 이루어져 있으므로, 큰 하중이나 충격을 받으면 접촉부분이 느슨해져 마찰저항이 감소되어 체적이 현저히 감소한다. 이러한 구조를 단립구조라 한다. 사질토는 퇴적환경이나 인위적 다짐에 따라 느슨한 상태에서 조밀한 상태에 이르기까지 넓은 범위의 공극비를 가지며 상대밀도로 표시한다. 상대밀도가 클수록 흙은 압축성이 작고 전단강도는 커진다.

❷ 점성토

물 속에 있는 점토입자의 표면에는 음전기가 대전되어 있고, 각 입자들은 분산이중층이 둘러

싸고 있다. 대개의 점토입자가 점차 가까워지면 분산이중층들이 침투하려는 경향으로 인해 입자들 사이에는 반발력이 생기고, 동시에 점토입자들 사이에는 인력(Van der Waal's force)이 존재하게 된다. 이러한 반발력과 인력은 입자 간 거리가 가까울수록 증가하고, 거리가 매우 가까우면 인력이 반발력보다 크게 된다.

· 흙의 색상과 온도

흙의 색상은 흙의 성질 또는 생성과정을 아는 데 중요한 사항의 하나이다. 실제 흙의 색깔은 그 흙의 풍화과정이나 이화학적 성질의 유래를 판정하는 데 도움이 되고 있다. 또한 흙의 비옥을 판정하는 자료로 삼을 수도 있지만 아직 결정적인 것은 못 된다. 흙의 흑색은 부식의 영향이 크지만 반드시 그렇지는 않다. 흙의 색상은 함수량에 따라 달라진다. 일반적으로 습윤한 상태에서는 색상이 짙게 되고, 건조하면 옅은색으로 된다. 습한 상태에서 흑색으로 보이던 토양도 건조하면 거의 회색으로 되는 일이 있다. 그러므로 야외에서는 적당한 습도에서 색상을 결정해야 한다.

흙의 비열은 흙 1g을 1℃ 높이는 데 요하는 열량(물 1g을 14.5℃에서 15.5℃로 높이는 데 요하는 열량을 1㎈라고 함)을 물의 경우와 비교한 것으로서 비열이 크면 가열 · 냉각 등에 의한 온도의 상승 및 하강이 더디게 된다. 물의 비열은 1로서 가장 크며, 흙을 이루는 무기성분은 대체로 0.2, 유기성분은 0.4 정도이다. 자연상태에서 토양공극을 채우고 있는 공기와 물을 생각해 볼 때 물의 비열은 1이고, 공기는 0.000306이므로(0으로 보아도 무방함) 흙의 온도 변화는 흙의 수분함량에 의하여 결정되는 것으로 본다. 그러므로 흙의 온도는 토양수분이 많을 경우에는 쉽게 변화되지 않는다.

흙이 태양열을 받아서 온도가 상승하는 것은 열전도(heat conduction)에 의한다. 열전도는 1cm^2 물체의 면에서 두께 1cm 상하의 온도차가 1℃일 때 1초 동안에 통과하는 열량(calorie)으로 표시한 것이다. 흙을 구성하는 고체성분에 비하여 공기의 열전도율은 훨씬 작다. 그러므로 흙의 조성이 엉성한 경우에는 열전도가 늦고, 밀한 상태일 경우에는 빠르다. 또한 물의 열전도율은 석영 · 장석 등에 비하여 작지만 공기보다는 매우 크다. 보통 흙의 열전도는 공극량에 따라 달라지며 입자의 대소 · 공기 · 물 등이 양적으로 관계한다. 흙성분은 원래 전도가 낮으며, 광무로가 암석은 3cm/hr에 지나지 않는다. 물의 열전도율은 공기의 30배에 달하기 때문에 습윤토양이 건조토양보다 높다. 즉, 토양이 습윤한 경우에는 건조한 경우보다 열전도율이 큰데, 이것은 습윤할 때에는 토립 간의 공극에 공기 대신 물이 채워져 있기 때문이다. 토양열은 일반적으로 대기보다 커지면 방열하며, 그 정도는 흙과 대기의 열의 차가 클수록 또한 표면이 엉성할 수록 크다.

흙은 함수량에 따라 그 역학적 성질이 매우 달라진다. 포화수분 이상에서는 유동성과 점성을 나타내고, 수분이 감소됨에 따라 소성을 나타내는데, 이때에는 질긴 감이 든다. 소성을 잃으면 부스러지기 쉬우며, 연한 촉감을 주고, 더욱 건조되면 입자가 응집하여 단단하고 딱딱하게 된다.

토양이나 점토는 물과 섞이게 되면 물리적 성질이 현저하게 변화된다. 점토나 토양에 함유되는 수분함량이 증가하게 되면 일반적으로 체적이 증가하게 되고 물질의 상태가 고체상으로부터 반고체상을 거쳐 소성을 갖는 물질로 변화되며, 수분함량이 임계점을 넘게 되면 액성을 띠게 된다. 점토의 표면에 결합되는 물은 액체상태의 물과 물리적 성질이 다르다. 결합되는 이 물분자의 두께는 점토광물에 따라 여러 가지 요인, 특히 충전하나 층간 양이온의 종류 등에 영향을 받아 다양하게 변화될 뿐만 아니라 보통 물로 점이적인 변화를 보이는 것으로 알려져 있다.

3.4.2 흙의 역학적 성질

• 연경도(Consistency)

일반적으로 점착성이 있는 흙은 함수량에 따라 그의 성질을 달리 한다. 즉 물이 지나치게 많으면 토립자는 수중에 떠있는 상태로 있다가 함수량이 차차 감소하면 점착성이 있는 풀의 상태(slurry)로 되고 더욱 함수량이 감소함에 따라 소성을 나타내며 더욱 건조하면 반고체로부터 고체로 된다. 흙이 함수량에 의하여 나타나는 이들의 성질을 흙의 연경도(Consistency of soil)라 하고 흙이 가지고 있는 하나의 성질을 나타낸다.

세립토의 함수량의 변화에 따라 흙의 연경도뿐만 아니라 그의 용적도 변화한다. 즉 흙의 함수량이 많아 액상일 때에는 흙의 용적도 가장 크지만 함수량이 감소하여 소성으로 되고 더욱 반고체상으로 됨에 따라 흙의 용적은 차차 감소한다. 그러나 더욱 함수량이 줄어 흙이 고체상으로 되면 그 이상 함수량이 줄어도 용적의 감소는 볼 수 없다. 이와 같이 매우 축축한 세립토가 건조되어 가는 사이에 지나는 네 개의 과정 즉 액성, 소성, 반고체, 고체의 각각의 상태의 변화하는 한계를 아터버그 한계라

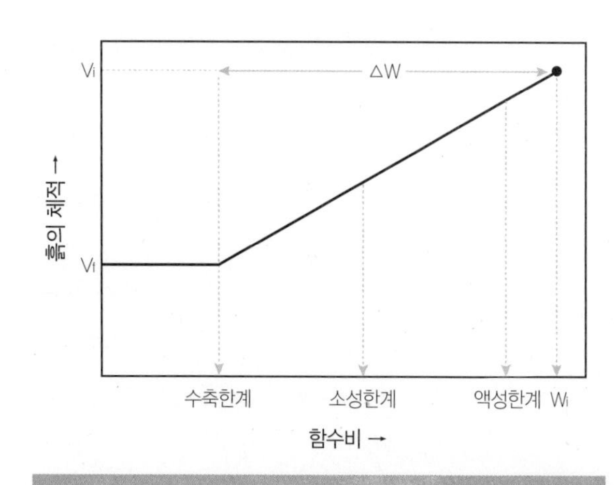

그림 3-4. 흙의 컨시스턴시

한다. 고체상태에서 반고체 상태로 변환되는 점에서의 함수비를 수축한계(Shrinkage limit), 반고체 상태에서 소성상태로 변환되는 점에서의 함수비를 소성한계(Plastic limit), 그리고 소성상태에서 액성상태로 변환되는 점에서의 함수비를 액성한계(Liquid limit)라 한다.

• 강성(rigidity)

흙이 건조하여 딱딱하게 되는 성질을 강성(rigidity)이라고 한다. 건조한 토양입자는 인력(Van der Waal's force)에 의해 결합되어 있다. 입자의 함량이 많을수록 또는 판상의 배향으로 결합하기 쉬운 점토를 함유하고 있는 경우에는 이와 같은 성질이 강하고, 구상을 나타내는 점토는 약하다. 즉, 완전히 건조한 토양은 입자 표면의 모세관 피막수가 없어지고, 입자가 그 표면 사이에 직접 결합하여 일정한 견결성(coherence)을 나타내는데, 이와 같은 성질은 입자 표면 사이의 접촉량과 잡아당기는 힘에 의하여 좌우된다.

• 가소성(Plasticity)

물체에 힘을 가했을 때 파괴되는 일이 없이 모양이 변화되고, 힘이 제거된 후에도 원형으로 돌아가지 않는 성질을 말한다. 흙에 물을 가하면 이 성질을 나타내지만, 어느 정도 이상 물을 가하면 일정한 모양을 유지하지 못하게 되어 유동한다. 또한 어느 정도 이하에서는 가해졌던 힘이 제거되면 원형을 유지할 수 없어 부스러지고 만다. 따라서 가소성을 나타내기 시작하는 최소수분과 이것을 유지할 수 있는 최대수분의 한도가 있게 된다.

• 응집성(cohesion)

응집성(cohesion)이란 토양입자 간의 견인력 및 연결력을 뜻한다. 수분이 많을 때에는 흙입자 표면의 수막면의 장력에 의하여 잡아당기는 성질에 의하고, 수분이 적을 때에는 친화력이 현저한 활성원자 또는 원자단에 의하여 잡아 당기게 된다. 응집력은 토립의 대소 · 구조의 조밀 · 수분함량 등에 따라 다른데, 점토가 가장 크고 부식토는 낮으며 사토는 더욱 낮다. 점토분이 많이 함유되어 있는 흙은 수분이 감소됨에 따라 물리화학적 성질이 강화되어 점차 굳은 토괴로 된다. 점토광물은 미립의 입자 또는 콜로이드입자($< 1\mu m$)로 구성되어 있다. 이러한 미세한 입도로 산출되는 점토광물을 물과 혼합시키면 점토입자들은 쉽게 침전되지 않고 부유되면서 현탁액을 이룬다. 이렇게 부유하는 현탁액의 상태를 분산(dispersion)이라 하고, 이 현탁액의 입자들

이 집합되어 침강하는 현상을 침전(flocculation)이라고 한다.

• 점착성(adhesion)

점착력(adhesion)이란 토립과 다른 물질들과의 잡아당기는 힘을 말하며, 그 강도도 흙의 성질과 수분함량 또는 물체면의 평활도에 따라 달라진다. 흙의 부착력은 점토가 가장 크고, 이탄은 그 중간이며, 사토가 가장 작고, 특히 점토는 용수량이 80%일 경우 가장 크다.

• 흙의 팽창과 수축

흙이 함수량의 변화에 따라 체적을 감소시키거나 증대시키는 것을 팽창(swelling) 및 수축(Shrinkage)이라 한다. 이것은 주로 점성토의 특성이며 모래와 같은 입상토에서는 거의 관찰되지 않는다.

흙의 팽창(swelling)은 두 가지 형식에 의하여 이루어지는 것으로 본다. 즉, 그중 하나는 점토나 부식의 표면에 있어서의 물의 흡착이다. 물은 극성공유결합을 하고 있기 때문에 점토나 부식의 전하에 의하여 그 표면에 흡착된다. 이 흡착된 물의 층은 일정하지 않으며, 분자층 또는 그 이상이라고도 한다. 다른 하나는 토양 중 점토로서 내부표면을 갖는 montmorillonite와 같은 2:1형의 점토가 층간에 다량의 물을 흡수하여 팽창하는 것이다. 이것은 점토의 결정층간에 많은 양이온이 흡착되어 있고, 외부의 수분에 비하여 이온 농도가 매우 높기 때문에 흡수작용에 의하여 층간에 다량의 물을 흡수하여 팽창하게 된다. 이때 흡수태양 이온이 Ca^{+2}와 같은 다가 이온일 경우에는 층간에 결합력이 생겨 팽창을 방해하지만, Na^{+}가 흡착되었을 경우에는 이와 같은 결합력은 작용하지 않아 심한 팽창이 일어난다. 이와 같은 두 가지 경우를 생각하면 토양은 점토나 부식함량이 많을수록, 또한 점토는 montmorillonite 형의 것이 많을수록 잘 팽창하며, 건조에 의하여 수축도 커지게 된다. Na^{+}가 풍부한 해저니가 건조에 의해 수축되어 바닥이 갈라지는 것을 흔히 볼 수 있다. 수축은 팽창의 역과정이라고 할 수 있다. 물로 포화된 흙을 일정하게 천천히 탈수시키면 없어진 물과 같은 양의 체적변화가 생기며 정규수축(Nomal shrinkage)이 발생하며, 탈수가 진행되며 토립자의 접근 · 접촉이 반력이 생겨서 손실수량보다도 체적변화가 적은 잔류수축(Residual shrinkage)이 발생하며, 탈수되더라도 체적은 변화되지 않는 무수축이 발생한다.

• 경도(hardness)

흙의 경도(hardness)란 외력에 대한 토양의 저항력을 말하며, 이것은 토립 사이의 응집력과 입자 간의 마찰력에 의하여 생기는 것으로서 입경조성 · 공극량 · 용적량 · 흙수분 등이 종합되어 나타나는 현상이다.

3.5 황 토

3.5.1 황토의 정의

우리 나라에서 황색 내지 적갈색 풍화토인 소위 황토는 황토방, 황토침대, 찜질방 등 우리 생활환경의 다방면에서 요즘 유행처럼 널리 이용되고 있다. 이러한 용도들은 대부분 구전이나 경험을 바탕으로 한 것으로 과학적인 근거에 대한 설명이 잘 알려지지 않고 있다.

황토는 국어대사전의 경우에는 '① 빛깔이 누르고 거무스름한 흙(Yellow Soil), ② 대륙의 내지에서 풍화로 인해 부스러진 암석의 세진이 바람에 날려와서 지표를 두껍게 덮고 있는 누르고 거무스름한 흙, 중국의 북쪽, 특히 황하 유역과 유럽, 북미 등에 분포하고 있고, 황토(loess)는 바람에 의해 운반된, 주로 실트 크기의 입자로 구성된 연황색-황갈색 퇴적물로서, 균질하고 비층상이며 기공이 많으며 쉽게 부스러지는 성질을 가지며 약한 점착력이 있으며 석고질이 포함된 경우가 많다'고 정의하고 있다. 그러나 우리나라에 분포하는 토양을 조사한 학자들은 풍성기원의 퇴적물에서 나타나는 광물조성이나 특성이 거의 없다고 한다. 또한 우리나라의 황토는 가까운 산이나 밭에서 쉽게 볼 수 있는 황색 내지 적갈색의 풍화토이므로, 암석의 풍화 결과 형성된 것이라는 사실을 알 수 있다. 그러므로 우리나라에서 흔히 사용되는 황토는 지질학 용어 사전의 풍성 기원의 퇴적물인 'loess'는 아니고, 기반암의 풍화에 의해 형성된 황색-적갈색의 토양이기 때문에 'Hwangtoh'라는 용어를 사용한다. 그러므로 황토는 기반암의 풍화결과 형성된 것이므로 기반암의 종류와 풍화정도, 기후 조건 등에 따라 매우 다양하게 나타날 것이라는 것을 쉽게 추측할 수 있다. 암석은 풍화에 의해 잘게 부스러지고, 원광물이 점토광물을 비롯한 2차 광물로 변해가면서 토양을 형성하게 되는데, 물질의 첨가 과정, 물질의 전이와 이동 과정 및 물질의 제거 과정을 거치면서 성숙하게 된다. 황토는 주로 점토광물을 비롯한 풍화산물이 직접되는 심토층에 표토층 일부가 포함된 것으로 간주할 수 있다. 우리나라 황토는 전국적으로 고르게 분포하지만 고지대 및 급경사지, 하천 등에는 잘 나타나지 않는 경향을 보인다.

3.5.2 황토의 분포 및 특징

• 황토의 분포

오늘날 황토는 온대지역과 사막주변부에 나타나는 반 건조지역에 가장 넓게 분포하며, 중국 북부, 동북부, 중앙아시아, 러시아 남부, 중부유럽, 북아프리카, 북아메리카, 아르헨티나, 뉴질랜드 등에 널리 분포하고 지구 표면의 약 10%를 덮고 있다. 일반적으로 황토는 비옥한 토양으로 덮여 있어 농업에 적합하기 때문에 항상 인구 집중에 영향을 미쳐왔다. 중국과 같이 인구가 밀집된 황토지역의 농업인들은 가파른 경사지역에 움막과 유사한 거주지를 파고 살았다. 푸에블로 인디언과 같은 반건조 지역의 거주자들은 황토로 만든 벽돌을 이용해 집이나 요새와 같은 건물을 지었다.

• 황토의 특징

황토는 우리 나라 거의 전역에서 쉽게 발견할 수 있는 것으로 우리의 기후조건하에서 암석이 풍화된 잔류토양으로 토양단면의 B층 토양에 주로 해단된다. 모암의 종류와 장소에 따라 산출상태가 다르지만 일반적으로 지표면에서 유기물을 다량 함유한 것일수록 검은색을 띠고, 풍화작용이 덜 진행된 약간 깊은 부분에서는 황색에 가까운 색을 띠는 경향이 있다. 황토의 일반적인 토양단면은 유기물을 포함하는 암색의 표토층을 제외하고는 상부에 적갈색을 띠는 부분과 그 아래에 담황색 및 황갈색을 띠는 부분이 나타나고 그 아래에 풍화암 및 경질모암의 순서로 나타난다.

황토는 공극에 포함되는 물과 공기를 제외한 고체의 대부분이 광물로 구성되어 있다. 물론 고체 중에는 아직 광물이 되지 못한 비정질 물질도 소량 포함될 수 있으며, 식물의 뿌리와 박테리아와 같은 미생물이 포함될 수 있지만, 이러한 물질들은 황토 전체로 볼 때 그 비율은 극히 적다. 따라서 황토의 구성물질은 주로 광물이라고 볼 수 있다. 황토는 가소성, 흡착성, 흡수 및 탈수성, 현탁성, 이온교환성 등의 점토광물에서 발생하는 광물학적 특성을 가지고 있다. 점토광물은 다른 광물에 비해 가장 활성도가 높으며 가소성, 이온교환성, 흡착성, 촉매성, 현택성,

높은 표면적, 전자파의 흡수 및 방출 등의 다양한 성질을 가지고 있기 때문이다.

우리나라 황토는 전국에 걸쳐 골고루 분포되어 있으나, 주로 남부 해안지방과 서부 해안지방 산지에 많이 퇴적되어 있다. 경주 토함산 황토와 경남 고성, 김해, 산청지방과 전남 무안, 고흥, 화순지방(전남지방에는 적색이 많은 진황토임) 충남 부여, 논산, 익산지방 그리고 강원도 홍천 지방의 황토가 품질이 우수한 것으로 알려져 있다.

• 황토의 건축적 이용방법

기존에 우리나라에서 건축적으로 황토를 이용하는 방법은 목재, 볏짚, 석회류나 천연 풀등을 이용하여 벽체, 천정 및 바닥 등에 사용하여 집을 짓고 살았다. 또한 심벽을 이용하여 나무나 다른 소재를 이용한 구조 틀에 짚이나 다른 섬유질을 섞은 황토을 바르거나 일정한 형태의 틀을 만들어 황토을 다져넣어 만드는 담틀을 이용한 주거를 엿볼 수 있었다. 이는 생태학적 건축의 사고, 원리, 기술, 형태적 특성이 주거건축에 적용될 때 지속가능하고, 자연-건축-인간이 가까이 접근하는 건강한 주거문화가 창출되며, 생태회복을 이끌어내게 되어 인간의 요구에 만족하게 된다.

3.6 흙의 효과

3.6.1 지구 환경적 측면

• 천연자원의 절약

흙으로 지어진 건축물은 생산 과정에서 또는 건물의 사용 연한이 다 되었을 때에 발생하는 불필요한 폐기물을 줄일 수 있다. 또한 흙은 계속해서 재사용이 가능한 재료로 천연자원의 소비를 줄일 수 있다.

• 에너지 소비의 최소화

오늘날의 공업화된 건물은 자본 집약적이고 에너지 집약적이며, 생산 과정이 집중화된 특성을 가지고 있다. 이러한 상황은 결과적으로 자원이용의 낭비와 영구적인 환경오염의 증가 그리고 무책임한 현장 파괴에까지 이른다. 표에서 보는 바와 같이 단위량의 재료를 생산하는 데 필요한 에너지를 비교하여 보면, 1kg의 시멘트를 생산하기 위해서는 1kwh의 에너지가 필요하다. 철은 약 7kwh의 에너지가 필요하며, 알루미늄 경우에는 1kg당 70kwh 이상이 필요하다.

또한 재료의 제조과정 중에 투입되어야 하는 내재 에너지(Embeded energy)가 적을수록 환경에 좋은 재료라고 할 수 있는데, 주요 재료의 내재 에너지를 살펴보면, 구운 벽돌은 콘크리트의 두배에 상당하는 에너지가 필요한 반면에 콘크리트는 건축재료로서 양토에 비해 약 100배에 해당하는 에너지가 필요하다.[1] 하지만 공기에 의해 건조된 흙블록이나 다진 흙벽의 생산과정에서는 재료 자체에 대한 에너지는 필요하지 않으며, 단지 운송과 현장 처리과정에서만 아주 적은 양의 에너지가 필요하다.

• 에너지 소비의 효율화

바닥난방을 위해 바닥을 시멘트 모르타르로 마감한 경우와 고강도 흙미장, 재래 흙미장으로 각각 마감한 경우의 열효율을 측정하였다. 동일한 실내온도 유지를 위해 사용되는 에너지가 흙으로 하였을 경우 최고 11.6% 절약되는 것으로 보고되고 있으며, 동일한 에너지를 투입하여 난방할 때에는 흙으로 한 경우가 벽체온도는 최고 2.6℃ 바닥온도는 최고 4.0℃ 높은 것으로 보고되었다.[2, 3] 또한 동일한 난방 온수를 공급하더라도, 흙은 시멘트 대비 약 1.16배 높은 발열 전도를 나타내고 난방 종료 후 단위 시간당 온도 변화에서 10%가량 우수한 것으로 조사되었다.[4] 또한 흙은 모든 중량 재료들처럼 열을 저장한다. 그러므로 일교차가 큰 지역이나 태양열을 단순한 방법으로 얻어 저장이 필요한 지역에서는 흙은 내부 기온의 평형을 유지시켜주는 기능을 한다.

이러한 결과들에 정리하면 흙을 건축재료로 사용하게 되면 에너지 소비를 효율적으로 할 수

---

1) 차정만, 지속가능한 건축재료의 개발과 흙, 대한건축학회지, 2003.12, p.50.
2) Song, Seung-Yeong et al., Thermal environment and energy performance evaluation of the modern earth house through the scaled model test, Sustainable Building 07 International Conference, 2007.6.
3) 송설영 송승영 황혜주, 흙건축재료의 열 물성 평가 및 실험을 통한 흙 구조체의 하계 온도 조절 기능 분석, 대한건축학회 논문집(계획계), v.22 n.12 2006년 12월.
4) 건설교통부, 황토모르터를 이용한 온수온돌바닥의 균영방지 및 self-leveling공법개발에 관한 연구 최종보고서 , 1998.11.

표 3-4. 건축재료별 내재 에너지

건축재료	내재 에너지(kWh/m^3)	단위생산 에너지(kWh/kg)
고형벽돌	1140	
구멍 뚫린 벽돌	590	
다공성 경량 벽돌	400	
모래 석회 벽돌	350	
시멘트		1
콘크리트	500	
프리캐스트 콘크리트	800	
양토	5~10	
목재	600	
판지	1100	
광물 섬유	100	5
유리솜	159	5
평유리	15000	6
철	6100	7.7
알루미늄	195000	72.5
PVC	12800	9.5
폴리 스티렌 foam	470	19

있음을 알수 있게 된다.

• 오염 감소

건축재료의 생산과정에서 소비되는 에너지보다 더욱 문제가 되는 것은 많은 산소의 손실과 오염의 증가이다. 에너지 비용은 최종 소비자에 의해서 지불되는 가격에 추가되는 것이 일반적이지만 산소와 환경오염에 대한 비용은 지금까지 책임을 져야 할 세대에서 지불되지 않고 있으며, 다음 세대에 의해서 지불될 수밖에 없다. 현재 이러한 문제에 대해서 평가해볼 수 있는 자료는 매우 희박하다. 그러나 일례로써 독일의 경우 1kwh의 전기를 생산하기 위해서는 오염 분진을 포함하여 대략 평균 5.5g의 SO_2와 2.5g의 NO_X를 방출한다는 사실이 일반적으로 알려져 있다. 앞에서 언급한 두 물질은 '산성비'의 주된 요인으로 우리의 산림을 훼손하는 주요한 원인으로 작용하고 있다. 더구나 1톤의 철을 생산하기 위해서는 50m^3의 O_2를 필요로 하며, 알루미늄의 경우에는 톤당 10,000m^3의 O_2가 요구됨으로써 같은 양의 철 생산에 비해 200배에 달하는 산소를 소비한다. 산소의 소비는 곧 CO_2 생산의 원인이 되며, 지난 100년 동안 대기 중의 CO_2 함량이 0.022%에서 0.0333%로 증가된 것으로 보고되고 있다. 하지만 흙은 별도의 가공 없이도 사용할 수 있기 때문에 오염물질이 전혀 발생하지 않는다.

3.6.2 주거 환경적 측면

· 생명공간을 만든다

황토재료가 주거환경에 미치는 영향을 분석하기 위하여 육상동물, 수중동물, 식물을 대상으로 하여, 생장실험 및 선호도 실험은 ① 쥐의 생장실험 ② 쥐의 공간선호도 실험 ③ 금붕어의 생장실험 ④ 양파의 생장실험 등 4가지로 구성하였다.[5]

쥐의 생장실험(그림 3-5)은 황토와 시멘트 모르터 모형 집을 제작하여 실험용 생쥐를 넣고 4주간의 생장실험을 통해 몸무게 변화를 측정하였는데, 황토집에서는 수컷의 경우 54.21%, 암컷의 경우 56.93%의 몸무게 증가를 가져왔으며 암수평균 몸무게 증가는 55.41%였다. 시멘트집의 경우 1주간은 암수 모두 약간의 몸무게 증가를 가져왔으나, 2주부터는 암수 모두 몸무게 감소를 가져왔으며 일부실험에서 4주 안에 암컷 쥐 5마리는 모두 폐사하는 경우도 있었다.

쥐의 공간선호도 실험(그림 3-6)은 황토와 시멘트 모르터 모형집 사이에 교통로를 만들고 실

그림 3-5. 쥐의 생장실험
(a) 시멘트 모형집에서의 쥐의 움직임, (b) 황토 모형집에서의 쥐의 움직임

그림 3-6. 쥐의 공간선호도 실험
(a) 공간선호도를 위한 모형집, (b) 황토로 이동하는 모습

5) 황혜주, 황토재료가 동식물의 성장에 미치는 영향에 관한 실험적 연구, 대한건축학회 논문집(구조계), 2003.07.

험용 생쥐가 어디에 위치하는가를 측정하여 생쥐가 어느 공간을 더 선호하는가 하는 것을 분석하였는데, 황토의 선호도가 72%로서, 시멘트 선호도 28%보다 훨씬 높게 나타났는데, 이는 황토 모형집과 시멘트 모형집에서의 생쥐의 생장과도 연관이 있는 것으로 사료된다.

금붕어의 생장실험(그림 3-7)은 어항에 황토와 시멘트 똑같은 양을 생수와 함께 넣은 후 금붕어를 투입한 후, 금붕어의 생존시간을 측정하여 재료별 영향을 분석하였는데, 금붕어 실험결과 황토를 넣어준 어항에서 금붕어는 잘 생존하였으나, 시멘트를 넣어준 어항에서는 8시간 이내에 죽는 등 황토가 수중동물의 생장에 좋은 영향을 주는 것으로 나타났다.

양파 생장실험(그림 3-8)은 실험컵에 황토와 시멘트 똑같은 양을 수돗물과 함께 넣은 후 양파를 수경재배하여 뿌리의 생장길이를 측정하여 그 효과를 분석하였으며, 황토에서는 양파의 뿌리와 줄기가 왕성하게 잘 자랐으나 시멘트에서는 양파의 뿌리가 생장하지 못하였으며, 썩어서 부풀어오르는 현상을 관찰할 수 있었다. 대조구인 일반 물에서는 뿌리가 자라는 것을 볼 수 있었다.

그림 3-7. 금붕어 생장실험
(a) 시멘트 조각을 넣은 어항, (b) 황토조각을 넣은 어항

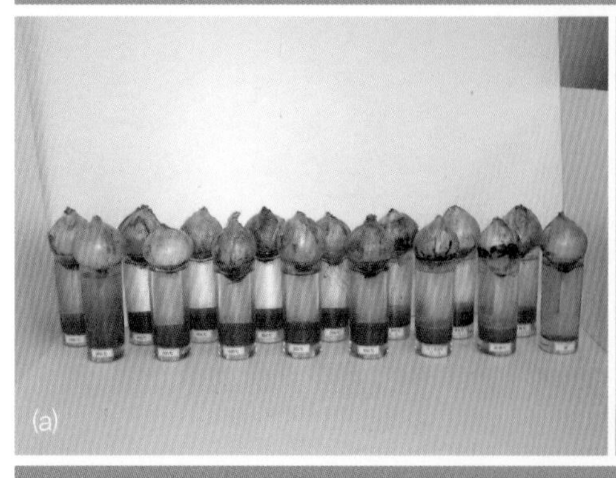

그림 3-8. 양파 생장실험
(a) 양파 생장실험 시험체, (b) 양파 생장실험 결과(황토,시멘트, 대조구)

• 습도 조절 능력이 우수하다

온대나 추운 기후 지역의 사람들은 약 90% 정도를 건물 내에서 생활한다. 그러므로 건물 내부 환경은 건강한 삶을 위해 매우 중요한 요소이며, 그것은 건물 내부 물체로부터 내부 공기의 온도, 이동, 습도, 복사, 오염에 의존하고 있다. 내부 온도나 습도가 너무 높거나 낮다면 거주자의 건강에 안 좋은 영향을 미치나 이런 부정적인 측면에 대해서는 일반적으로 알고 있지 못하다. 인간에게 적정한 습도범위는 40-70%로써 이러한 범위의 습도는 공기 중의 미세한 먼지를 줄여주고 피부의 보호 반응을 활성화하여 세균에 대항하고 많은 박테리아와 바이러스를 줄이고 방안에서의 물체들의 표면으로부터 정전기를 줄여준다. 하지만 이러한 40% 범위를 벗어났을 때 점막을 건조시켜 감기와 그에 관련된 질병에 대한 저항력을 감소시키게 된다. 이것은 보통 피상조직의 점막으로 통하는 기관으로 먼지, 박테리아, 바이러스가 흡수되고 피상조직물의 파도 같은 움직임에 의해 다시 입속으로 그것들이 돌아오게 된다. 이 흡수와 수송시스템이 건조에 의해서 문제를 일으킨다면 이 이질적인 조직체는 폐에 도달하고 건강에 문제를 일으키게 된다. 그리고 너무 많은 습도(70% 이상)를 갖게 될 때 불쾌감을 느끼게 되고, 따뜻한 습도조건에서 혈액은 산소를 받아들이는 양이 줄어들게 된다. 또한 균은 습도가 70~80% 이상일 때, 밀폐된 공간에서 두드러지게 증가하게 되는데 많은 양의 균포자는 다양한 종류의 고통과 알레르기를 일으킬 수 있다. 또한 습도는 인체의 쾌적 상태에 직간접적으로 많은 영향을 미치며 인체의 에너지 균형, 열에 대한 감각, 피부의 보습도, 불쾌감, 착용한 의류의 촉감, 건강, 공기의 질 등에 영향을 미치는 요인이다. 인체가 체온을 유지하기 우해 피부를 통해 땀으로 열을 발산할 때 습도는 피부에서 증발되는 수분의 양에 영향을 미치게 된다. 즉, 피부로부터 증발작용이 일어나면 피부온도는 변하게 된다. 이때 인체의 활동 정도에 따라서 활동이 많은 사람보다 적은 사람이 호흡과 땀으로 배출되는 열의 양에는 차이가 있을 수 있으나, 습도는 여전히 인체에 직접적인 영향을 미친다. 호흡과 땀으로 인한 인체의 수분 감소는 인체와 주변 공기의 수증기압 차에 의존한다. 0.6clo의 의복을 착용하고 24℃ 50%RH의 공기 상태에서 가만히 앉아 있는 평균적인 성인 남성의 경우, 시간당 31g의 수분을 공기중에 배출하게 되며, 이 중에서 12g/h는 호흡, 19g/h는 피부를 통해서 배출된다.

동일 조건에서 상대습도를 20%로 낮추게 되면, 38g/h로 인체의 수분이 호흡과 피부로부터 증발로 인해 증가하게 된다. 즉, 실내습도의 감소로 인체와 실내공기의 수증기압차가 더 커지므로 인해 체내수분이 공기 중으로 더 배출되는 것이다. 즉 동일한 온도에서 상대습도 50%보다 20%일 때 수분의 증발량이 더 많으므로 인체는 더 추위를 느끼게 되며, 이를 방지하기 위해서는 실내온도가 1℃ 정도 증가해야 한다. 따라서 실내습도는 극단적으로 높거나 낮지 않는 한 쾌적온도나 생리적 조절 범위 내에는 거의 영향을 미치지 않으나 증발 조절 범위에는 큰 영향을 미친다. 증발조절에는 상대습도가 가장 큰 영향을 미친다. 피부의 습기는 대기가 습할 때보다 건조할 때 더 빨리 증발한다. 쾌적 온도에서는 증발냉각이 필요 없지만 고온에서는 가장 중요한 열발산 방법이다. 증발냉각에 의하여 열평형을 최소한 유지할 수 있는 최고 온도는 상대습도가 100%일 때 31℃, 50%일 때 38℃, 18%일 때 45℃, 0%일 때 52℃로 습도에 따라 다르게 나타난다(표 3-5).

추울 때 공기가 건조하면 더 춥게 느껴진다. 그 이유는 피부에는 삼투현상에 의해 언제나 어느 정도의 습기가 있으며 이것이 건조한 공기 속에서 증발되어 자연히 냉각효과를 일으키기 때문이다. 더울 때 상대습도가 60% 이상이 되면 땀이 나오지만 증발이 잘 되지 않기 때문에 더 덥게 느껴진다. 이는 건강한 성인을 기준으로 한 것으로 환자, 노약자는 습도 변화에 더욱 민감하게 반응할 것이다.

흡방습 성능이 우수하다고 알려진 흙과 현재 건축재료로 가장 널리 쓰이고 있는 시멘트를 사용하여 흡방습실험을 하였는데, 시험체를 제작하여 항온항습기에 넣고 내부습도를 40%에서 70%로 다시 70%에서 40%로 변화시켜 흡방습량을 측정하였다. 흡수량은 흙이 3.08g/cm^2 시멘

표 3-5. 상대습도에 따른 인체 열평형 유지온도

상대습도(RH)	인체의 증발냉각에 의한 열평형을 최소한 유지할 수 있는 최고 온도
100%	31℃
50%	38℃
18%	45℃
0%	52℃

그림 3-9. 실내 습도조절실험
(a) 기존 실내벽체 모형에서의 습도(85%), (b) 황토마감 모형에서의 습도(61%)

트가 0.81g/cm^{2}이며, 방출량은 흙이 2.33g/cm^2 시멘트가 0.42g/cm^{2}로서, 흙이 시멘트보다 5배 가량의 높은 습도 조절력을 가지고 있음을 알수 있었으며, 흙은 대기가 습할 때는 그 습기를 흡수하였다가 건조 시에 이를 방출하여, 실내의 습도를 조절하는 능력이 매우 뛰어난 재료임을 확인할 수 있었다.[6]

또한 유리상자 안에 기존의 실내벽체와 같이 마감한 벽체모형과 황토마감한 벽체모형을 넣고, 습도를 85%로 유지한 상태에서 밀폐한 후 10시간 후에 습도 감소 정도를 실험한 결과, 기존 마감벽체는 85%로 유지되어 습도감소가 거의 없는 반면에 황토마감한 벽체는 61%로 일정하게 유지하였다(그림 3-9).

• 탈취성능이 우수하다

흙이 좋은 점으로서 또한 탈취성능을 들 수가 있다. 탈취성능을 실험하기 위하여 먼저 관능실험을 실시하였는데, 아무것도 넣지 않은 대조군 A와 흙을 넣은 B, 시멘트를 넣은 C 세 개의 시험체에 냄새를 유발하는 담배꽁초를 넣고, 밀봉한 다음 상부의 구멍을 뚫어 50명의 시험자에게 냄새를 맡게 하여 냄새의 정도에 따라 강, 중, 약 3단계로 표시하게 한 결과 대조군 > 시멘트 > 흙의 순서로 냄새가 약한 것을 확인하였다. 이것을 탈취율 시험에 의하여 시험한 결과 시멘트의 탈취율은 61%, 흙의 탈취율은 98%로서 나타났다. 흙은 강력한 탈취력으로 실내공간의 악취 등을 없애주어 쾌적한 실내환경을 창출할 수 있는 좋은 재료라고 할 수 있다.

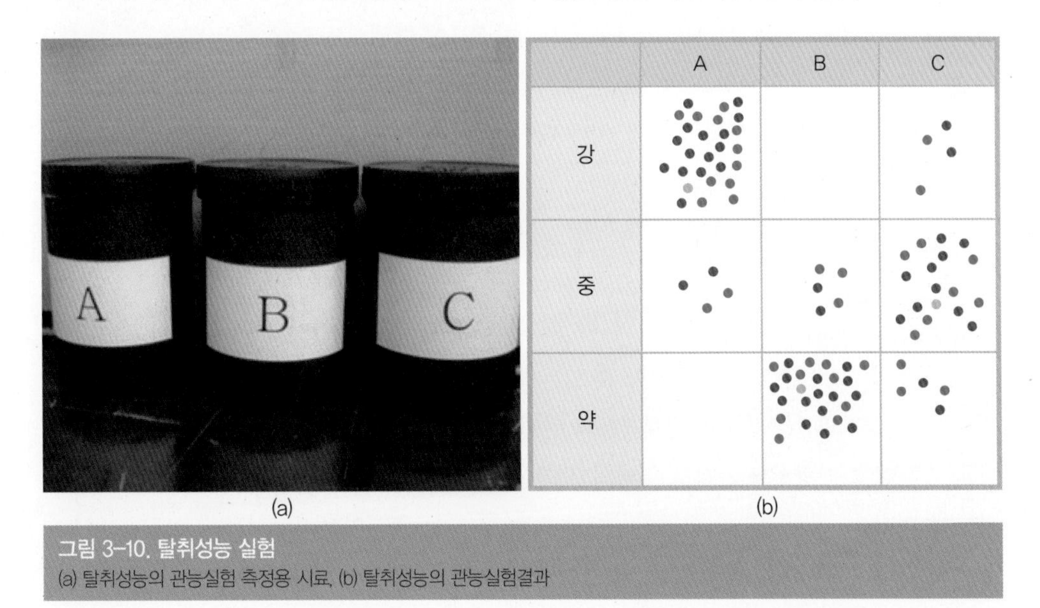

그림 3-10. 탈취성능 실험
(a) 탈취성능의 관능실험 측정용 시료, (b) 탈취성능의 관능실험결과

6) 황혜주 노태학 강남이, 黃土의 濕度 調節 能力에 관한 研究, 대한건축학회 논문집(구조계), v.22 n.7, 2006년 7월.

표 3-6. 주요 실내공기 오염물질과 발생원, 건강에 미치는 영향

오염물질	발생원	인체영향
분진	대기 중 분진이 실내로 유입, 바닥의 먼지, 담뱃재 등	규폐증, 진폐증, 탄폐증, 석면폐증
담배 연기 (분진, 니코틴)	담배, 권련, 파이프담배 등	두통, 피로감, 기관지염, 폐렴, 기관지 천식, 폐암
연소가스 (CO, NO_2, SO_2)	각종 난로, 벽난로, 연료연소, 가스렌지 등	만성폐질환, 기도저항증가, 중추신경 영향 등
라돈	흙, 바위, 물, 지하수, 화강암, CON'C	폐암 등
포름알데히드	각종 합판 보드, 가구, 담열재, 담배연기, 화장품 등	기침, 어지러움, 구토, 피부질환, 정서불안, 기억력 상실 등
석면	단열재, 절연재, 석면타일, 석면 등	피부질환, 호흡기질환, 폐암, 중피종 편평상피 등
미생물성물질 (곰팡이, 박테리아)	가습기, 냉방장치, 냉장고, 애완동물, 해충, 인간 등	알레르기성 질환, 호흡기 질환 등
유기용제 (에스테르, 알데히드, 케톤)	페인트, 접착제, 스프레이, 연소과정, 세탁소, 방향제, 건축자재 등	피로감, 정신착란,두통, 구역질, 현기증, 중추신경 억제작용 등
악취	외부 악취가 실내로 유입, 담배의 흡연 등	식욕감퇴, 구토, 불면, 알레르기증, 정신신경증 등

연구발표된 자료에 의하면 실내공기의 성분 중 1ppb와 1ppm 사이의 농도를 가진 성분이 250여 가지 이상이라고 한다(NRC, 1984 : Meyer, 1983). 그중 오염물질에는 분진(TPS), 흡연, 중금속, 이산화탄소(CO_2), 라돈, 포름알데히드, 석면, 각종 미생물, 유기탄소, 악취 등이 있으며 주요 실내공기 오염물질과 발생원, 건강에 미치는 영향을 요약하면 다음과 같은데 흙이 냄새를 없애는 메카니즘에 의해, 여타의 실내공기 오염물질들에 대해서도 강한 제어기능이 있을 것으로 보이며, 이러한 오염물질을 제거하는 능력에 의해서 아토피, 천식, 호흡기질환 등에 효과적이라고 몇몇 사례가 보고되고 있는데, 이에 대하여 향후 지속적인 고찰이 필요하다고 하겠다.

• 원적외선 방사량이 높다

태양광선은 자외선, 가시광선, 적외선으로 분류되는데, 자외선은 살균 등의 화학적 작용을 주로 하며 가시광선은 우리가 인지할 수 있는 빛으로서 우리가 흔히 태양 빛이라고 하면 이 광선을 말한다. 적외선은 생물의 생체작용과 관련 있는 빛으로서 파장이 대략 0.78㎛ ~ 1000㎛의 파를 말하며, 가시광선과 가까운 영역의 적외선을 근적외선, 파장이 더 긴 쪽을 원적외선이라 하는데, 0.78㎛ ~ 3㎛ 정도를 근적외선, 3㎛ ~ 6㎛ 정도를 중적외선, 6㎛ ~ 15㎛ 정도를 원적외선으로, 15㎛ ~ 1000㎛을 극적외선으로 분류하고 있다.

원적외선 방사효과에 대한 보고는 다음과 같이 분류 정리될 수 있다.

• 물의 분자운동을 활성화하여 인체의 세포운동을 촉진시킴으로써 활력을 증진시킨다.

• 공명흡수작용에 의해 물질의 분자운동을 유발하여 신진대사를 촉진한다.

• 온열효과에 의해 모세혈관운동을 강화하여 혈액순환을 촉진한다.

우리나라에서는 황토의 약리작용에 대하여 여러 가지 뛰어난 효과가 기록되어 있고 이것은 황토가 원적외선을 많이 방사하기 때문이라고 알려져 있는데, 황토가 시멘트에 비하여 원적외선 방사량이 많은데(황토 96%, 시멘트 85%), 원적외선이 인체에 미치는 영향 및 그 효과는 의학적으로 규명되고 있다.

3.6.3 기 타

앞의 절에서 실험에 의해 검증된 효과에 대하여 기술하였는데 이상의 효과 이외에도 문헌이나 논문에 의하면 많은 효과가 있는 것으로 보고되고 있는데, 좀 더 과학적이고 체계적인 검증이 필요한 부분이다. 여기에서는 그러한 효과에 대하여 개략적으로 기술하였다.

• 동물에 대한 흙의 효과

점토는 상업적으로도 유독물질을 중화시키는 데 사용된다. 그것은 점토의 특수한 구조적 특성 때문이다. 점토는 두 개 이상의 산화 미네랄 층이 평행하게 늘어서 있는 구조로 되어 있다. 이런 구조는 다른 분자를 끌어당기기에 유리하다. 물론 점토 종류마다 각기 다른 구조와 특성을 갖는다. 어떤 종류는 다른 분자를 자신의 구조와 맞물리도록 하며 어떤 종류는 다른 분자를 자신의 구조 안으로 흡수한다. 체내에서 독소는 점토 분자에 흡착되어 배설됨으로써 독성을 발휘하지 못한다. 점토는 진균독, 내독소, 인공 유독성 화학물질, 세균 등을 흡착해 독성을 없앤다. 또한 필요 이상의 액체를 흡수하고 산을 중화시켜 소화기에 막이 씌워지는 것을 막아 설사를 예방한다. 즉 점토에는 매우 유용한 의학적 성질이 있다. 동물의 건강에 점토가 미치는 좋은 영향도 최근 들어 많이 알려졌다.

르완다의 고릴라들이 먹는 심층부 토양은 할로이사이트(halloysite)라는 점토로서 위 질환 치료에 사용되는 카올리나이트(kaolinite)와 비슷하다. 카올리나이트는 소화기에서 수분을 흡수하여 설사 증세를 줄인다. 또한 세균과 다른 유독성 물질도 흡수하며 건기에 체내에 유입될 수 있는 더 강력한 독소 또한 잠재적으로 흡수한다.

한 무리의 마코앵무에게 유독성이 없는 식물 알칼로이드인 퀴니딘과 점토를 혼합해주었고,

다른 무리에는 점토 없이 퀴니딘만 주었다. 몇 시간이 지나자 점토와 함께 퀴니딘을 먹은 마코앵무 무리의 혈액에는 점토를 먹지 않은 마코앵무 무리의 혈액보다 60퍼센트 적은 알칼로이드가 있음이 밝혀졌다. 이것은 점토가 혈액에 식물 알칼로이드가 흡수되는 것을 막아준다는 사실을 증명한다.

과학자들은 점토가 단순히 유독물질이 혈액으로 흡수되는 것을 막아줄 뿐만 아니라 소화기 내벽을 감싸 독성물질로부터 내벽을 보호한다고 보고했다. 마코앵무가 독성물질을 먹고도 설사를 하지 않는 것은 점토를 먹어서인 것으로 추정된다. 마코앵무는 점토를 먹음으로써 다른 동물은 먹지 못하는 먹이도 먹을 수 있는 것이다.

흙을 먹는 행위가 초식동물에게 가장 일반적이기는 하지만 육식동물도 때로는 흙을 먹는다. 이것은 흙을 먹는 행위가 단순히 미네랄이 부족한 식물을 먹이로 삼는 초식동물이 미네랄를 얻기 위해 취하는 행동이 아님을 의미한다. 호랑이도 종종 흙을 먹는다. 샬러(George Schaller)는 11월과 12월에 채취한 인도호랑이의 배설물에서 검은 운모를 포함한 흙이 발견되었다고 말했다. 북미의 늑대 역시 아직 흙을 먹는 모습이 목격되지는 않았지만 그 배설물에서 흙이 발견되었다. 늑대의 친척이라 할 수 있는 개들도 흙을 먹는 모습이 많이 목격된다.

동물이 흙을 먹는 행위를 연구하는 학자들이 모두 동의하는 한가지 사실은 그 행위가 동물에게 이로움을 준다는 점이다. 요크대학 연구팀의 책임자인 마하니(Willian Mhaaney)는 흙을 먹는 행위는 모두 자가 치료의 한 형태라고 결론 내렸다. 흙을 먹는 행위는 아주 일반적이며 존스의 말처럼 의약품의 가장 초기 형태라고 할 수 있다. 어떤 종류의 흙은 미네랄 같은 영양소의 원천일 수도 있겠지만 점토처럼 먹이의 독성을 제거하는 것이다. 결국 동물은 흙을 먹음으로써 피할 수 없는 유독물질의 해를 줄이는 것이다. 또한 위의 산도를 조절하고 장벽을 보호한다. 필수 미네랄도 제공한다.

야생동물이 우리에게 가르쳐 주는 것은 흙을 먹는다는 사실에 대한 문화적 혐오감을 극복하고 그것을 인정하는 것이다. 그것은 너무나 오래된 자연의 자가 치료법이기 때문이다.[7]

• 고문헌에 나타난 효과

❶ 고혈압

황토는 신진대사의 촉진을 도와줄 뿐만 아니라 혈액의 순환을 촉진시켜주므로 고혈압은 물론 지압에 매우 좋은 치료효과를 갖고 있다. 또한 인체의 암이나 종기 등의 기타 유해한 세포들

7) http://www.crystalcats.net/zboard

을 흙 속의 효소인 프로테아제가 분해하여 해독시켜주고 몸을 정화시켜주는 기능을 한다(山海京中).

② 성인병

황토의 원 적외선 기(氣)를 받으면 혈액 순환을 원활하게 하여 몸을 따뜻하게 해주며 통증을 완화시켜준다. 또한 숙면을 도와 늘 상쾌한 아침을 만들어주며 요통, 어깨결림, 관절통 등에 탁월한 효능이 있다(鄕藥集成方).

③ 환자나 노인

황토로 집을 지으면 환자들의 치료 효과가 빨라지고 수술 후의 통증이 완화되며 노인들의 잔병, 신경통, 관절통에 좋다는 민간요법도 있다(東醫寶鑑, 本草綱目).

④ 스트레스나 과로

왕실의 양명술에는 세상을 구하는 데 큰 힘을 발휘할 것이라고 예언했으며, 왕과 손자들이 피로할 때 황토집을 지어 피로 회복실로 만들어줄 만큼 황토는 피로한 분들에게 매우 효과적인 건강주택이라고 할 수 있다(陽名術).

⑤ 당뇨병

황토는 오장을 안정시킴으로써 당뇨환자에게 탁월한 효능을 발휘하며 몸의 균형을 맞추어주고 황토에 있는 각종 효소들이 분해되어 오랫동안 당뇨병을 앓아온 환자라도 호전되는 것을 경험할 수 있다(東醫寶鑑, 本草綱目).

이 외에도 밤늦게까지 공부하는 수험생들의 피로회복에 효과가 있으며, 특히 3~4시간 정도의 취침만으로도 숙면의 효과를 볼 수 있고, 황토는 해충이나 곰팡이 세균의 서식을 억제하므로 쾌적한 실내를 유지시켜줄 뿐 아니라 성장발육을 도와주고 습도 조절이 뛰어나 아이들의 감기, 각종 질병을 예방할 수 있도록 한다는 주장도 있다.

3.7 요 약

1) 흙은 '암석의 붕괴나 유기물 분해 등에 의해 생성된 미고결 풍화산물인 크기가 서로 다른 입자들의 집합체이며, 지각의 표층부를 구성하고 있는 물질 중에서 견고한 암석을 제외한 물질에 대해서 붙여진 명칭'으로 정의할 수 있다.

2) 암반이나 강철 등은 영속적인 결합력에 의하여 강하게 부착되어 있는 반면, 흙은 여러 입자의 집합체로 이루어지고, 비연속체(Discrete material)로서 흙 입자 사이에 압축성이 큰 공기와 비압축성의 물이 존재하고 있어서 이러한 물질의 상호작용 때문에 하나의 균질한 물질로 되어 있는 경우와는 달리 힘의 전달이나 변위가 단순하지 않은 특성이 있다.

3) 흙은 여러 가지 분류법이 사용되고 있고, 흙 성질의 다양성 때문에 어떠한 분류법도 모든 흙을 명확히 정의하지 못하고 있지만 통상 흙입자는 입경의 크기에 따라 2.5 mm 이상의 자갈, 0.074 ~ 2.5 mm 범위의 모래, 0.002 ~ 0.074 mm 범위의 실트, 0.002 mm 이하의 점토분으로 분류되며 생성원인에 따라 1차 점토와 2차 점토로 분류된다.

4) 흙의 밀도, 공극, 입도, 구조, 색상, 온도로써 흙의 일반적 성질을 살펴볼 수 있으며, 흙의 역학적 성질은 연경도(Consistency), 강성(rigidity), 가소성(Plasticity), 응집성(cohesion), 점착성(adhesion), 흙의 팽창과 수축, 경도(hardness)로 나타낸다.

5) 황토는 가까운 산이나 밭에서 쉽게 볼 수 있는 황색 내지 적갈색의 풍화토이므로, 암석의 풍화 결과 형성된 것이므로, 퇴적물인 'loess'는 아니고, 기반암의 풍화에 의해 형성된 황색-적갈색의 토양이기 때문에 'Hwangtoh'라는 용어를 사용한다.

6) 흙의 효과는 지구 환경적 측면에서 천연자원의 절약, 에너지 소비의 최소화, 에너지 소비의 효율화, 오염 감소로 대별되며 주거 환경적 측면에서 생육조건 호전, 습도 조절 능력 우수, 탈취성능 우수, 높은 원적외선 방사량을 들 수 있다.

4장

흙의 이용

4장

흙의 이용

천연의 흙을 자연 그대로 상태에서는 건설재료의 목적에 만족스럽게 사용될 수 없을 때에는 어떤 방법으로 흙을 처리하여 사용 목적에 알맞은 성질을 갖도록 개량하여 사용하고 있다. 흙을 개량한다는 것은 현지 흙을 구조물의 용도에 따라 가장 경제적으로 이용할 수 있도록 처리하는 것이며 그 방법은 여러 가지가 있다.

그러나 흙의 종류는 대단히 많고 그 성질도 천차만별이기 때문에 동일한 종류의 흙일지라도 개량 방법 중 가장 효과적인 것은 어느 것이라고 일률적으로 말할 수 없다. 이같은 흙의 성질을 개선하기 위한 노력은 고대 이집트와 로마시대에서부터 출발하여 2차 세계대전 이후에는 고속도로 건설 등으로 인하여 급속히 진전되며 실용화되기 시작하였다.

4.1 흙의 반응원리

4.1.1 입자 이론

입자 이론(particle theory)은 입자 간 간극을 최소화함으로써, 입자 간의 인력과 전기력을 최대화하여 입자 간 응집현상이 일어나게 하는 것이다. 입자간극을 최소화하기 위해서 흙입자 간의 적절한 배합을 하는 최밀충전효과(optimum micro-filler effect)를 이용하며, 흙입자와 물과의 최적의 수소결합을 위하여 불필요한 물입자를 제어하는 것이 중요하다. 적합한 배합과 외부로부터의 적절한 물리력은 입자간극의 최소화하고, 모세관 현상에 의하여 불필요한 물을 외부로 빼내는 역할을 한다.

흙을 눌러서 흙벽돌을 만드는 것이나 토벽을 칠 때 흙손으로 눌러 미장을 하는 것이 이 원리를 이용한 것이며, 외부물질의 투여 없이 흙자체를 이용하여 흙의 효과를 극대화할 수 있는 장점이 있는 반면 물이 침투하게 되면 최밀충전이 깨지면서 입자 간 응집이 풀리는 단점, 즉 물에 약한 단점이 있다.

• 입자

흙은 기본적으로 입자로 구성되어 있고 입자는 서로 간에 인력이 작용한다. 흙입자의 질량이 동일할 경우 입자 간의 인력은 거리의 제곱에 반비례하여 커지게 된다. 아래 표 4-1에서 처럼 $r_2=2r_1$이라면 뉴튼의 인력은 $F_2 = \frac{1}{4}F_1$가 된다.

$$F = G\frac{m_1 m_2}{r^2} \text{ (뉴튼의 법칙)}$$

표 4-1. 입자간극과 인력의 관계

	입자 배치	뉴튼 인력
r_1	가장 밀하게 배치되어 있는 경우	F_1
r_2	입자배열이 불규칙하여, 입자간극이 큰 경우	$F_2 = \frac{1}{4}F_1$ (if, $r_2 = 2r_1$)
r_2	과다한 물을 흡수하여, 입자간극이 큰 경우	$F_2 = \frac{1}{4}F_1$ (if, $r_2 = 2r_1$)

표 4-2. 입자배열과 인력의 크기

	입자배열	인력의 크기
	단일 크기의 입자들로 채워진 배열 입자 사이의 공극이 크다.	공극이 많다는 것은 입자 사이의 간극이 멀다는 것을 의미한다. 뉴튼법칙에 의한 인력이 작다.
	다양한 크기의 입자로 채워진 배열 입자 사이의 공극이 작다.	공극이 적다는 것은 입자 사이의 간극이 가깝다는 것을 의미한다. 뉴튼법칙에 의한 인력이 크다.

따라서 흙입자 간의 간격을 최소화하면 흙입자 간의 인력이 최대가 되어, 흙입자는 강한 응집을 나타내게 된다. 즉 입자 간에 공극이 없이 밀하게 충전될 경우에 가장 큰 응집을 보이게 된다. 이를 최밀충전효과(optimum micro-filler effect)라고 명명한다. 이를 위해서는 흙입자 외부에서 물리적 힘을 가하여 흙입자 간의 거리를 가깝게 하는 것이 필요하며, 이를 이용한 것이 고압으로 흙벽돌을 찍거나 미장칼로 흙을 눌러서 표면을 단단하게 하는 방법이 사용된다. 또한 입자 간의 간극을 가장 좁히는 것은 공극을 최소화하는 것과 같은 의미인데, 표 4-2에서처럼 동일한 용기에 콩만으로 채워진 시료와 콩, 쌀, 좁쌀이 함께 채워진 시료를 생각해보면 후자의 공극이 작고, 이것이 더 밀실하게 채워진다는 것을 알 수 있다. 즉, 후자의 것이 더 강한 힘을 발휘하게 된다. 흙에서도 마찬가지인데 자갈, 모래, 실트, 점토분이 골고루 섞여 있게 배합하는 것이 관건이다.

우리나라 흙에는 실트같은 가는 모래 성분이 많고, 모래 자갈 같은 굵은 모래 성분이 적은데, 실트는 입자가 작고 비표면적이 커서 많은 물을 함유하고 있다가 점토와는 달리 반응에 참여하지 못하고, 모든 물을 그대로 증발시킴으로써 균열이나 강도에 악영향을 미치게 된다. 따라서 모래를 섞거나 점토분이 많은 흙을 골라 상대적으로 실트의 비율을 낮추는 것이 중요한

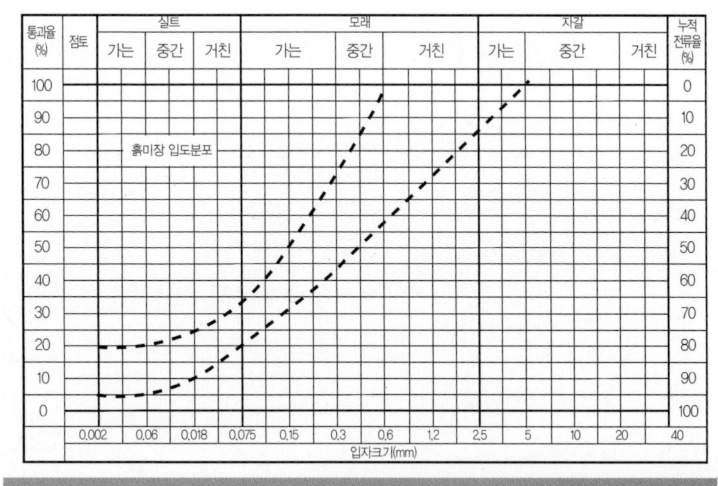

그림 4-1. 흙미장에 적합한 입도분포

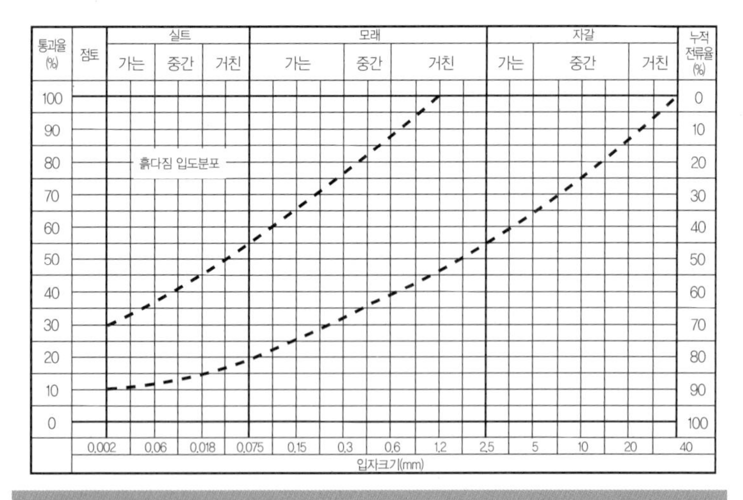

그림 4-2. 흙다짐에 적합한 입도분포

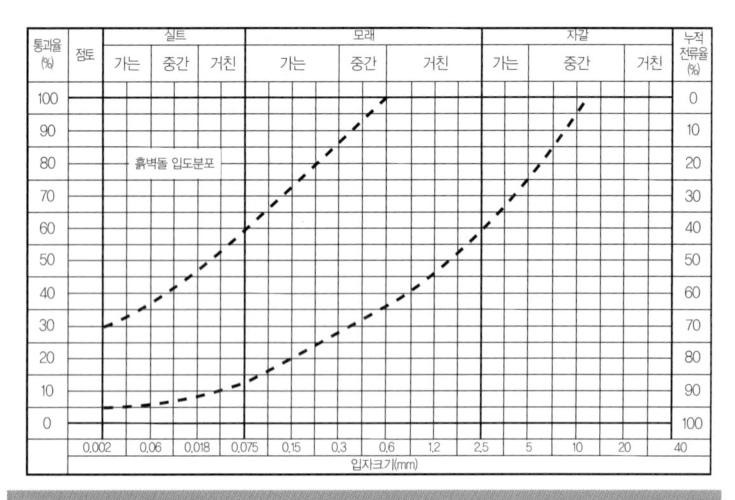

그림 4-3. 흙벽돌에 적합한 입도분포

데, 점토분이 많은 흙을 구하기는 쉽지 않으므로, 모래를 섞는 것이 일반적이다. 적절한 모래 혼입비율은 흙에 모래를 첨가하면서 무게가 무거운 비율을 선택하면 된다. 예를 들어 10ℓ 흙의 무게가 20kg이고, 모래를 50%를 섞은 흙 (흙1 : 모래 0.5) 10ℓ의 무게가 24kg, 모래를 100%를 섞은 흙 (흙1 : 모래1)10ℓ의 무게가 26kg, 모래를 150%를 섞은 흙 (흙1 : 모래1.5)10ℓ의 무게가 27kg, 모래를 200%를 섞은 흙(흙1: 모래2) 10ℓ의 무게가 27kg이라면, 적정한 비율은 흙1 : 모래1.5이다. 흙은 지역마다 다르므로 이러한 과정을 거쳐 적정한 비율을 찾아서 사용하여야 한다. 이것은 실트가 많고 모래가 적어서 밀실하지 못한 흙에 모래를 첨가함으로써 자갈, 모래, 실트, 점토분이 골고루 섞여 밀실하게 채워지므로 공극이 최소화된다는 것을 의미한다.

적절한 입도분포를 구할 수 있도록 만들어진 것이 표준 입도분포 곡선이며, 나라별로 차이가 있다. 나라별로 흙의 구성이 다르기 때문인데, 우리 연구진이 십여 년간 실험하여 제안한 입도분포는 그림 4-1, 4-2, 4-3과 같다. 표준입도분포는 전문적인 실험에 필요한 것이어서, 일반적인 용도로는 잘 사용하지 않으며, 위에서 설명한 것처럼 모래를 첨가하여 무게를 재는 방법을 사용하면 이러한 표준입도분포에 근사한 값을 얻을 수 있으므로 일반적으로 많이 이용된다.

· 물

입자 이론에 기인한 흙의 반응에서 중요한 것은 물이다. 이것은 흙 입자 중 점토분과 물이 서로 반응하여 자갈, 모래, 실트들을 엮어주는 역할을 한다. 마치 콘크리트의 골재들을 시멘트와 물이 반응하면서 엮어주는 것과 흡사하다. 이러한 점토분과 물이 반응하는 메커니즘은 기본적으로 물분자의 쌍극성에 기인한다. 표 4-3의 그림 a에서처럼 수소원자와 산소원자가 대칭적으로 결합되어 있다면 물분자는 극성을 띠지 않았을 것이나, 그림 b처럼 수소원자와 산소원자가 비대칭으로 결합되어 있으므로 물분자는 극성을 띠게 된다. 이러한 성질로 인해 물분자는 점토분과 반응을 하게 된다.

건조한 점토분 입자와 양이온(Na^+ K^+ Ca^{++})이 평형을 이루고 있는데 여기에 물이 첨가되면 이온으로 확산되며 이를 확산이중층이라 한다. 점토분의 산소원자와 물 수소원자가 수소결합을 하게 되며, 이때의 물을 흡착수라고 한다. 또한 물의 음이온과 확산이중층의 양이온의 인력이 작용하는데, 이를 이중층수라 한다. 결합에 필요한 가장 이상적인 물만 존재한다면 별다른 문제가 없겠지만 물이 늘어날 경우 흡착수, 이중층수의 전하력보다 잉여수의 증발력이 더 커지면 물은 증발하게 되고 그 지점에서 공극이 생기며 균열이 발생하게 된다. 쿨롱의 법칙에서 전하력은 거리의 제곱에 반비례하여 그 힘이 약해지게 되기 때문이다. 만일 표 4-4에서 $r_2=2r_1$이라면, 쿨롱의 힘은 $F_2 = \frac{1}{4}F_1$로 되어 그 힘이 급격히 작아지게 된다.

$$f = k\frac{q_1q_2}{r^2} \quad \text{(쿨롱의 법칙)}$$

입자들과 물의 관계는 그림 4-4와 같다. 흙을 완전히 건조시켰을 때의 상태를 절건상태(절

표 4-3. 물분자의 극성 개념

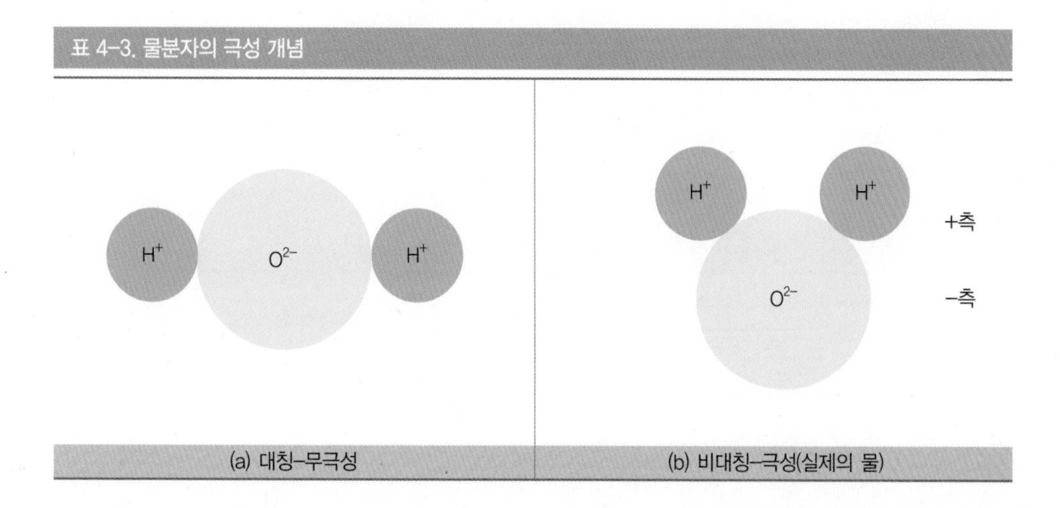

(a) 대칭–무극성 | (b) 비대칭–극성(실제의 물)

표 4-4. 흙입자와 물의 반응

	반응	쿨롱의 힘
O^{2-} Si^{-4+} O^{2-} Na^{+} k^{+} Ca^{2+} 토립자 양이온	건조한 상태에서, 점토분 입자와 양이온(Na^{+} K^{+} Ca^{2+})이 평형을 이루고 있음	
O^{2-} Si^{-4+} O^{2-} H^{+} O^{2-} H^{+} H^{+} O^{2-} H^{+} Na^{+} k^{+} Ca^{2+} 토립자 흡착수 확산이중층 r_1	물이 첨가되면 이온으로 확산되어, 확산이중층 형성 점토분의 산소원자와 물 수소원자가 수소결합(흡착수) 물의 음이온과 확산이중층의 양이온 인력 작용(이중층수)	F_1
O^{2-} Si^{-4+} O^{2-} H^{+} O^{2-} H^{+} H^{+} O^{2-} H^{+} H^{+} O^{2-} H^{+} H^{+} O^{2-} H^{+} Na^{+} k^{+} Ca^{2+} 토립자 흡착수 잉여수 확산이중층 r_2	물이 많아지게 되면 반응에 참여하지 않는 잉여수 발생	$F_2 = \frac{1}{4} F_1$ (if, $r_2 = 2r_1$)
증발 O^{2-} Si^{-4+} O^{2-} H^{+} O^{2-} H^{+} H^{+} O^{2-} H^{+} Na^{+} k^{+} Ca^{2+} 토립자 흡착수 잉여수 확산이중층 r_2	흡착수, 이중층수의 전하력보다 잉여수의 증발력이 더 커지면 물은 증발하게 되고 그 지점에서 공극, 균열 발생	$F_2 = \frac{1}{4} F_1$ (if, $r_2 = 2r_1$)

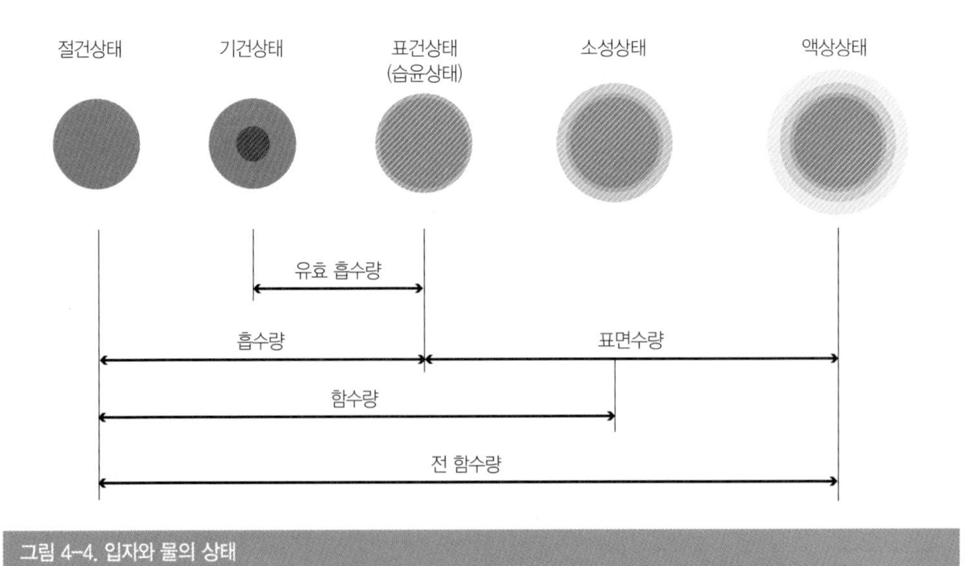

그림 4-4. 입자와 물의 상태

대건조상태)라고 한다. 이론상으로 수분이 완전히 제거된 상태를 말한다. 자연상태에서는 가능하지 않고 건조기 등 인위적인 조건 속에서 가능하다. 실험실에서 물의 양을 측정하는 기준이 된다.

자연상태에서 건조되어 물이 없는 상태를 기건상태(대기건조상태)라고 한다. 이론적으로는 내부에 소량의 물이 포함되어 있는 상태로서 우리가 만져보게 되면 완전히 건조한 느낌을 주는 상태이며, 우리가 보통 햇볕에 널어 말려서 얻는 상태와 같다. 통상 '마른 흙'이라고 말할 때 이 상태를 말한다.

이 입자들이 물을 흡수하여 내부에 물이 가득찬 상태를 표건(내부포수표면건조) 또는 습윤상태라고 한다. 내부에 물을 가득 흡수하고 표면에 약간의 물이 있고, 표면에 뚝뚝 떨어지는 물이 없을 정도로 건조한 상태이다. 흙다짐을 하는 경우 이 상태가 좋다. 흙건축에서 사용할 수 있는 가장 적은 물의 상태이다.

물을 더 흡수하게 되면 표면에 물이 가득한 상태가 되는데 이를 소성상태라고 한다. 소성(plasticity)이란 일정한 힘을 주어 성형이 가능한 정도를 말한다. 통상 벽돌이나 미장을 이 정도의 상태로 하게 되며 더 많을 물을 흡수하면 액체처럼 거동하는 액상상태가 된다. 이것은 타설

표 4-5. 입자 이론의 강도발현 개념

	반응의 진행
	물이 점토분을 둘러싸기 시작
	물과 점토분이 수소결합을 시작
	반응이 진행되면서 전체적으로 경화체를 형성
	점토분 – 물 경화체(가는 선)가 점토분, 실트, 모래 자갈 등의 흙입자들(육각형)을 서로 엮어주면서 흙이 강도발현하게 됨

이나 뿜칠에 사용하는 정도가 된다.

표 4-5에서처럼, 물이 점토분을 둘러싸서 수소결합을 시작하고 이러한 반응이 진행되면서, 점토분들과 물이 경화체를 형성하게 된다. 이러한 점토분과 물의 반응의 결과로 생긴 경화체는 점토분 실트 모래 자갈 등의 다른 흙입자들을 서로 엮어주면서 흙이 경화하도록 하는 역할을 한다. 이는 마치 콘크리트에서 시멘트 경화체가 모래와 자갈을 엮어 콘크리트 경화체를 만드는 것과 같다.

흙이 최적의 상태가 되기 위해서는 이상적인 물의 양을 찾는 것이 중요한데, 이를 위하여 최적함수율 실험을 한다. 이는 잉여수가 증발하고 나면 공극이 생겨 전체 부피를 차지하는 질량이 작아지는 원리를 이용한 것이다. 실험은 건조한 흙에 10, 15, 20% 등 일정량의 물을 첨가하여 동일부피의 시료를 만들어 건조시킨 후, 건조 후의 무게가 가장 큰 시료를 택하고, 그때 첨가되었던 물의 양을 적정 함수율로 한다. 이 현상은 물이 과잉으로 공급되면 흙입자가 채워져 있을 수 있는 공간을 과잉의 물이 차지하기 때문이다. 즉 최대건조단위중량(maximum dry unit weight)이 얻어지는 함수비를 최적함수비(optimum moisture content)라고 한다.

이러한 최적함수비 때에, 단위면적을 차지하고 있는 점토 입자들에 물이 완전히 흡수되어 내부포화 상태가 되고, 입자 간의 이온작용에 의한 전기력이 최대가 되며, 입자들 간의 간격이 좁혀지면서 입자 간 인력이 최대가 되어 결합이 가장 강력하게 된다. 이것은 또한 최밀충전효과(Optimum Micro-filler Effect)와 연관되어 있다. 이를 측정하기 위해 프록터 실험법(Essai Proctor Standard)을 사용한다. 흙의 강도를 결정짓는 중요한 요소이다.

흙에 물이 과다하게 첨가되면 물입자의 부피로 인해 단위부피에 들어가는 흙입자가 감소하게 되고, 이로 인해 최밀충전이 깨지게 되어 강도 등 여러 물성이 불리해지게 된다. 또한 물이 증발하면서 균열이 발생하게 되므로, 흙에 물을 첨가할 때에는 정확한 양을 첨가하는 것이 중요하고 정확한 물의 양을 넣을 수 없는 피치 못할 경우에는 가능한 적게 넣는다는 생각으로 임해야 한다. 그림 4-5, 4-6, 4-7은 이러한 것을 보여주고 있다. 입자와 물의 관계에 관한 전통적인 질문인 '마른 모래 1ℓ와 젖은 모래 1ℓ중 어느 것이 더 무거운가?'에 대한 해답이 여기에 있다.

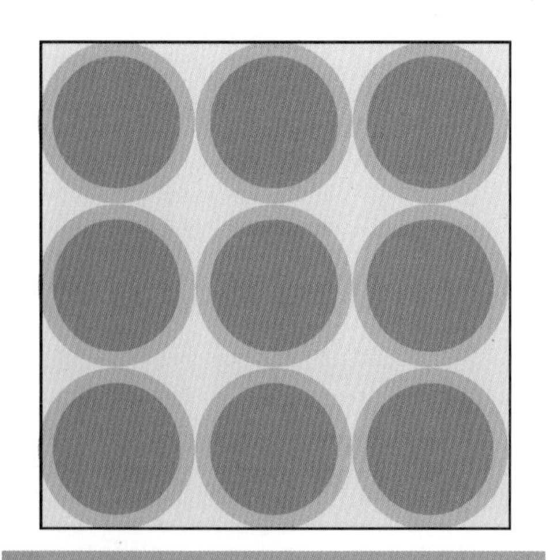

그림 4-5. 적정한 물이 첨가된 흙의 입자

4.1.2 결합재 이론

결합재 이론(matrix theory)으로서 입자와 입자 사이를

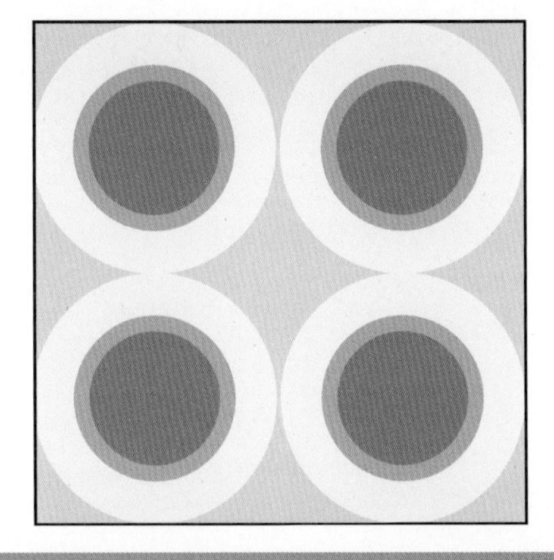

그림 4-6. 과도한 물이 첨가된 흙의 입자

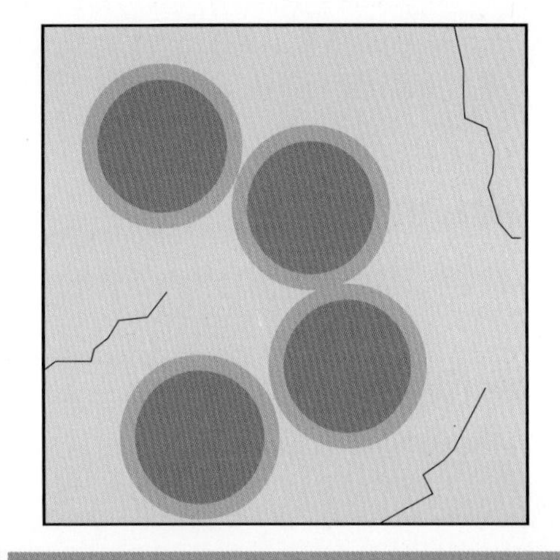

그림 4-7. 잉여수의 증발로 인한 균열

엮어주는 결합력이 강한 물질의 존재에 의해 응결현상이 일어나게 하는 것이다. 점토분과 외부로부터 투입되는 회가 반응하는 이온반응과 포졸란 반응에 의한 응결현상으로서, 회다지는 이 원리를 이용한 대표적인 것이다. 흙에 회같은 외부물질이 투여되어야 하는 단점이 있지만 강도가 높고 물에 강한 장점이 있다.

• 반응 원리

첫째, 이온반응은 석회중의 Ca^{++}가 점토입자 표면의 이온과 교환해서 흡착되어 점토입자 표면의 전상태가 변해서 점토입자가 초집해서 전립화하는 현상이다. 토양학에서는 Ca^{+}는 수화성 낮아 음전하 약하므로 흙에 밀착되려는 성질이 강하고, 이는 곧 떼알을 형성하게 되어 토양의 공기소통에 도움을 준다고 하였다.

둘째, 포졸란 반응은 흙 속의 실리카(SiO_2)나 알루미나(SiO_2)가 석회의 알칼리와 반응하는 것으로서, 고대 로만시멘트나 우리나라의 회다지 등에 쓰였던 반응이다. 그러나 그 반응식을 알려져 있지 않다가 우리 연구진이 그 반응식을 다음과 같이 찾아내었다.

포졸란 반응은 크게 두 가지가 있는데, 흙 속의 실리카와 알칼리가 반응하여 CSH겔을 생성하는 Afwillite 반응과, 흙 속의 실리카와 알루미나가 동시에 알칼리와 반응하여 CASH겔을 생성하는 Strätlingite 반응이 있다. 이 두 가지는 동시에 일어나게 되며 이로 인해 강도가 발현된다.

이러한 반응이 진행되면서 물과 점토분이 수소결합을 하여 생긴 경화체와 포졸란 작용으로 생긴 겔이 표 4-6과 같이 점토분 실트 모래 자갈 등의 다른 흙입자들을 서로 엮어주면서 흙이 경화하도록 하는 역할을 한다. 이는 마치 콘크리트에서 시멘트 경화체가 모래와 자갈을 엮어 콘크리트 경화체를 만드는 것과 같다.

Afwillite 반응

$$3Ca(OH)_2 + 2SiO_2 = 3CaO \cdot 2SiO_2 \cdot 3H_2O$$

Strätlingite 반응

$$2Ca(OH)_2 + Al_2O_2 + SiO_2 + 6H_2O = 2CaO \cdot Al_2O_2 \cdot SiO_2 \cdot 8H_2O$$

석회의 적정 첨가량은 흙마다 다르므로 사용하고자 하는 흙에 석회를 비율별로 첨가하여, 강도를 확인하여 사용하여야 한다. 석회는 생석회와 소석회가 있는데 생석회는 반응이 빠르고 팽창성이 있어서 흙과 반응하는 데 유리하지만 그 반응이 워낙 급격하므로 품질관리에 어려움이 많다. 소석회는 생석회가 소화되어 생긴 것이며(아래 반응식 참조), 반응이 안정적이다. 생석회를 물에 담구어 두거나 소석회를 물에 담구어 두었다가 사용하면 좋다. 이는 석회 입자 속까지 물이 스며들어 반응이 잘 일어나도록 하려는 것이며, 대기 중에서 석회가 이산화탄소와 반응하는 것을 차단하여 순도를 지키기 위함이다. 일부에서는 몇 년씩 물에 담구어 두었다가 사용하기도 한다. 참고로 석회는 석회석에서부터 오는데 제조과정에서 이산화탄소를 발생시키기는 하나 생석회, 소석회, 석회석으로 이어지는 반응에서 그 이산화탄소를 다시 소모하므로 유럽에

표 4-6. 결합재 이론의 강도발현 개념

	반응의 진행
	물과 점토분의 반응이 진행되면서 전체적으로 경화체를 형성
	점토분의 실리카와 회의 알칼리가 반응(Afwillite 반응) 실리카, 알루미나가 동시에 알칼리와 반응(Strätlingite 반응)하여 포졸란 생성 겔 경화체 형성
	점토분–물 경화체(가는 선)와, 포졸란 생성 겔(굵은 선)이 점토분, 실트, 모래, 자갈 등의 다른 흙입자들(육각형)을 서로 엮어주면서 흙이 강도발현하게 됨

표 4-7. 석회의 반응

$CaCO_3$ (석회석) → CaO (생석회) + CO_2
$CaO + H_2O$ → $Ca(OH)_2$ (소석회) : 소화반응
$Ca(OH)_2 + CO_2$ → $CaCO_3$

서 친환경 물질로 인정하고 있다. 또한 석회는 그 자체는 강알칼리성의 물질로서 인체에 유해할 수 있으나 흙과 반응하면 안정하고 무해한 물질로 바뀌게 된다. 최근에는 실내 중의 유해물질 제거에도 좋은 효과가 있다는 보고가 있다.

• 흙의 활성화

보통의 흙도 석회와 만나 포졸란 작용을 일으키는데, 이는 흙 속의 활성화된 흙 입자에 의한 것이다. 이를 더 많이 빠르게 일으키기 위하여 흙을 활성화시킨다. 흙을 일정 시간 일정 온도로 가열하여 급냉을 시키면 재결정화되는 시간적 여유가 없어 높은 결정화 에너지를 내부에 보존하여 친화력이 있는 외부재료에 의해 화학결합을 하는 유리 상태가 된다. 이를 흙의 활성화라고 한다. 흙이 어느 정도 활성화된 입자가 있는지를 알아보기 위하여, 즉 흙의 활성화 정도를 알아보기 위하여 다음과 같은 실험을 한다. 이것은 KS F 2545 골재의 알칼리 잠재반응 시험방법[80℃의 $Ca(OH)_2$ 용액에 24시간 정치시킨 후 알칼리 농도 감소 정도를 판정하는 법]을 준용한 것이다.

❶ 페놀프탈레인 실험

석회 $Ca(OH)_2$ 포화용액 1000g에 흙 100g을 넣고 잘 흔들어 섞은 후, 24시간 간격으로 잘 저어준 다음 7일 정치시킨 후에 페놀프탈레인 1% 알콜용액을 떨어뜨린다. 페놀프탈레인은 알칼리성을 만나면 붉은색으로 변하는 지시약이므로 포졸란 반응이 일어나지 않았다면, 혼합용액은 석회로 인해 알칼리성이므로 붉은색으로 변한다. 포졸란 반응이 일어났다면, 흙이 석회와 반응하여 수산화칼슘을 소비하였으므로 혼합용액은 알칼리 성질을 나타내지 못하므로 페놀프탈레인 용액에 아무런 변화도 나타나지 않게 된다.

❷ 응집-응결 실험

흙 500g을 증류수와 석회과포화용액 (물 3 : 석회 1의 비율로 혼합한 용액)에 각각 반죽하여 7일 경과 후 덩어리를 물에 교반하였다. 교반한 다음 상태를 확인하면 물에 반죽한 흙시편은 응

집이 일어나므로 물에 다시 풀어진 반면, 석회용액에 반죽한 것은 포졸란 반응에 의한 응결작용으로 불용성의 덩어리로 그대로 존속하게 된다.

4.1.3 흙을 이용한 반응별 비교

흙을 이용하는 반응별 개념은 표 4-8과 같다.

흙을 이용할 때 흙의 반응원리인 입자 이론에 의한 흙의 반응은 점토분과 물이 반응하여 생성된 결합이 흙과 흙 사이를 엮어주는데 흙의 고유 특성이 살아있는 장점이 있는 반면, 물에 약한 단점이 있다. 결합재 이론에 의한 반응은 위의 반응에다가 점토분과 회의 이온 및 포졸란 반응에 의한 결합이 엮어주게 되며, 흙의 특성을 살린 강한 결합으로 강도가 높고 물에 풀리지 않는 장점이 있는 반면, 강력한 결합으로 인해 흙이 주는 부드러운 질감이 다소 감소하는 단점이 있다.

표 4-8. 흙을 이용한 반응별 비교

	반응원리	장점	단점
	흙 자체반응 (수소결합, 이온반응)	흙의 고유 특성 구현	강도가 낮고, 물에 약함
	흙 자체반응 (수소결합, 이온반응, 포졸란 반응)	흙의 특성을 살린 강한 결합 강도가 높고, 물에 강함	강력한 결합으로 인해 흙이 주는 부드러운 질감이 다소 감소
	시멘트의 수화반응 (cementation)	초기 강도가 높고 저렴	흙의 고유특성 상실 장기강도 저하 우려
	합성수지의 경화 (imperviousness)	균열 없고 표면상태 일정	흙의 고유특성 상실 VOCs 등 유해물질 방출 우려 자외선열화 현상
	고온소성에 의한 용융고착 (fusing)	강도가 높고, 제조 시 흙만을 이용	흙의 고유 특성 상실 많은 에너지 소모

흙에 시멘트를 섞어쓰게 되면(cementation) 시멘트끼리 결합하게 되어 시멘트 수화에 의한 수화반응물질의 생성으로 처음에는 강도가 높고 좋은 것처럼 보일 수 있으나, 이 결합이 흙을 둘러싸게 되어, 즉 강한 결합재료가 굳고 그 결합 사이사이에 흙이 메워지는 형태가 되어, 흙의 고유특성을 발휘할수 없게 되며, 또한 흙과의 관계로 인해 장기적인 강도에 문제가 있을 수 있다.

화학수지를 흙과 섞어 쓰면(imperviousness) 화학수지의 작용으로 인하여 균열이 발생하지 않고 표면의 상태가 일정한 장점이 있으나, 이 화학수지가 흙을 코팅하여 흙을 둘러싸서 흙의 특성을 발휘할 수 없게 함으로써 무늬만 흙인 상태가 되고, 화학수지에서 VOCs 등 유해물질이 방출됨으로써, 차라리 흙을 안 쓰는 것만 못하게 될 수도 있다. 또한 합성수지의 자외선열화 현상으로 인해 장기적으로 문제가 발생할 소지가 있다. 자외선열화현상이란 합성수지가 자외선에 장기간 노출될 경우 성능이 저하되는 현상을 말한다.

흙을 굽게 되면(fusing) 흙의 결합을 이루는 구조가 변하게 되어 흙이 아닌 전혀 새로운 물질(ceramic)이 된다. 참고로 시멘트도 흙과 석회석을 원료로 하여 만들어지는데 높은 온도로 구워서 만들어 흙이 아닌 새로운 물질이 되는 원리와 유사하다. 흙을 구우면 고온소성에 의한 흙용융 고착으로 강도가 발현되며, 구운벽돌은 가장 오래되고 폭넓게 사용되는 방식이다. 강도가 높고 제조 시 흙만을 이용하는 장점이 있는 반면, 많은 에너지가 소모되고 흙의 고유 특성이 상실되는 단점이 있다.

4.2 흙의 이용방법

4.2.1 물리적인 안정

흙을 이용하는 방법에서 물리적인 안정이란 입자 이론에 근거하는 방법으로서, 자연상태의 흙에 외부적인 힘을 작용하여 흙의 공학적 물성을 개선하는 방법이다. 다짐이 대표적이다. 다짐(compaction) 타격, 누름, 반죽, 진동 등의 인위적인 방법으로 흙에 에너지를 가하여 흙 입자 간의 공기를 배출시킴으로써 흙의 밀도를 증대시키는 것을 말한다. 흙을 다지면 토입자 상호간의 간극이 좁아져서 흙의 밀도가 높아지고 공극이 감소해서 투수성이 저하할 뿐 아니라 점착력과 마찰력이 증대하여 충분히 다져진 흙은 역학적인 안정도가 높아지게 된다. 이와 같은 효과는 흙의 성질을 개선시키기 위한 경제적이고도 효과적인 방법으로 도로, 활주로, 철도, 흙댐 등과 같은 다양한 구조물에도 매우 유용하게 사용한다.

• 다짐의 일반적 원리

다짐은 기계적인 에너지로 흙 속의 공기를 간극에서 제거하여 단위중량을 증대시키는 방법이다. 이때 다짐의 정도는 흙의 건조단위중량으로 평가한다. 다짐 시 흙 속에 물이 들어가면 물의 윤활작용에 의하여 흙 입자의 위치가 서로 이동하게 되며 밀도가 증가한다. 다짐된 흙의 건조단위중량은 초기에는 다짐함수비의 증분에 비례하여 증가하게 된다. 함수비가 0인 완전히 건조된 흙일 경우, 습윤단위중량은 건조단위중량과 같다. 동일한 다짐에너지가 적용될 경우 함수비 증가에 따라 단위체적중량은 점진적으로 증가할 것이다. 임의의 함수비를 초과하면 건조단위중량은 오히려 감소되는 경향이 있다.

• 다짐에 영향을 미치는 요소

앞에서 설명과 같이 함수비는 흙의 다짐도에 매우 중요한 역할을 한다. 그러나 함수비 외에도 다짐에 영향을 미치는 매우 중요한 요소는 흙의 종류와 다짐에너지이다. 우선 흙의 종류, 즉 입도분포, 입자모양, 흙고체의 비중 그리고 점토광물의 종류와 양은 최대건조단위중량과 최적함수비에 큰 영향을 미친다.

4.2.2 화학적인 안정

화학적인 안정이란 결합재 이론에 근거하는 것으로서 화학적인 첨가제를 이용하여 흙의 성능을 개선하는 방법이다. 주로 사용하는 첨가제로는 무기계로서 석회와 시멘트, 유기계로서 천연유기물질과 합성수지 등의 물질이 있다. 이들 첨가제와 흙은 물과 함께 섞였을 때 화학적 반응이 발생하는데, 석회나 천연 유기물질은 흙의 기본성질을 해치지 않는데 비하여 시멘트나 합성수지는 수화반응으로 인한 수화반응물질에 생성에 의한 강도발현(Cementation)이나 수지막 형성에 의한 코팅효과로 강도발현(Imperviousness)이 되어 강도가 높은 장점이 있는 반면, 결합재에 흙이 둘러싸임으로써 흙의 고유 성능을 잃어버리는 점과 시멘트나 합성수지의 문제점이 그대로 나타나는 단점이 있으므로 가능한 사용하지 않는 것이 좋다. 석회는 앞에서 언급했으므로 여기에서는 천연유기계통의 재료만 언급하도록 한다.

전통적인 유기물 고착제들은 화가나 복원가들이 그들의 실제 경험에 미루어 선택한 천연물과 그것의 파생물로 이루어져 있다. 어떤 것은 벽화용으로 적합하고 그 외의 것들은 다른 회화작품에 어울리기도 한다. 현재까지 조사된 것들은 우유, 계란흰자, 셀락, 식물성 건성유, 천연수지, 천연고무, 밀납, 아교 동물의 대변 등이다. 전통적인 유기물을 이용한 고착작업들은 오랜 시간이 경과한 후 노화 작용 등 단점이 현재에 와서 쉽게 파악될 수 있다. 서구에 비해 동양의 경우 벽화 보존을 위하여 전통적인 접착제를 고착제로 사용한 예는 발견할 수 없었다. 과거 전통적인 접착제는 용도가 다양하였으며 벽화의 경우 도벽이나 회벽의 보강을 목적으로 사용하였고 채색을 위한 물감의 매제(medium)로 사용되었음을 알 수 있다. 대부분이 유기물로 크게 동물성과 식물성으로 구분되며 현재 이러한 전통접착제들은 합성접착제로 인하여 사용범위가 극히 제한되었고 수급도 어려워지면서 일부 전통적 복원을 위한 장소에서나 찾아볼 수 있는 정도이다.

• 동물성

동서양 전반에 걸쳐 대표적인 동물성 접착제로 아교를 들 수 있다. 아교란 불순물을 함유하고 있는 품질이 낮은 젤라틴으로 짐승의 가죽이나 뼈를 원료로 하는데 주로 소가죽을 사용하였다. 아교는 교(膠)의 산지이름인 동아현(東阿縣)의 아(阿)를 따서 붙인 이름으로 일반적으로 황갈색을 띠고 봉상(棒狀)이나 알갱이로 되어 있으며 중탕처리로 액화시켜 사용하는데 건고(乾固)한 성질로 투명하고 광택이 있는 것이 좋다. 아교의 원료는 소, 양, 토끼 등 척추동물의 가죽(皮), 뼈(骨), 피부, 힘줄로부터 추출된 수교(獸膠)와 고래(古來)로부터 최상품으로 취급되어 온 사슴의 뿔로 만든 록교(鹿膠)가 있다.

아교 다음으로 많이 사용된 접착제는 수산젤라틴이 주성분인 어교이다. 어교는 민어처럼 비늘이 있는 생선이 주로 쓰이며 생선의 어피(魚皮), 뼈, 근육, 부레, 내장 등과 결합조직을 구성하는 경단백질 콜라겐의 열변성에 의해 생성된 물질을 말한다.

유럽에서는 우유카세인을 많이 사용하는데 우유를 데운 후 식초를 떨어뜨리면 순두부처럼 뭉글뭉글한 뭉치는데, 이것을 흙벽에 바르면 표면강도 증진에 기여한다.

• 식물성

식물성 접착제는 해초(海草)류와 목초(木草)류, 곡(穀)류로 구분할 수 있다. 해초류를 이용한 접착제는 흔히 해초풀로 불리고 연안지역에서 채취하여 사용되었으며 특히 한국과 일본에서 주로 사용하였다. 해초풀은 홍조류 도박을 비롯한 우뭇가사리, 다시마 등이 주로 사용되었다. 이 가운데 접착력이 좋은 것으로는 홍조류인 도박과 우뭇가사리를 들 수 있다. 특히 도박은 접착력이 가장 크다. 도박은 50분 정도 끓이면 사용 가능하며 약한 불과 강한 불을 반복하여 끓여서 어느 정도 점액이 빠져나와 도박 줄기와 잎이 흐트러졌을 때부터는 약한 불로만 사용하여 저어가며 끓여야 한다. 점액이 완전히 빠져나온 후 도박찌꺼기를 천에 걸러내 도박풀을 얻을수 있다

목초류는 느릅나무, 후박나무, 알테아, 옻나무, 아라비아고무나무 등 목초의 줄기와 뿌리에서 점액질을 얻어내거나 수액을 사용하였다. 이 중에 느릅나무를 고아낸 물에 풀을 쑤어서 바르는 것이 좋은데, 느릅나무는 항균효과가 있고 흙이 묻어나지 않는 장점이 있는 반면에 금방 상하는 성질이 있어서 고아낸 물은 가급적 빨리(수일 내) 사용해야 한다.

곡류는 콩, 소맥, 쌀 등을 사용하였으며 즙과 전분을 이용하여 접착제와 보강제로 사용하였다.

이 외에 식물성 건성유가 사용되기도 하는데, 건조성이란 유지가 공기 중에서 산소를 흡수하여 산화 · 중합(重合) · 축합(縮合)을 일으킴으로써 차차 점성이 증가하여 마침내 고화(固化)하는 성질을 말하는데, 아마인유(亞麻仁油) · 동유(桐油) · 들기름 등이 있다. 채종유(菜種油) · 면실유 · 참기름 · 콩기름은 반건성유이고, 동백유 · 피마자유 · 올리브유 등은 불건성유에 속한다. 흙건축에 많이 쓰이는 것은 아마인유이다. 식물성 건성유로서 유화 등에 많이 사용되고 있으며, 이를 흙에 바르면 방수적인 특성을 갖게 된다. 흙으로 벽체나 바닥을 만들고 완전히 건조시킨 다음 끓인 아마인유를 3 ~ 5회 발라준다.

우리나라에서는 콩댐이라는 것을 사용했는데 불린 콩을 갈아 들기름을 섞고 이를 무명주머니에 넣어 여러 번 문지르면 장판지에 윤이 흐르고, 색조를 일정하게 내기 위하여 치자물을 콩댐에 섞어 장판지에 골고루 문지르면 아름다운 황색조를 띠게 된다. 이와 같은 치장은 장판지에 내수성을 갖게 하는 등 이중효과를 가지고 있었다. 그러나 이 방법은 손이 많이 가고 번거로운 단점이 있다. 이것을 개선한 연구결과 건성유인 들기름에 콩물을 4:6으로 섞어서 2 ~ 3회 발라주었다. 이는 들기름의 건성유적인 특성과 콩의 단백질 고화원리를 적절하게 이용한 것으로서 표면이 단단하고 광택이 나서 아름다운 면을 만들 수 있다.

그리고 한지 창문을 하는 경우 한지에 피마자유를 발라주면 반투명의 한지로 바뀌게 되고 물에도 강해진다. 이중창이라면 바깥쪽의 한지창은 피마자유를 발라주고, 안쪽의 한지창은 그대로 사용하게 되면 채광과 공기의 소통이 자유로운 새로운 창이 만들어질 수 있다. 조선 세종시대에 온실을 피마자를 먹인 한지창으로 한 기록이 있다.

• 기타

우리나라에서 전통적으로 사용하던 마감법으로는 콩댐 이외에도 솔방울마감, 솔가루마감,

은행잎 마감이 있다.

솔방울마감은 솔방울의 송진을 이용한 마감으로서 구들장 위를 메운 흙을 고른 뒤에 은근히 말리면서 아직 각질이 딱딱해지기 전의 푸른 기가 있는 자잘한 솔방울들을 끝을 잘라 굴림백토 위에 빽빽하게 박아 놓고 면을 고른 뒤, 불을 지피면 솔방울에서 송진이 우러나와 표면장력에 의해 온 방바닥이 송진으로 두껍게 덮여 피막을 형성하여 투명하고 노르스름한 미라색이 된다. 그 뒤 생활하면서 점차 닦고 문지르면 길이 들어 매끈해지고, 오래 쓸수록 붉은 기가 더해 호박색으로 변하며, 솔방울 특유의 향기가 함께 피막을 통해 보이는 솔방울 무늬가 아름답게 나타나는 마감법이다.

솔가루마감은 소나무 껍질을 가루로 만들어 곱게 친 후, 수수가루로 쑨 풀을 솔가루에 섞어 방바닥에 두껍게 바르는 기법이다. 다 마르면 들기름을 흠뻑 발라 아궁이에 불을 때어 발리면 불그스름한 호박색이 되고 단단해진다.

은행잎마감은 은행잎이 무성할 때 많이 따서 큰 절구에 짓찧어 줄기를 가려내고 잡것 없이 연하고 매끄럽게 하여 반죽처럼 만든 후 흙을 고르게 하여 말린 방바닥 위에 한 치(3cm) 정도의 두께로 깔고 고르게 편 다음, 반반히 하고 불을 때어 말려 푸르고 누런빛의 매끄럽고 단단한 표면을 만드는 기법이다.

4.2.3 섬유(fiber)보강

• 섬유보강의 원리

섬유는 흙의 역학적 특성을 개선하기 위한 보강재로 세계적으로 광범위하게 사용되어 왔다. 가장 대표적으로 사용된 재료는 주변에서 손쉽게 구할 수 있고 매년 풍부하게 생산되는 볏짚이나 밀짚과 같은 식물성 섬유였다. 이러한 섬유는 흙과 혼합하여 사용했을 때 건조수축으로 인해 발생하는 균열을 제어해주며, 흙 혼합물 내부에서 섬유로 인해 발생되는 공극을 통해 수분이 외부로 배수되는 능력을 향상시켜 흙의 건조를 빠르게 한다. 또한 섬유는 부피가 매우 큰 재료로 밀도를 줄여 재료를 가볍게 하고 단열 성능도 향상시키며 인장 강도도 증가시킨다.

또한 섬유보강의 일차적 목표는 취성을 개선시키는 것이다. 섬유를 보강하지 않은 재료는 부재가 휨을 받았을 때 휨에 대한 저항능력이 매우 작다. 그러나 섬유로 보강된 경우 섬유의 혼입량에 따라 여러형태의 휨-압축응력 곡선을 갖는다. 섬유보강된 재료의 휨-압축 응력도는 그림 4-8과 같다.

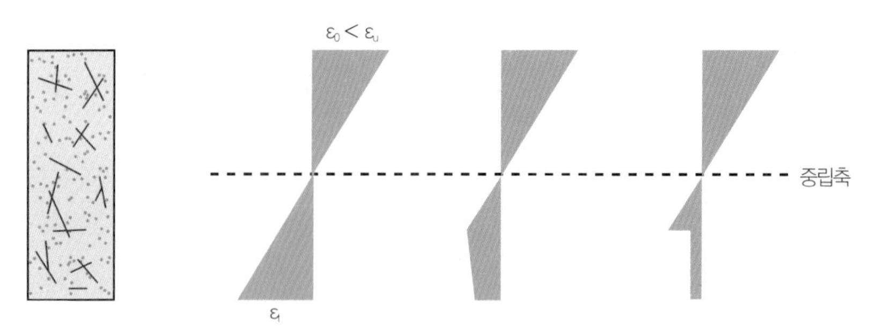

그림 4-8. 섬유보강 재료의 휨-압축 응력도

· 섬유의 종류

섬유는 아주 다양한 종류가 존재하는데 여기서는 화학섬유는 제외하고 기술하면 표 4-9와 같이 섬유는 식물질 섬유, 동물질 섬유, 광물질 섬유로 대별된다.

식물질 섬유는 짚섬유로서 볏짚, 밀짚 등이 있고, 종자모섬유에는 면(Catton), 폭(Kapok)이 있고, 인피섬유로는 황마(Jute), 아마(Flax), 대마(Hemp), 선햄프(Sune hemp), 저마(Ramie)등이 있다. 또한 엽맥섬유로는 마닐라마(Manila hemp), 사이잘마(Sisal), 뉴질랜드마(New Zealand)가 있으며, 과실섬유로는 야자(Cocount fider)가 있다. 동물질 섬유는 수모섬유로서 양모(Sheep wool), 램양모(Lamp wool), 카멜모(Camel hair), 캐시미어(Cashmere hair), 라마모(Lamp wool), 모헤아(Mohair), 비큐나모(Viouna wool)가 있으며, 견섬유로서 가잠견(Cultivated silk), 야잠견(Tussah silk) 등이 있다. 그중에서 지역별로 구하기 쉽고 저렴한 것을 사용하면 된다

광물질 섬유로는 탄소섬유(Carbon fiber), 유리섬유(Glass fiber), 아라미드 섬유(Aramid fiber), 세피오라이트 등이 있다.

탄소섬유는 다른 섬유에 비하여 탄성계수가 크고, 파단 시의 변형으로 발생하는 신장률이 1% 전후로 작기 때문에 파상취성이나 충격저항성이 열악한 결점을 가지고 있으나, 유리섬유에 비하여 내수성, 내알카리성 등의 화학저항성이 우수하다. 유리섬유는 탄소섬유와 동일한 수준의 강도를 가지며 인성도 크고, 특히 가격이 매우 싸다는 장점이 있는 반면에 내알카리성이 약하다는 약점이 있다. 아라미드 섬유는 탄소섬유와 같이 화학저항성이 우수하지만 자외선에 의한 강도저하가 되는 약점이 있다. 세피오라이트(sepiolite)는 섬유상 조직을 가진 해포석을 일컫는 것으로서, 상기의 다른 광물질 재료와는 달리 자연상태의 광물이므로 친환경성 섬유로서 새롭게 주목받고 있다.

표 4-9. 섬유의 분류

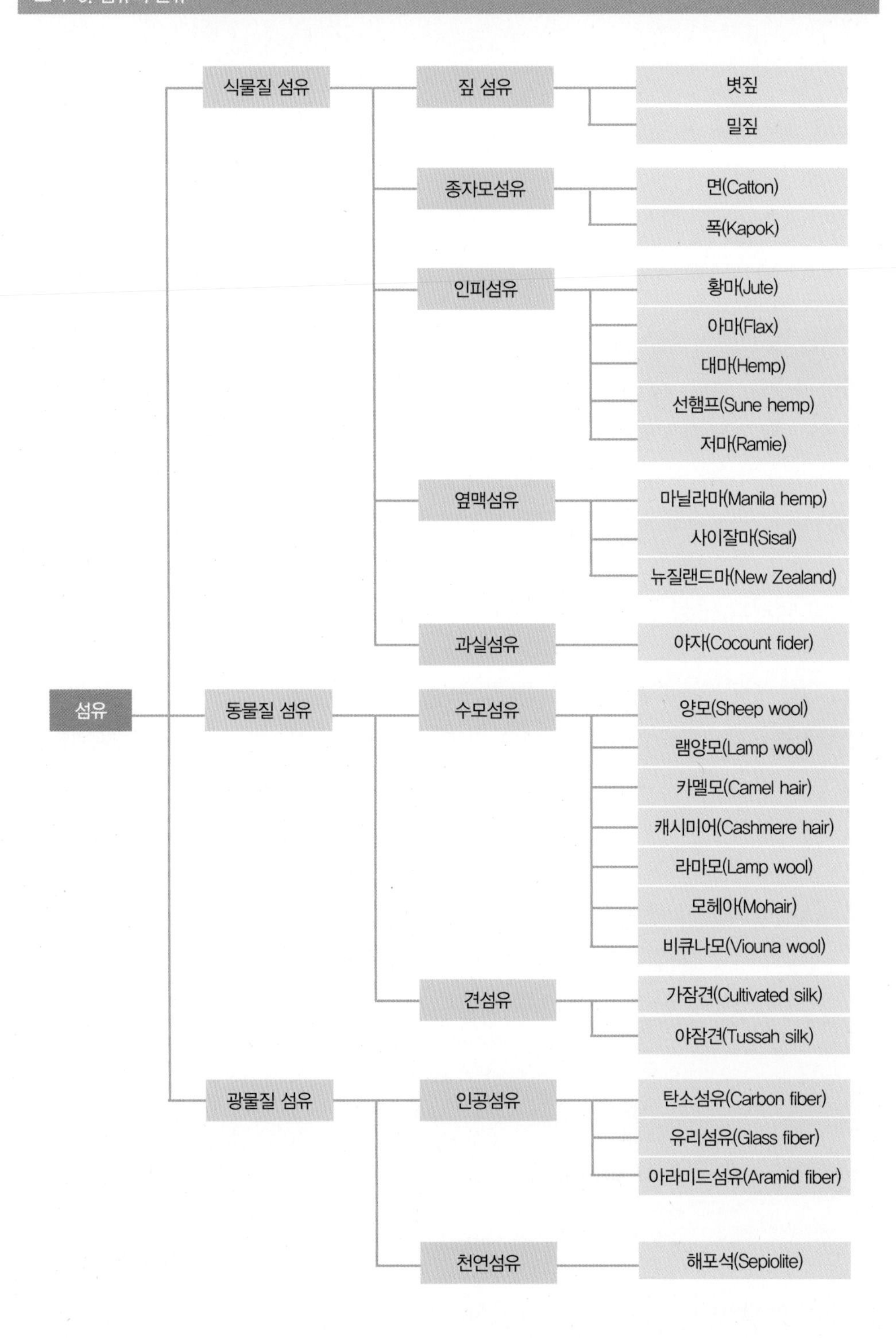

섬유
식물질 섬유
짚 섬유
볏짚
밀짚
종자모섬유
면(Catton)
폭(Kapok)
인피섬유
황마(Jute)
아마(Flax)
대마(Hemp)
선햄프(Sune hemp)
저마(Ramie)
엽맥섬유
마닐라마(Manila hemp)
사이잘마(Sisal)
뉴질랜드마(New Zealand)
과실섬유
야자(Cocount fider)
동물질 섬유
수모섬유
양모(Sheep wool)
램양모(Lamp wool)
카멜모(Camel hair)
캐시미어(Cashmere hair)
라마모(Lamp wool)
모헤아(Mohair)
비큐나모(Viouna wool)
견섬유
가잠견(Cultivated silk)
야잠견(Tussah silk)
광물질 섬유
인공섬유
탄소섬유(Carbon fiber)
유리섬유(Glass fiber)
아라미드섬유(Aramid fiber)
천연섬유
해포석(Sepiolite)

4.3 흙을 이용한 재료개발 방안

4.3.1 흙기초를 이용한 재료개발 및 응용

전통적으로 한옥의 기초는 집터 다지기에서 출발한다. 집을 지을 곳의 흙의 상태에 따라서 사질지반인 경우에는 입자 이론에 의하여 있는 흙을 그대로 다지거나 물다짐하여 사용하고, 점토질 지반에서는 결합재 이론에 의하여 강회를 뿌려서 다진다.

이러한 한옥기초방식인 판축기법을 이용하여 흙의 입자분포나 강회의 적정투입비율을 계량화하여 표준화한다면, 콘크리트로 기초를 치는 것이 일상화되어 있는 요즈음에도 자연친화적이면서도 콘크리트 기초에 버금가는 강력한 기초를 구성할 수 있을 것이며, 바닥포장 등에 이용할 수 있을 것이다. 실제로 독일에서는 다른 재료를 쓰지 않고 자갈, 모래, 흙을 물과 함께 써서 물다짐이라는 친환경 포장을 상용화시키고 있다.

4.3.2 벽체의 구성 및 발전방향

한옥에서 벽체는 외를 엮어 흙벽을 치는 것이 일반적이다. 흙벽은 외를 엮고 흙에 짚을 넣음으로써 횡력에 약한 흙의 단점을 보완하고, 벽체의 자중을 감소시키며 단열성을 증대시키는 장점이 있는 반면 신축율이 서로 다른 이질재료인 나무와 흙이 만남으로 인해 조인트 부위가 벌어지거나 균열이 발생하는 필연적 단점이 있다. 또한 흙을 다져서 하는 흙다짐도 많이 사용하였다.

건식재료의 개발과 적용이라는 측면에서는 심벽이나 평벽의 원리를 이용한, 친환경 단열성 패널의 개발이 가능하리라고 보이며, 흙패널 재료의 상용화와 이를 적용할 때에 필요한 접합기술 등 이에 대한 구체적이고 실용적 연구가 필요하다고 생각한다. 또한 흙다짐을 현대화시켜서 프리캐스트 기법과 접목시키면 흙다짐의 단점인 노동력과 공기 문제를 해결할 수 있을 것으로 보인다. 아울러 흙벽돌도 다양한 기능을 갖추고 저가인 벽돌을 개발하여 보급하는 것도 중요한 일이라고 생각한다.

4.3.3 지붕의 구성 및 발전방향

지붕에 흙이 사용된 것은 직사광선의 강한 열을 차단하고 집을 열적으로 쾌적하게 하기 위함이었다. 흙이 단열이나 축열의 기능을 담당해온 것이다. 이러한 흙의 기능을 살려서 지붕이나 옥상에 흙을 이용한 새로운 기법을 만들어야 할 것이다. 현재 시도되고 있는 옥상녹화 기법을 더욱 발전시키는 것도 좋은 일일 것이며, 새로운 건물환경에 맞는 재료의 개발을 고민해볼 필요가 있을 것으로 보인다.

4.3.4 마감의 구성과 발전방향

전통적으로 바닥은 온돌을 놓고 흙을 바른 후에 여유가 없는 집에서는 흙바닥 위에 돗자리를 깔고 지내고 여유가 있는 집은 종이마감에 콩댐을 하여 지냈으며, 이외에 흙콩댐, 은행잎마감, 솔방울마감, 솔가루마감, 마마감 등의 기법을 이용하여 바닥마감을 하였다.

현재 장판이나 온돌마루는 건강이나 환경면에서 좋지 않은 영향을 주기 때문에 건강에 좋은 재료를 찾는 요구가 많은데, 방바닥을 흙으로 잘 바른다음 마땅히 마감을 할 방법이 없어 애태

표 4-10. 흙을 이용한 새로운 재료개발

	전통기술	원리	개발방안	용처
기초	회다지	입자 이론 결합재 이론	배합 계량화 다짐방법 정립	친환경 기초구성재 친환경 흙포장
벽체	흙벽 (심벽/평벽)	입자 이론	배합 계량화 배합 세분화 기능소재 첨가	일반 보드/패널 단열 보드/패널 내장 보드
벽체	회바름	결합재 이론	배합 정립	내수 외장 미장재 내수 외장 패널 흙 결합재(시멘트/콘크리트 대체) 프리캐스트 구조패널 고강도 기능성 벽돌
지붕	알매흙	입자 이론	신재료개발	옥상녹화 축열, 단열성을 갖는 기능성 지붕재료
마감	흙바닥마감	입자 이론 결합재 이론	배합 계량화	친환경 바닥 미장재 Self-leveling 바닥재
마감	바름 보강 (흙콩댐/아마인)	단백질 고화 건성유 반응	배합 정립	친환경 마감도료 친환경 발수제 친환경 방수제
마감	흙벽	입자 이론	배합 계량화 배합 세분화 기능소재 첨가	일반 내장 미장재 기능성 내장 미장재(단열/음이온/색상) 내장보드
창호	나무창호		나무창 단점극복 신재료창 개발	친환경 창호 친환경 철제 창호 등
창호	한지창	고어텍스 이론	한지 적용 및 개량	외부용 투명창 내부용 환기창

우는 경우가 많다. 상기의 기법들을 현대화하여 상용화하면 좋은 해법이 될 수 있으리라고 생각한다. 이러한 기법들의 원리를 살려서 친환경 바닥 미장재나 Self-leveling 바닥재 등을 개발할 수 있으리라 보인다. 아울러 콩댐이나 아마인유의 원리를 이용하면 친환경 마감도료, 친환경 발수제, 친환경 방수제 등 다양한 제품개발이 가능하리라고 생각한다.

미장재 및 공법개발 측면에서 보자면 현재 우리는 흙미장을 제대로 할 수 있는 재료와 공법과 사람이 거의 없는데, 전통적인 흙벽 재료와 방식을 재구성하여 새로운 미장재료와 공법의 개발이 시급하다고 하겠다. 일반 내장 미장재뿐만아니라 현대적 건축 요구에 맞는 단열, 음이온, 색상 등 다양한 기능성 내장 미장재 개발이 필요하다고 보인다.

4.3.5 창호의 구성과 발전방향

우리가 창호에 가장 많이 사용한 것은 나무였으며, 흙과 가장 잘 어울리는 것으로 나무가 꼽히고 있다. 현재 알미늄이나 플라스틱 재질의 창호재료가 많이 사용되고 있지만 환경 측면에서 바람직한 재료는 아니다. 나무의 단점을 보완한 많은 연구들이 있었고, 많은 제품들이 출하되고 있으므로 이의 적극적인 도입이 필요하다고 본다. 또한 나무 이외에도 흙과 잘 어울리는 철제창호 등의 개발도 필요하다고 하겠다.

그리고 창의 재료 선택에 있어서도 유리 이외에도 한지의 사용을 적극적으로 검토할 필요가 있을 것으로 본다. 한지는 통기성과 온습도 조절능력이 뛰어난 재료로 다시금 조명되고 있는데 새로운 친환경 창 재료로서 이의 적극적 사용을 검토해야 할 것이다. 조선 세종시대에 온실을 만들면서 한지를 사용하여 빛을 투과시킨 기록이 있는데, 한지에 피마자유를 발라주면 반투명의 한지로 바뀌게 되고 물에도 강해진다. 이중창이라면 바깥쪽의 한지창은 피마자유를 발라주고 안쪽의 한지창은 그대로 사용하게 되면 채광과 공기의 소통이 자유로운 새로운 창이 만들어질 수 있을 것으로 보이는데 향후 다양한 창의 시도가 이루어지기를 기대해본다.

4.4 흙건축 관련 규정

흙건축에 관한 규정은 우리나라에는 없는 상태이며 미국, 독일, 호주, 뉴질랜드 등 외국에 있는 규정을 준용하고 있는 실정이다. 흙건축에 관한 규정은 미국을 위시하여 독일 흙건축 기준(Earth Construction Standards), 호주 흙건축 핸드북(HB195-2002 Australian Earth Building Handbook), 뉴질랜드 건물규정(New Zealand, The Building Regulation, 1992), 뉴질랜드 건축부 빌딩코드 검토(Department of Building and Housing, Building for the 21st Century, Review of the Building Code) 등이 있으며, 이외에도 여러 나라의 규정이 그 나라에 맞게 다양하게 규정되어 있다. 본 편에서는 각국 규정을 논문형태로 정리한 것을 수록[1]하였다.

4.4.1 각국의 흙건축 규정 정리

국내에서 지어진 대부분의 흙건축들은 건축참여자들 사이에서 보편적으로 전해 내려오는 규칙과 재료의 제한적인 사용으로 인해 전통적인 방법으로 만들어진다. 하지만 국내 실정과는 달리 미국, 중국, 페루, 터키 등 국외 국가들은 간략한 조항으로나마 흙건축에 대한 규준(standards)을 정립하여 타 건축물과는 구별하여 사용하고 있으며, 2차 세계대전을 기점으로 흙건축 현대화를 앞당긴 유럽(독일, 프랑스 등) 국가들은 지역 특성을 잘 반영하여 체계화된 흙건축 규준을 정립하여 사용하고 있다.

각 국가의 흙건축 규준들은 최근 30년간 흙건축 부흥기 때 조사되어 만들어진 뉴질랜드 규정(The NZ Building Code)을 기준을 정립된 것으로서 유사한 공통점을 가지고 있다. 그리고 이러한 기존 규정을 바탕으로 호주, 뉴질랜드를 비롯한 흙건축 관련 국가들은 학회 및 워크샵을 통해 계속적인 보완 및 수정을 하고 있다.[2] 이러한 국외 상황을 비춰볼 때 국내 흙건축 활동에서도 일반 건축물과는 차별화되어 객관적인 접근이 가능할 수 있는 전체적인 규준 정립이 요구된다.

• 재료

① 압축벽돌(pressed earth block)[3]

인위적인 힘을 가해 압축한 것으로서 물에 대한 저항성이 뛰어나 현대건축물의 외장재로도 사용이 가능하다. 기계의 힘을 빌려 만들어지기 때문에 대량 생산이 가능하고 도로사항이 되는 한 제품생산지역과 멀리 떨어진 공사 대지에 쉽게 수송이 가능하다. 하지만 제품을 만들기 위한 비싼 장비가 요구되고, 필요 여부에 따라 결합재를 사용하기도 한다.

---

1) 본 내용은 이장혁, 황혜주, 김정규의 '건축 계획적 활용을 위한 흙건축 특성분석'의 내용을 발췌 수록한 것임.
2) http://www.ecodesign.co.nz, "MUD BRICK and COB, and EARTH BUILDING STANDARDS."
3) Dr. Peter Walker MIEAust, CPEng and Standards Australia. The Australian Earth Building Handbook, 2001, pp.36-40.

결합재를 사용한 압축벽돌의 입도분포를 살펴보면 점토 -5% ~ 25%, 실트 -10% ~ 30% 의 비율을 나타낸다. 하지만 결합재를 섞지 않은 압축벽돌에서는 과도한 점토 사용이 갈라짐과 결합재의 효능에 문제를 일으킬 수 있기 때문에 전체적으로 점토와 실트양이 30% ~ 50%를 넘지 않는 것이 좋다. 압축벽돌의 물리적 특성을 살펴보면 다음과 같다.

② 진흙벽돌(mud brick)[4]

전통적으로 흙에 벼를 섞어 만든 것으로서 벼의 섬유질은 벽돌의 인장력을 증가시켜주고 갈라짐을 방지해줄 뿐만 아니라, 벽돌의 무게를 감소시켜 손으로 벽돌을 제작 할 때 편리하게 해준다.

진흙벽돌은 압축벽돌과 흙다짐보다 많은 양의 수분이 필요하지만 수분양은 손으로 재료반죽이 가능하며, 믹서기와 성형 틀에서 뜯어내기에 편리할 정도면 적당하다. 그리고 외부적인 힘을 가하지 않기 때문에 입도분포에서는 결합재 역할을 하는 점토의 양이 압축벽돌과 흙다짐보다 많이 필요하며, 적당한 점토양은 10% ~ 40%이다. 진흙벽돌의 물리적 특성을 살펴보면 다음과 같다.

③ 흙다짐(rammed earth)[5]

콘크리트처럼 거푸집을 만든 후 램머(rammer) 등을 이용해 흙이 충분한 강도와 함께 스스로 지탱될 수 있도록 채워 다지는 것으로서, 현 건축가들에게 가장 많은 선호를 받은 흙구성재 중 하나이다. 진흙벽돌에 비해 갈라짐이 적고 내구성과 강도가 우수하며, 현장에서 직접 다져서 벽체가 되기 때문에 다른 재료처럼 만들고 쌓는 중복의 과정을 피할 수 있다. 하지만 두 재료에 비해 많은 양의 흙이 요구되고 그에 따른 섬세한 노동력과 비싼 기계장비가 필요하다.

흙다짐의 점토양은 20%까지이며 일반적으로 안정화와 수분침투를 방지하기위해 석회, 시멘트 등을 사용하기도 한다. 흙다짐의 물리적 특성을 살펴보면 다음과 같다.

표 4-11. 압축벽돌 물리적 특성

밀도	1500~2200kg/㎥
압축강도	1~25MPa
휨강도	0.1~4MPa
열관류율(벽두께 250㎜)	1.7~4W/㎡K
흡수력	10~25%

표 4-12. 진흙벽돌 물리적 특성

밀도	1200~2000kg/㎥
압축강도	1~5MPa
휨강도	0~0.5MPa
열관류율(벽두께 250㎜)	1.7~4W/㎡K

4) Dr. Peter Walker MIEAust, CPEng and Standards Australia. The Australian Earth Building Handbook, 2001, pp.30-36.
5) Dr. Peter Walker MIEAust, CPEng and Standards Australia. The Australian Earth Building Handbook, 2001, pp.40-45.

표 4-13. 흙다짐의 특성

<table>
<tr><td rowspan="4">흙다짐의 물리적 특성</td><td>밀도</td><td>1,700~2,200kg/m^3</td></tr>
<tr><td>압축강도</td><td>1~15MPa</td></tr>
<tr><td>휨강도</td><td>0.5~2MPa</td></tr>
<tr><td>열관류율</td><td>1.42~2.86$\text{W/m}^2\text{K}$(벽두께 300㎜ 경우)</td></tr>
<tr><td rowspan="6">흙다짐의 거푸집 특성</td><td>강도</td><td>흙이 다져지는 동안 측벽에 전달되는 외부 힘에 지탱할 수 있어야 한다.</td></tr>
<tr><td>고착</td><td>흙이 다져지는 동안 과도한 편각을 보이면서 비껴서거나 휘어짐이 없어야 한다.</td></tr>
<tr><td>수작업</td><td>사람이 흙을 직접 다지면서 거푸집을 조립해야 하기 때문에 손으로 쉽게 조립되고 조절될 수 있어야 하며, 완료 후 형태의 손상 없이 쉽게 제거할 수 있어야 한다. 보통 다짐을 하기에 조림된 거푸집 형태는 보통 600㎜~900㎜ 높이이고, 길이는 1.5m~3m이다.</td></tr>
<tr><td>정렬</td><td>고정을 위해 생기는 맞물림과 작은 구멍들은 수직, 수평적으로 정렬되어야 한다.</td></tr>
<tr><td>내구성</td><td>거푸집 형태는 성능 저하 없이 위치 조정 등이 가능해야 한다.</td></tr>
<tr><td>유연성</td><td>흙이 잘 채워지지 못한 부분(코너 등)과 벽두께처럼 변화가 발생할 수 있는 부분에 유연하게 대응될 수 있어야 한다.</td></tr>
</table>

흙다짐의 거푸집은 거푸집 안에 흙을 넣고 다짐기로 다질 수 있는 조건이 갖추어져야 한다. 특히 흙벽 자체가 내력벽으로서 지붕의 하중을 전달하는 구조체가 될 수 있기 때문에 흙다짐에서 거푸집 역할은 매우 중요하다. 만약 거푸집이 흙을 다지는 압력을 못 견뎌 파손되거나 틀어지게 되면 모든 작업이 처음부터 다시 이루어 져야 한다. 따라서 시공자는 거푸집 설치 전에 거푸집 자체의 강도와 내구성 등을 고려해야 하고, 거푸집 간의 긴밀한 고착을 위해 조임에 사용되는 볼트위치 또한 작업진행에 맞게끔 미리 검토해야 한다.

④ 기타-흙쌓기(cob)[6]

전 세계적으로 오랜 기간 동안 지역의 특성에 맞게 발전해오면서 사용되어 왔으며, 중앙아시아와 유럽에서는 다층의 건물에 사용되기도 하였다. 벽체 형태를 만들기 위해 젖은 덩어리를 쌓은 후, 벽 두께가 평균 300mm-600mm 정도 될 때까지 붙이고 두드려 다지는 과정을 반복한다. 흙 입도분포는 보통 점토가 20%~25% 정도 포함되며, 나머지는 주로 모래와 자갈(20% 이하)로 구성된다. 그리고 갈라짐을 최소화하고 흙의 성형을 높이기 위해 보통 볏짚이나 기타 섬유성분 재료를 흙 $1m^3$ 당 5kg~15kg 정도 첨가하여 사용한다.

6) Dr. Peter Walker MIEAust, CPEng and Standards Australia, The Australian Earth Building Handbook, 2001, p.48.

• 계획[7]

거주자가 안전하고 편리한 삶을 누릴 수 있도록 벽체가 구조적으로 안정적이고 배치방향과 실 계획이 함께 이루어진다. 이러한 것들을 고려하여 각각의 건축 요소들은 주변 환경에 대응할 수 있도록 일정한 비례 속에서 최적의 방안이 돌출되어야 할 것이다.

❶ 기초[8]

흙건축은 대지의 진동에 취약하기 때문에 건물을 대지에 안전하게 고정시켜 건물 움직임을 최소화시킬 수 있어야 한다. 그리고 물에 약하기 때문에 대지와 벽의 접합부분 처리를 통해 대지의 습기가 벽을 따라 모세관처럼 스며들지 않도록 주의해야 한다. 구조적 측면으로는 기초에 의해 건물의 힘과 모멘트에 지탱할 수 있도록 기초의 최소 깊이는 충분해야 하고 흙벽이 일반적으로 두껍기 때문에 정확히 계산되어야 한다.

❷ 방향

우수와 함께 강한바람이 부는 방향으로는 과도한 흙벽노출을 피해야 한다. 장마철 폭우로 인해 벽 훼손이 심한 남쪽은 따듯한 겨울을 위해 창문 또는 그린 하우스를 크게 하여 흙벽 노출을 최소화하는 것이 좋다.

❸ 벽

벽체에서 압력이 집중되는 부분은 바닥 지지부분, 인방, 개구부 등이다. 하지만 흙 종류에 따라 밀도가 다르기 때문에 벽 자체 무게를 알기 위해서는 먼저 사용하고자 하는 흙 밀도를 알아야 한다.

- **벽두께와 높이 :** 흙벽돌, 압축벽돌, 흙다짐의 최소 벽두께는 외벽 200mm, 내벽 150mm 이상이며, 알매는 최소 200mm 이상이다. 하지만 진동위험이 있는 지역에서 진동저항 장치를 적용하지 않았다면 최대 벽 높이의 40%까지 줄여야 한다. 일반적으로 적용되는 벽 두께에 따른 높이 비례를 살펴보면 다음과 같다.
  - 개구부는 벽 코너로부터 적어도 750mm 이상 떨어지는 것이 좋다. (=$d > 750mm$)
  - 개구부의 전체 길이는 벽 길이의 1/3을 넘지 않는 것이 좋다. (=$l1+l2+l3 \leq \frac{1}{3}L$)

---

7) Dr. Peter Walker MIEAust, CPEng and Standards Australia, The Australian Earth Building Handbook, 2001, p.100.
8) Paulina Wojciechowska. Building with Earth, 2001, pp.34~38.

표 4-14. 벽 두께에 따른 높이 비

	압축벽돌, 흙다짐	진흙벽돌, 알매
H_1 (freestanding)	≤ 10t	≤ 8t
H_2 (lateral restraint top and bottom)	≤ 18t	≤ 14t
L	≤ 30t	≤ 20t

※ H=높이, L=길이, t=두께

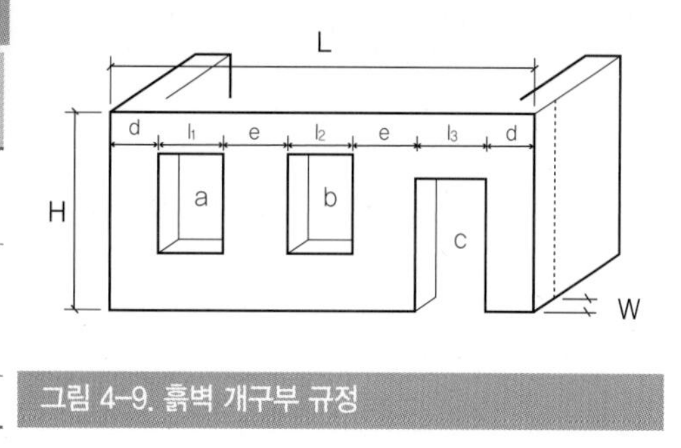

그림 4-9. 흙벽 개구부 규정

- 지진 위험지역의 개구부 면적은 전체 벽면적의 20%를 넘지 않는 것이 좋다.
  (=(a+b+c/H*L)*100%≤20%)
- 개구부 사이의 간격(e)은 최소 벽두께를 가지는 내력벽일 경우 보통 1,000mm 이상인 것이 좋다.
  (=e≥1,000mm)
- 벽두께(w)가 500mm이거나 그 이상일 경우 개구부 사이 간격(e)을 600mm까지 감소시킬 수 있다.

④ 처마[9]

'장화를 신고 모자를 써라'라는 옛 프랑스 속담처럼 흙건축은 우수에 의한 보호대책의 중요한 일환으로 처마와 단 높이를 조절하여 우수 시 벽체 훼손을 최소화하기도 한다.

처마는 여름에 그늘을 제공하고 겨울에는 충분한 햇볕을 건물 안으로 끌어들여 일정한 환경을 유지하는 기능을 담고 있을 뿐만 아니라, 우수로부터 외벽을 보호하기 위한 가장 좋은 방법 중에 하나이다. 처마가 외벽 밖으로 길게 뻗어 나올수록 우수 피해를 최소화할 수 있으나, 격렬한 강풍이 동반될 때에는 바람이 벽을 타고 위로 몰아치기 때문에 처마는 바람에 견딜 수 있어야 한다. 따라서 강수량에 따라 처마를 길게 내더라도 보강장치가 없으면 강풍지역에서는 제약을 받기 때문에, 수평으로 바람과 함께 몰아치는 높은 강수량과 관계하여 처마가 내밀 수 있는 최소한의 길이로 처리해주는 것이 좋다.

일반적으로 처마길이는 각 지역에 따른 환경적 차이(강수량, 바람, 지형 등)로 인해 다르게 나타난다. 흙건축이 주를 이루었던 한국의 전통건축에서는 처마길이가 계절에 따른 태양 고도(29° ~ 76°)와 연관성을 가지면서 기둥 밑(초석 위)부터 30° 안·밖으로 되는 일정한 규칙이 있다는 것을 알 수 있다.[10]

---

9) Dr. Peter Walker MIEAust, CPEng and Standards Australia, The Australian Earth Building Handbook, 2005, p.95.

10) Do-Kyoung Kim, The natural environment control system of korean traditional architecture: Comparison with Korean contemporary architecture, building and environment, 2005.

국내 전통건축의 처마길이[11]와는 달리 국외 흙건축 규정에서는 벽체 높이에 따라 처마길이가 일정한 비례를 가진다. 일반적으로 주변 환경변화를 고려하지 않을 시 처마길이는 최소 400mm로도 가능하며, 일층을 기준으로 벽체 높이의 1/3 정도 내미는 것이 적당하다. 하지만 우수 시 동반되는 바람세기에 따라 차이를 보이기 때문에 구체적인 구분이 필요하다.[12]

표 4-15. 바람에 따른 흙벽 높이와 처마길이 비

바람	벽 높이 : 처마길이
Low	4 : 1
Medium	8 : 3
High	3 : 2
Very High	1 : 1

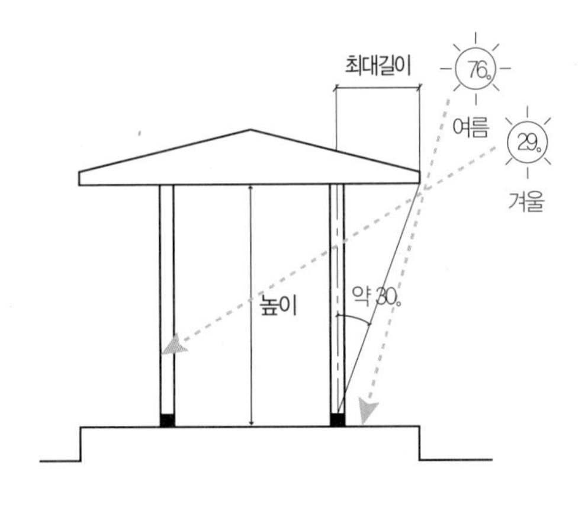

그림 4-10. 처마길이

❺ 단[13]

지표 위로 솟은 기초 부분으로서 돌, 벽돌, 콘크리트 등으로 구성되고 벽을 지면에 직접적으로 닿지 않도록 하여 지면에 떨어진 물 튐과 홍수 등에 벽체를 보호하는 기능을 한다. 상단 폭은 벽체 폭만큼 두껍고, 시각적인 안정화와 벽체 하중분산을 위해 아래로 갈수록 넓어지는 것이 좋다. 높이는 환경조건(물, 동물 등)에 따라 다를 수 있지만 외부에서 봤을 때 성인 무릎 정도(약 45cm)가 적당하다.

• 유지 및 보수[14]

모든 건축물은 일정한 생애를 가지고 있기 때문에 시간이 지날수록 파손되거나 노후화된 부분의 정기적인 유지 및 보수가 필요하다.

11) 국내 전통처마길이는 일층 높이를 3m로 기준했을 때 처마길이는 1.7m 정도이다. 이는 국외규정(1m)과 비교해보면 0.7m 더 돌출된 것으로서, 국내 처마의 기능은 건물보호기능 외에도 동선처리, 증축 및 수장 공간 등으로 활용되었기 때문인 것으로 생각된다.

12) NZS 4299:1998. Incl Amendment#1 1999 Earth Buildings Not Requiring Specific Design. "Provision of Eaves to Protect Earth Walls from External Moisture". Standard New Zealand, Wellington.

13) Lanto Evans, Michael G. Smith, Linda Smiley. The Hand-Sculpted House, 2002, pp.159~161.

14) Dr. Peter Walker MIEAust, CPEng and Standards Australia. The Australian Earth Building Handbook, 2005, pp.85~87.

❶ 유지

일반구조물보다 약한 흙건축과 관련하여서는 많은 관심이 요구되는데, 이는 흙건축 훼손진행이 타 건축물에 비해 빠르기 때문이다. '예방이 치료보다 낫다'라는 옛 격언처럼 정기적인 관찰과 검사는 흙건축을 태풍, 지진 등과 같은 이변에 대응할 수 있게 할 뿐만 아니라 불필요한 수리를 미연에 방지해준다. 이렇듯 유지에 대한 근본적인 목적은 더 악화되기 전에 올바른 대책을 취하는 것으로서 다음과 같은 주요검사 항목이 있다.

표 4-16. 흙건축 유지를 위한 주요 검사항목

구분	검사항목
벽	갈라짐(수축, 과중, 인방, 침하, 온도), 구조적 온전함, 침식, 습기
해충	개미 및 주변 곤충들의 활동, 방충망
개구부	습기 침투, 틀 고정, 개폐여부, 틈 밀봉
배수/설비	누출, 배관 부식, 물튀김막이판
지붕/베란다	구조적 온전함, 이음매
기초	습기, 침하, 침식

❷ 보수

보수 중 가장 주요한 관점은 훼손부분의 재료와 동일하거나 유사한 재료를 사용하는 것이다. 보수재료는 기존재료와 통일성이 있어야 하기 때문에 기존과 똑같은 재료가 없더라도 가능한 유사한 특성(색깔, 입도 등)을 가진 재료를 선택해 사용해야 한다. 따라서 일반건축물에 비해 지속적인 보수가 요구되는 흙건축에서는 시공 완료 후 향후 상황을 위하여 시판이 단절되거나 구하기 힘든 재료들을 별도로 저장해놓은 것이 좋다.

적합하지 못한 재료혼합은 피해를 확대시킬 수 있다. 흙벽 강도 증진 및 안정화를 위해 사용되는 시멘트는 초기에는 접합재 역할을 잘 해내지만, 시간이 지날수록 기존 흙재료와 분리되어 내구성 등에서 문제를 일으킬 수 있으므로 사용 시 적절한 조치가 요구된다. 그러나 석회는 예부터 흙과 같이 사용되어 강도 및 내구성 등에서 상당한 성공을 보여주기 때문에 다양한 보수재료로 적용이 가능하다.

시공과정 중에 유발되는 대부분의 손상은 갈라짐, 늘어짐, 부스러짐, 잔금 등으로 나타난다. 흙다짐에서는 작업 후 거푸집을 떼어내는 과정 중에 표피손상 발생하기 쉬우며, 진흙벽돌은 잔금, 작은 구멍, 표피의 불규칙 넘어 종종 석고가 흘러나오기도 한다. 그리고 사후에는 벽체 노후화로 인한 재료 박멸, 우수로 인한 침식, 바람에 의한 풍화, 주변 식물의 성장 등과 같은 자연적인 문제와 정원의 스프링클러를 벽에 너무 가까이 근접시키는 인위적인 문제 등이 발생되기도 한다.

4.5 요 약

1) 흙의 반응원리는 입자 이론과 결합재 이론으로 대별된다. 입자 이론에 의한 반응은 외부 물질의 투여 없이 흙 자체를 이용하여 흙의 효과를 극대화할 수 있는 장점이 있는 반면 물에 약한 단점이 있다. 결합재 이론에 의한 반응은 점토분과 외부로부터 투입되는 회가 반응하는 이온반응과 포졸란 반응에 의한 응결현상으로서, 흙에 회같은 외부물질이 투여되어야 하는 단점이 있지만 강도가 높고 물에 강한 장점이 있다. 이러한 흙은 최밀충전에 의한 흙과 모래비율을 찾아서 사용하는 것이 가장 중요하다.

2) 흙을 이용하는 방법에는 물리적 안정과 화학적 안정이 있는데, 물리적인 안정이란 입자 이론에 근거하는 방법으로서, 자연상태의 흙에 외부적인 힘을 작용하여 흙의 공학적 물성을 개선하는 방법이다. 다짐이 대표적이다. 다짐(compaction) 타격, 누름, 반죽, 진동 등의 인위적인 방법으로 흙에 에너지를 가하여 흙 입자 간의 공기를 배출시킴으로서 흙의 밀도를 증대시키는 것을 말한다. 화학적인 안정이란 결합재 이론에 근거하는 것으로서, 화학적인 첨가제를 이용하여 흙의 성능을 개선하는 방법이다. 주로 사용하는 첨가제로는 무기계로서 석회, 유기계로서 천연유기물질이 있다.

3) 화학적 안정을 위한 첨가재료는 흙에 물과 함께 섞였을 때 화학적 반응이 발생하는데, 석회나 천연 유기물질은 흙의 기본성질을 해치지 않는데 비하여, 시멘트나 합성수지는 수화반응으로 인한 수화반응물질 생성에 의한 강도발현(Cementation)이나, 수지막 형성에 의한 코팅효과로 강도발현(Imperviousness)이 되어 강도가 높은 장점이 있는 반면, 결합재에 흙이 둘러싸임으로써 흙의 고유 성능을 잃어버리는 점과 시멘트나 합성수지의 문제점이 그대로 노정되는 단점이 있으므로 가능한 사용하지 않는 것이 좋다.

4) 섬유는 흙의 역학적 특성을 개선하기 위한 보강재로 세계적으로 광범위하게 사용되어 왔다. 이러한 섬유는 흙과 혼합하여 사용했을 때 건조수축으로 인해 발생하는 균열을 제어해주며, 흙 혼합물 내부에서 섬유로 인해 발생되는 공극을 통해 수분이 외부로 배수되는 능력을 향상시켜 흙의 건조를 빠르게 한다. 또한 섬유는 부피가 매우 큰 재료로 밀도를 줄여 재료를 가볍게 하고 단열 성능도 향상시키며 인장 강도도 증가시킨다. 가장 대표적으로 사용된 재료는 볏짚이나 밀짚과 같은 식물성 섬유이며 이외에도 동물질 섬유, 광물질 섬유가 있다.

5) 흙을 이용한 재료개발 방안으로서, 흙기초를 이용한 재료개발 및 응용, 벽체의 구성 및 발전방향, 지붕의 구성 및 발전방향, 마감의 구성과 발전방향, 창호의 구성과 발전방향으로 나누어 각각 특색 있게 발전시켜야 할 것으로 생각된다.

6) 흙을 이용하기 위해서는 규정이 필요한데 흙건축에 관한 규정은 우리나라에는 없는 상태이며 미국, 독일, 호주, 뉴질랜드 등 외국에 있는 규정을 준용하고 있는 실정이다. 흙건축에 관한 규정은 미국을 위시하여, 독일 흙건축 기준(Earth Construction Standards), 호주 흙건축 핸드북(HB195-2002 Australian Earth Building Handbook), 뉴질랜드 건물규정(New Zealand, The Building Regulation, 1992), 뉴질랜드 건축부 빌딩코드 검토(Department of Building and Housing, Building for the 21st Century, Review of the Building Code) 등이 있으며, 이외에도 여러 나라의 규정이 그 나라에 맞게 다양하게 규정되어 있다.

5장

흙의 시험

5장

흙의 시험

5.1 개 요

흙의 시험방법은 작업현장에서 간략하게 사용될 흙의 특성을 살펴보는 방법이 있고, 실험실에서 흙을 정밀하게 분석하는 방법이 있다. 현장에서 많이 사용되는 것은 ACT 16이며 낙하테스트, 시가테스트, 침전테스트 등이 있다. 이 외에도 눈 코 입 손을 이용한 방법이 있는데, 이러한 방법들은 특별한 도구나 장비없이 간단하게 흙의 특성을 알아볼 수 장점이 있다.

실험실에서 흙을 분석하는 방법에는 입도분석, 다짐 시험, 단위용적 중량, 비중, 유기물 함량 분석, 함수율 분석 등의 방법과 SEM, 화학성분분석 등 정밀분석방법 등이 있다.

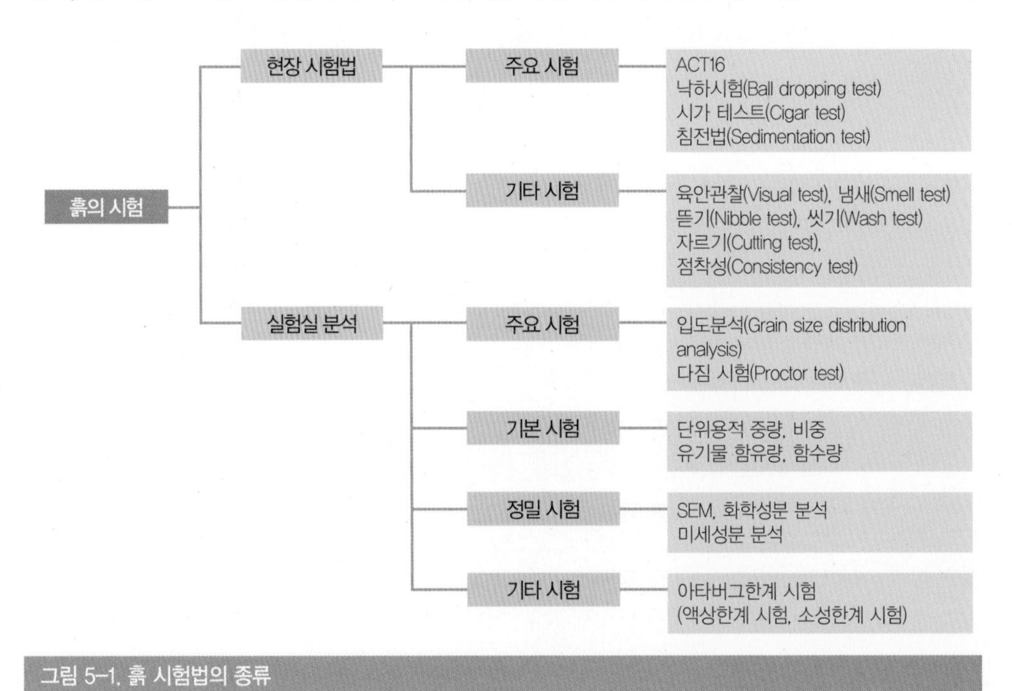

그림 5-1. 흙 시험법의 종류

5.2 현장 시험법

흙을 이용해 집을 짓기 위해 가장 먼저 해야 할 일은 사용할 공법에 맞는 흙을 찾고 분석하는 일이다. 건축재료로서 흙은 나뭇잎, 나뭇가지, 풀 등의 유기물이 섞여 있는 표토를 사용하여서는 안 되며 유기물이 없는 표토 밑의 심토를 사용하여야 한다. 또한 흙이 강하고 내구성 있는 재료로 재결합 되기 위해서는 점토, 실트, 모래, 자갈 등의 서로 다른 입자들이 적절히 잘 섞여 있어야 한다.

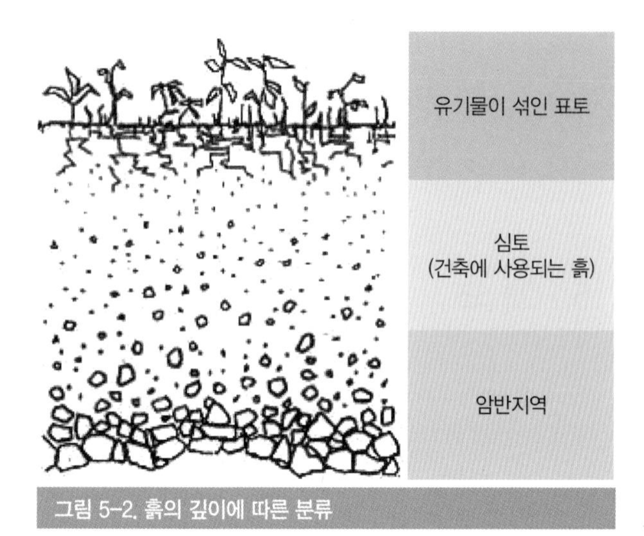

그림 5-2. 흙의 깊이에 따른 분류

현장테스트는 정확하지는 않으나 현장에서 비교적 짧은 시간에 흙의 기초적인 특성을 파악하고 건축 재료로 적용 가능 여부를 개략적으로 평가할 수 있다. 이 방법들은 매우 신속하고 편리하게 기본적인 흙의 성질과 입도를 확인해볼 수 있다. 가장 효과적인 방법은 실험실에서의 테스트를 비교해 오차를 줄여가면서 현장테스트의 감각을 충분히 눈과 손으로 익혀 놓는 것이다.

5.2.1 현장에서의 주요 시험

• 낙하 테스트(Ball dropping test)

낙하 테스트는 건축 재료로 사용되는 흙의 최적 수분 함유량과 흙의 기본적인 성질을 알기 위한 시험으로서 다음과 같이 실행한다.

우선 주먹 안에 단단하게 압축시킨 한움큼의 흙을 준비한다. 흙을 지름 4cm 크기의 볼 형태로 만들어 높이 1.5m 높이에서 단단하고 평평한 바닥 위로 그것을 떨어뜨린다. 이 볼이 바닥에 떨어진 후 약간 납작해지고 거의 균열이 발생하지 않았다면 이것은 점토가 많이 함유되어 있고 높은 점착력을 가지고 있다는 것이다. 보통 이런 흙은 건축 재료로 사용하기 위해서는 적정량의 모래를 첨가해주어야 한다. 반대로 볼이 바닥에 떨어진 후 부서져 흩어졌다면 이것은 점

그림 5-3. 낙하테스트 모습

토가 매우 적게 함유되어 있는 것이고 건축 재료로 사용하기에 충분한 점착력을 가지고 있지 않다는 것이다. 또한 볼을 떨어뜨렸을 때 약간 부스러질 경우 이 흙은 상대적으로 부족한 점착력을 가지고 있으나 다짐벽이나 벽돌 등의 건축재료로는 사용할 수 있다.

또한 이 시험을 통해 흙의 최적 수분량을 얻을 수 있는 데 흙을 지름 4cm 크기의 볼 형태로 만들어 높이 1.5m 높이에서 단단하고 평평한 바닥 위로 그것을 떨어뜨렸을 때 흙 덩어리가 4~5 덩어리로 부서지면 수분의 양은 적당한 것이고 덩어리가 분해되지 않고 납작해지면 수분의 양이 너무 많은 것이다. 그리고 덩어리가 작은 조각으로 산산히 부서지면, 그 흙은 너무 건조한 상태로 수분이 더 필요한 것이다.

• 시가 테스트(cigar test)

일명 오이 테스트라고도 하며 흙의 성질을 좌우하는 입도와 함수율을 같이 측정할 수 있는 방법으로서 간단하지만 나름대로 신뢰성있는 분석방법이다.

흙을 반죽하여 시가모양으로 지름 3~4cm, 길이 15cm 정도로 만든 후 탁자 위에 놓고 밀어서 탁자 아래로 흙이 부러지는 길이를 측정한다. 이때 부러지는 길이가 지름의 약 2배 정도인 7-8cm 정도가 되면 입도와 함수율이 적당한 것이다. 이는 재료시험에서 공시체의 크기를 규정할 때, 지름:길이의 비를 1:2로 하는 것과 상통한다. 만약 끊어지는 시료 길이가 너무 길면 점토 함유량이 많고 높은 점착력을 가지고 있는 것이고, 시료 길이가 짧게 끊어지면 점토의 함유량이 적은 것이다.

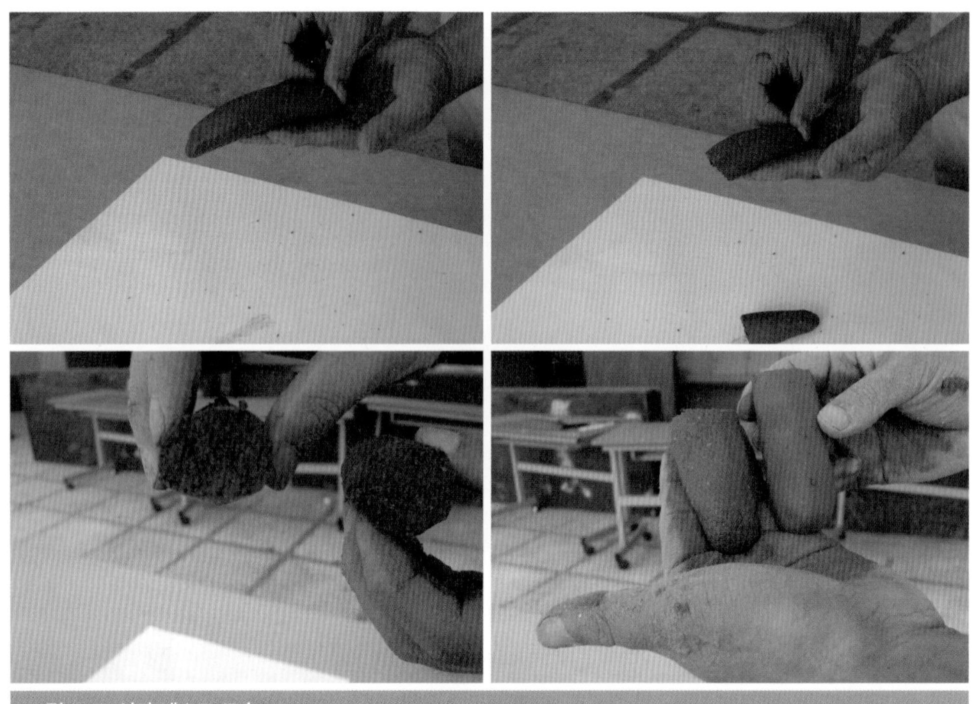

그림 5-4. 시가 테스트 모습

• 침전법(Sedimentation test)

현장에서 입도분포를 구하는 방식으로서 유리병을 이용하여 흙의 대략적인 입도분포를 파악할 수 있다. 우선 유리병을 3등분하여 눈금을 표시한 후 1/3 지점까지 마른 흙을 채우고 2/3 지점까지 물을 채우고 약간의 소금을 넣어서 유리병의 뚜껑을 덮은 다음 흙과 물이 충분히 섞일 수 있도록 강하게 흔든다.

흙이 병에 가라앉아 물이 깨끗해 질 때까지 1시간 동안 놓아둔 다음 다시 강하게 흔들어서 1분이 지나면 자갈이나 모래가 가라앉게 되고 30분이 지나면 실트가, 24시간이 지나면 점토분이 가라앉게 된다.

가장 큰 입자는 병의 가장 아래 부분에 가장 미세한 입자는 병의 윗 부분에 놓이게 될 것이고 이렇게 구분된 층으로부터 흙 입자의 구성비를 알 수 있다. 실제 입자 비율과 침전법에 의해 분류된 입자 비율을 비교 분석해본 결과 많은 오차가 발생할 수 있지만, 흙 속에 포함된 입자들의 개략적인 분포를 간편하게 알아볼 수 있는 장점이 있다.

공법	함수량	방법	적용	
흙다짐	5~15%	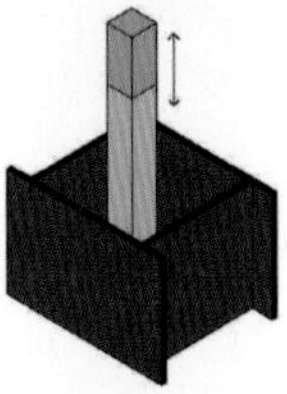	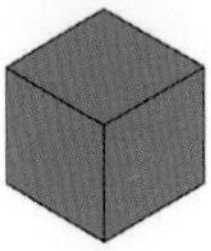	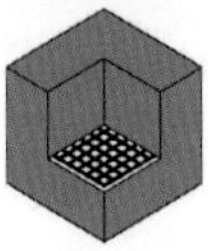
	습윤상태		최밀충전 흙	보강재 사용
흙쌓기	10~20%	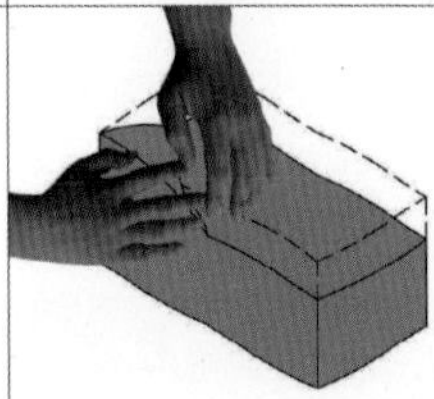	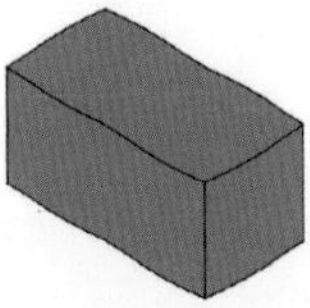	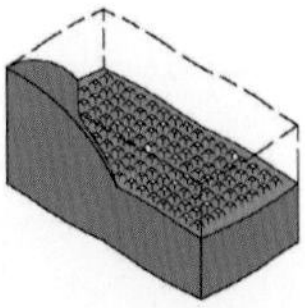
	소성상태		최밀충전 흙	계란판 사용
흙벽돌	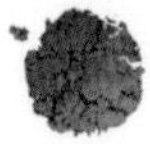 15~20%	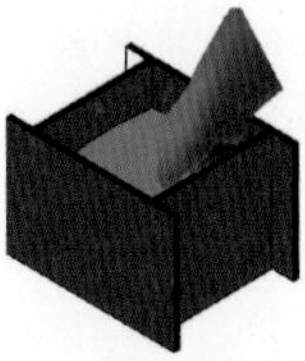	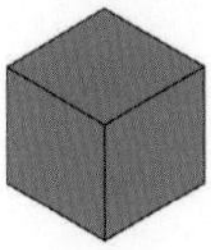	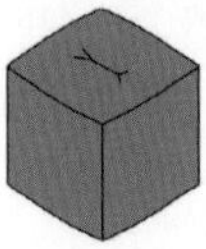
	소성상태		최밀충전 흙	양파망 첨가
흙미장	 25~35%	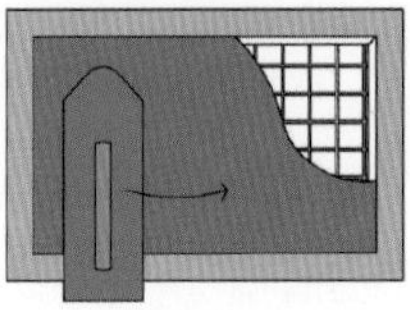		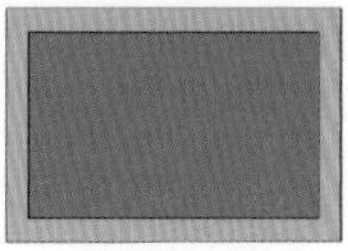
	액상상태		고운 흙	최밀충전 흙
흙타설	35% 이상	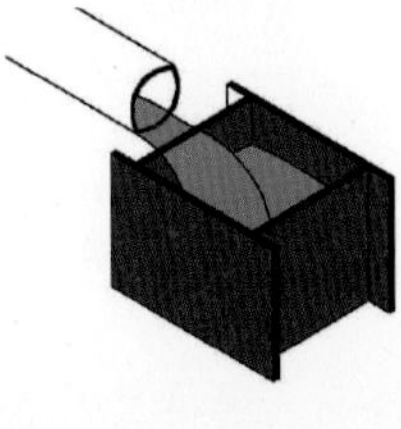	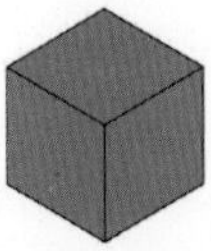	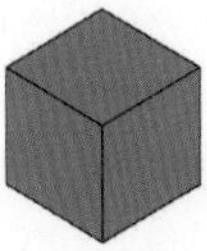
	액상상태		최밀충전 흙	석회 첨가

그림 5-5. ACT 16

• ACT 16

이러한 현장에서의 주요 시험법을 아우르는 가장 중요한 시험법은 ACT 16이며, 흙건축연구실(Architecture Community of Terra) 16기생들이 주축이 되어 만들어져서 ACT 16이라 불린다. 흙의 배합과 물의 양, 공법과의 관계를 총체적으로 파악할 수 있어서 흙건축 시험법의 표준이라고도 불린다.

5.2.2 현장에서의 기타 시험

• 육안관찰(test)

건조된 흙을 눈으로 관찰하는 방법으로서 굵은 입자의 성분비를 알아볼 수 있는 방법이다. 우선 모래 성분과 그보다 가는 입자들이 차지하는 양을 확인한다. 우선 구별하기 쉬운 자갈을 따로 분류하고(이는 다른 모든 현장 시험에도 적용된다.) 눈으로 확인할 수 있는 최소크기인 0.074mm까지 대략적인 성분비를 본다. 이때 색깔이나 입자들의 모양 등도 파악해둔다.

• 냄새(Smell test)

흙의 냄새를 맡아서 유기물이나 미생물의 존재를 파악하는 것이다. 채취한 지 얼마 안 된 흙은 보통 향기롭지만 만약 거기에 유기물이나 부식토가 함유되어 있다면 케케묵은 냄새가 나며, 만약 곰팡이나 미생물 냄새가 나면 흙은 유기물을 포함하고 있어 건축에는 적합지 않는 흙이다. 흙을 가열해서 시험해보면 냄새를 보다 명확하게 맡아볼 수 있다. 유기물은 흙과 섞여 부착되지 못하며 나중에는 건축물의 흙에서 부식되어 흙덩어리를 떨어지게 한다.

• 뜯기(Nibble test)

가는 입자의 성분비를 알아보는 것으로서 흙을 가볍게 물어 뜯어서 입안에 넣고 치아로 조심스레 갈아본다. 이때 치아 사이에 알갱이가 느껴지며 치아사이에서 분쇄가 되면서 소리와 함께 불쾌한 기분을 주면 모래성분이 많은 흙이다. 치아 사이에 가루가 느껴지면서 치아에 가볍게 갈려나가는 느낌이 들고 크게 거북스런 느낌을 주지 않으면 실트성분이 많은 흙이다. 점토성분이 많은 흙은 끈적거리며 부드럽고 고운 가루 느낌을 준다. 그리고 각기 흙을 덩어리로 만들어 건조시켰을 때 혀를 대어보면 모래질은 혀가 들러붙지 않으나 점토질은 혀가 덩어리 표면에 붙는다. 시험을 위해 입안에 흙을 넣을 때는 흙에 여러 가지 다른 성분이 포함되어 있을 수 있으므로 항상 위생에 주의해야 한다.

• 씻기(Wash test)

수분이 있는 흙을 손으로 문지른다. 만약 흙 알갱이가 분명히 느껴진다면 그것은 모래나 골재가 있는 흙이고 반면에 흙에 점착력은 있으나 손에서 마른 후 문질러 깨끗이 할 수 있다면 그것은 실트질이다. 또한 흙에 점착력이 있고 손을 깨끗이 하는 데 물이 필요 하다면 그것은 점토질이다.

흙을 손으로 한줌 떠서 흐르는 물에 천천히 세척을 해본다. 흙이 모래질이 많을 경우는 흙은 쉽게 씻겨나간다. 만약 흙이 가루분말 상태로 변하면서 쉽게 씻겨나가면 흙은 실트성분이 많다는 것이고 흙이 비누처럼 손에 감겨 붙고 잘 씻겨나가지 않으면 점토성분임을 말해준다.

• 자르기(Cutting test)

실트와 점토를 구분해보는 것으로서 손에 붙지 않을 정도의 물을 섞거나, 물기가 있는 흙을 볼 형태로 만들어 칼로 자른다. 만약 잘려진 면이 매끄럽고 반들거리는 광택이 나면, 점토를 많이 함유하고 있는 것이다. 반대로 잘려진 면이 무디고 반들거리지 않으면 실트가 많이 함유된 흙이다. 또한 칼을 가운데에 잘라 넣었다 다시 빼내 본다. 만약 칼날이 자르기도 다시 빼기도 힘들면 점토가 상당히 많은 것이고, 쉽게 빠져나오고 그 절단선도 그대로 형태를 유지하면 점토성분이 많지 않음을 말해준다.

• 점착성 테스트(Consistency test)

흙으로 지름 2~3cm 볼을 만든 후, 이 볼을 지름 3mm의 가느다란 실 형태가 될 때까지 문질러 늘어지게 한다. 만약 지름 3mm가 되기 이전에 끊어지거나 균열이 발생한다면 지름 3mm가 될 때까지 실 형태가 끊어지지 않을 만큼 흙에 약간의 수분을 첨가한다. 그리고 이것을 볼 형태로 만든다. 만약 이런 형태로 만드는 게 불가능하다면 모래 함유량이 높고 점토 함유량이 너무 낮은 것이다.

그리고 건조된 볼을 엄지와 검지 사이에 놓고 많은 힘을 주었을 때 부서진다면 점토의 함유

점토질 흙(clay한 흙)

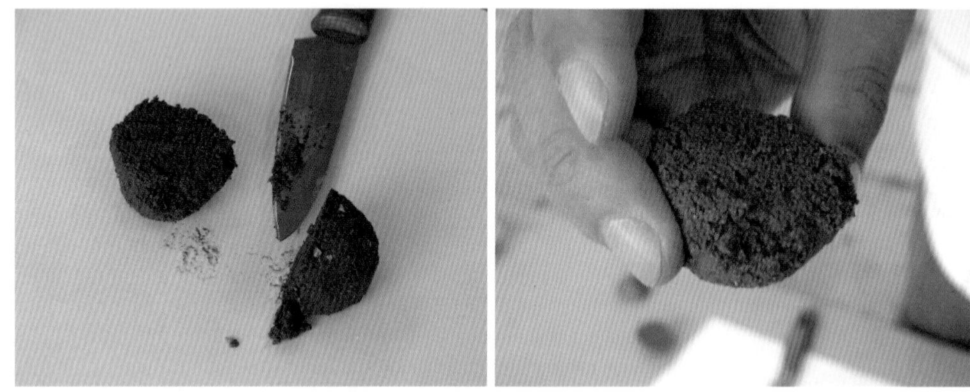

사질 흙(sandy한 흙)

그림 5-6. 자르기에 따른 흙의 성질

량이 높은 것이고 볼이 매우 쉽게 부서진다면 점토가 적게 함유되어 있는 것이다.

또한 흙을 반죽하여 지름 5cm 두께 1cm의 전병모양으로 만들어 건조시켜 놓는다. 완전히 건조되면 엄지와 검지 손가락을 이용하여 부러뜨려 본다. 이 시험은 여러 가지 흙을 동시에 해보아 서로 비교해가며 하는 것이 좋다. 아울러 손톱으로 표면을 긁어보아 표면 마모 정도를 파악하여 흙이 모래성분인지, 점토성분이 많은지 파악해볼 수 있다.

5.3 실험실 분석

5.3.1 실험실 분석의 주요 시험

• 입도 분석

흙을 건축 재료로 사용하는 구조물에서는 흙의 공학적인 성질을 파악하는 데 흙입자의 크기와 그 입도분포가 대단히 중요한 자료로 사용된다. 따라서 흙의 입도분포를 결정하는 것은 모든 흙시험의 기초로 되어 있다. 흙의 기본적인 성질을 결정짓는 가장 중요한 요소로서 모래, 실트, 점토의 성분비를 측정하여 적합한 흙의 입도를 조성하기 위한 시험으로서, 일정한 공간에 연속입도를 가진 입자들이 가장 밀하게 충전되었을 때 강도와 유동성이 가장 커지며, 건조수축에 의한 균열이 가장 작아진다는 최밀충전효과(Optimum Micro-filler Effect)를 이용하기 위한 분석이다. 흙입자의 입경별 함유율 분포를 입도라 하며 이 분포 상태는 전체 흙 중량에 대한 입경별 중량 백분율로 나타낸다. 입도시험은 유기질이 다량 함유된 고유기질토 이외의 흙을 대상으로 한다.

흙의 입도분포는 입경이 아주 미세한 것으로부터 비교적 조립에 이르기까지 분포하게 되므로 입경 0.074mm 이상의 흙입자 입도분포는 체가름분석을 이용하고, 이보다 작은 입경의 흙은 침강분석(비중계법)이나 거름종이법을 이용한다. 즉, 조립토인 자갈과 모래(0.074mm)까지는 체가름법으로 분석하고, 세립토인 실트와 점토분은 침강법이나 거름종이법으로 성분비를 측정할 수 있다. 입도분석기가 설치되어 있다면 입도분석기를 이용하여 입도를 측정한다. 이 방법은 정확하고 소요되는 시간도 아주 짧아서 가장 간편하게 흙입자의 구성비를 측정할 수 있으나 입도분석기가 없는 곳에서는 사용할 수 없다는 단점이 있다.

표 5-1. 흙입자의 입경에 따른 시험법

5mm	0.074mm	0.002mm	0.001mm			
조립토		세립토			유기질토	
자갈	모래	실트	점토분	콜로이드	이탄	기타의 유기질토
체가름법		거름종이법 침강법(비중계법)			물리시험 및 화학시험	
입도분석기법						

❶ 체가름법

체가름법은 규격화된 체(20, 10, 5, 2.5, 1.2, 0.6, 0.3, 0.15, 0.074mm)를 이용하여 전체량에 체에 걸리는 량을 측정하여 성분비를 분류한다. 실트(0.074mm) 이상의 입자들을 분석하는 데 이용되며, 실험은 KS F 2302를 준용한다. 시험에 사용되는 흙의 양은 가장 큰 입자의 최대 지름에 따라 정해지는데 통상 1000g을 사용하며 다음과 같은 식에 의해 정한다.

D : 가장 큰 입자의 최대 지름(mm)

P : 실험해야 할 흙의 질량(g)

$$200D < P < 500D$$

먼저 흙을 원뿔모양으로 모은 다음 위를 두드려 납작하게 만든다. 그리고 이를 네 등분하여 대각선 방향의 두 흙을 버리고 남은 흙으로 다시 이 작업을 반복한다. 이를 4분법이라 하며, 모든 시험에서 흙을 담을 때 사용한다. 실험에 쓰일 양만큼이 남으면 이를 110℃의 건조기 속에 넣어 완전히 말린다. 이 완전히 건조된 흙을 실험에 필요한 만큼 측정하여 준비한다.

그림 5-7. 체가름법

준비된 흙을 가장 큰 지름의 거름체부터 이용하여 걸러낸다. 이때 각 단계마다 물로 잘 세척하여 실트나 점토질이 큰 입자에 남지 않도록 한다. 사용하는 물은 상수도나 증류수를 사용하며 약간의 소금을 넣어서 사용하면 점토분을 효과적으로 분리할 수 있다. 세척하고 난 물은 다시 잘 모아서 다음 체를 세척할 때 이용한다. 즉 점토입자가 물에 흘려 유실되지 않게 조심한다. 걸러진 각 단계별 입자들은 건조하여 무게를 측정하여 표에 기입한다. 통과백분율을 구하여 입도분포곡선에 그린다. 입도 분포곡선은 체가름으로 할 수 있는 0.074mm까지만 그릴수가 있으며, 0.074mm 이후의 남은 흙은 그대로 거름종이법으로 나머지 입자들의 성분비를 구하거나 다시 건조기에 넣어 건조시켜서 침강법을 이용하여 나머지 입자들의 성분비를 측정하도록 한다.

② 거름종이법

거름종이법은 싸이펀 간이 침전법을 개량한 방법으로서 점토분(0.002mm)을 거름종이로 걸러서 실트(0.074mm)의 양을 측정하여 각각의 성분비를 구하는 것이다.

싸이펀 간이 침전법은 체가름 분석을 통하여 얻어진 0.074mm 체를 통과한 입자들(실트와 점토분)을 건조시킨 시료 100g에 물 200g을 섞어 30분 동안 방치한 후에 싸이펀 방식으로 상부의 물과 점토분을 퍼내고 아래에 가라앉은 실트를 건조시켜 측정하는 방법인데, 30분 정도에 실트가 침강하고 24시간 후에 점토분이 침강하는 원리를 이용한 것이다. 이 방법은 침강법에 비해 측정이 간단한 장점이 있는 반면, 시료를 건조 시킨 후 사용해야 하기 때문에 측정에 시간이 많이 걸리고 물과 점토분을 퍼낼 때 오차가 발생하는 단점이 있다.

그림 5-8. 거름종이법

거름종이법은 체가름 분석을 통하여 얻어진 0.074mm 체를 통과한 입자들(실트와 점토분)을 건조시키지 않고 그대로 용기에 담은 후, 0.002mm짜리 거름종이를 장착한 내림봉을 눌러서 물과 점토분을 걸러내고 남은 실트를 건조시켜 측정하는 방법이다. 건조시료를 준비하는 시간이 필요없기 때문에 측정시간이 짧고 물과 점토분이 거름종이를 통과하여 걸러지기 때문에 측정오차가 적은 방법이다.

③ 침강법

침강법은 체가름법으로 분석할 수 없는 작은 입자들을 분석하는 데 이용된다. 이 방법은 0.074mm 이하의 성분들이 시간에 따라 침전속도가 다른 원리를 이용하는 것으로서 각각의 침전속도 차를 이용하여 성분비를 측정한다. 이 방법으로 0.0015mm(1.5㎛)까지의 입자들을 분류할 수 있다. 그 이하의 입자들은, 즉 점토성분들은 이 방법으로는 미세입자들 사이에 발생하는 소용돌이 현상과 솜털모양으로 엉켜서 침전하는 현상 때문에 측정이 불가능하다.

침강법으로 측정하는 방법은 먼저 0.074mm 거름체를 통과한 흙은 젖은 상태이므로 이 흙을 말려서, 건조된 흙 20g을 채취하여, 15cm^{3}의 엉킴지연제와 125cm^{3}의 물을 메스실린더(1000mℓ)에 넣어 잘 섞어준 다음 12~15시간 둔다. 엉킴지연제는 25g의 헥사메타포소디움과 물 475g을 섞어서 만들며, 제조한 날짜를 용기표면에 적어두어 1달 이상 사용하지 않도록 한다. 또 다른 매스실린더에 같은 방식으로 25g의 엉킴지연제와 물 475g을 섞어 놓는다. 12 ~ 15시간이 지난 후 두 메스실린더에 물을 1ℓ까지 채운다.

배합봉으로 3분간 잘 섞어준 뒤 두 매스실린더의 온도가 같아질 때까지 둔 다음, 실험을 시작하는 시각을 기록한 후, 다시 3분 동안 잘 저어준다. 측정 45초 전에 토양밀도계를 담가 흔들림을 방지한 후 지시된 시각에 양쪽의 밀도를 측정하여 기록한다. 양식에 따라 각 크기의 입자별로 분포된 %를 계산하여 그래프에 기입한 후 자연스런 곡선을 이어 입도분석 그래프를 완성한다.

예제 흙 1,000g의 입도를 구하라.

풀이 **먼저 체가름법을 이용하여 0.074mm 이상 입자들(모래, 자갈)의 비율을 구한다.**

규격체 5, 2.5, 1.2, 0.6, 0.3, 0.15, 0.074mm로 걸러서 각 체에 남는 양이 각각 0, 100, 90, 150, 110, 140, 160g이었다고 하면 다음 순서에 의하여 잔류량, 잔류율, 누적잔류율, 통과율을 각각 구한다.

① 각 체에 남는 양(잔류량)을 구한다. 각체에 남는 양이 각각 0, 100, 90, 150, 110, 140, 160g이었다.

② 잔류율을 구한다. 잔류율은 시료 전체 무게에 대한 각체에 남은 양(잔류량)의 백분율이다. 예를 들어 1.2mm 체에 남은 양은 90g이고, 시료는 1000g이므로, 1.2mm 체의 잔류율은 9%가 된다. 이런 방볍으로 각체에 대한 잔류율을 구한다.

③ 누적잔류율을 구한다. 누적 잔류율은 각 체의 잔류율을 계속 더해나간 수치이다. 예를 들어 1.2mm 체의 누적 잔류율은 5mm 체의 0%, 2.5mm 체의 10%, 1.2mm 체의 9%를 더하여 19%가 된다. 누적잔류율은 각 크기별 입자비율이 된다. 즉, 이 흙의 경우 1.2mm 이상의 입자가 19%가 있다는 의미가 된다. 이러한 누적 잔류율이 구해지면 입자비율이 다 구해진 것이다. 입도분포 그래프에 누적 잔류율을 표시하여 연결하면 입도분포표가 완성된다.

④ 통과율을 구한다. 사실상 누적 잔류율이 구해지면 입자비율이 정해지는데 입도분포표는 통과율을 기준으로 작성되는 경우가 많으므로 통과율을 구한다. 통과율은 누적잔류율의 상대개념이므로 100%에서 누적잔류율을 뺀 값이 통과율이 된다. 예를 들어 1.2mm 체의 경우 누적잔류율이 19%이므로 통과율은 100-19=8로서 81%가 되는데, 이것은 1.2mm 이상의 입자는 19%이고 1.2mm 이하의 입자는 81%가 된다는 의미이다.

표 5-2. 입도분포 예

체규격(mm)	① 잔류량(g)	② 잔류율(%)	③ 누적잔류율(%)	④ 통과율(%)
5	0	0	0	100
2.5	100	10	10	90
1.2	90	9	19	81
0.6	150	15	34	66
0.3	110	11	45	55
0.15	140	14	59	41
0.074	160	16	75	25
pan	250			

그다음 거름종이법을 이용하여 0.074mm 이하 입자들(점토분, 실트)의 비율을 구한다.

규격체 0.074mm를 통과하여 바닥팬에 남은 양이 250g이므로, 점토분과 실트가 250g이라는 의미가 된다. 이것을 용기에 담은 후, 0.002mm짜리 거름종이를 장착한 내림봉을 눌러서 물과 점토분을 걸러내고 남은 실트를 건조시켜 측정한다. 실트의 양이 140g이라면 점토는 110g이 된다. 따라서

0.002mm 체의 통과율은 11%가 된다. 이러한 수치는 거름종이법이 아니면 침강법을 이용하여 구할 수도 있다. (입도분석기에는 이러한 복잡한 절차없이 곧바로 수치가 표현되므로 간단하다.)

이상의 결과를 얻었으면 입도분포표에 그려넣어 사용용도에 적합한 흙인지 판단하고, 적합하면 그대로 사용하고, 적합하지 않다면 다른 흙을 섞거나 모래 등을 섞어서 입도분포에 적합하도록 하여서 사용한다. 만일 흙다짐을 위한 것이라고 하면, 흙다짐 입도분포에 실험수치를 그려 넣으면, 다음과 같다. 점선으로 표시된 허용 입도분초 범위 안에 있으므로 실험에 사용된 이 흙은 흙다짐에 적합한 좋은 입도를 가진 흙이라고 할 수 있다.

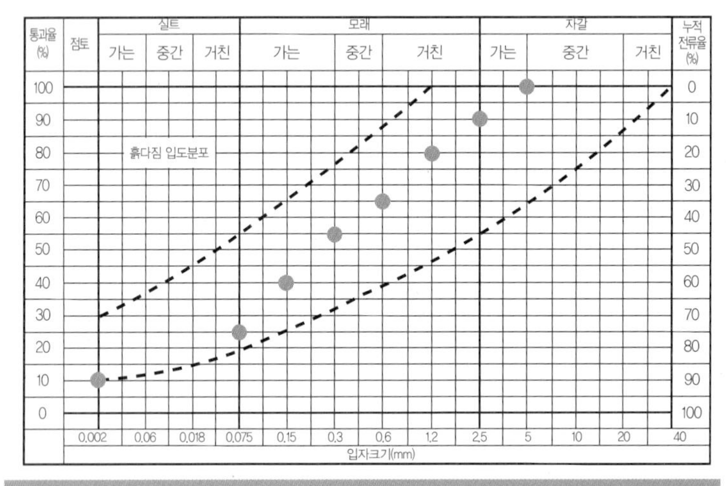

그림 5-9. 실험결과를 흙다짐 입도분포표에 그려 넣은 모습

• 다짐 시험(Proctor test)

다짐 시험의 목적은 함수비를 변화시키면서 일정량의 다짐에너지를 흙에 가함으로써 흙의 건조단위체적중량과 함수비 사이의 관계를 구하고, 흙의 최적함수비와 최대건조단위중량을 구하는 데 있다. 이 시험방법은 KS F 2312에 의해 표 5-3과 같은 5종으로 규정되어 있으며, 시험 목적과 시료의 최대입경 등에 따라 시험의 종류를 선택하게 된다.

시험방법은 먼저 건조기에 넣어 말린 5mm 거름체를 통과한 건조된 흙을 각각 2.5kg씩 준비하여 5%, 7%, 9%, 11%, 13% 등의 함수율로 만들어 잘 섞어준다. proctor 틀을 이용하여 표준방법으로 공시체를 만들고, 공시체는 건조기에 넣어 수분이 완전히 마를 때까지 둔다. 완전히 건조된 공시체의 무게를 측정하여 표준 그래프 상에 그리고, 여러 점들을 이어서 완만한 곡선

표 5-3. 다짐 시험방법

다짐방법	래머무게(kgf)	몰드안지름(cm)	다짐층수	1층당 다짐횟수	허용최대 입자지름(mm)
A	2.5	10	3	25	19
B	2.5	15	3	55	37.5
C	4.5	10	5	25	19
D	4.5	15	5	55	19
E	4.5	15	3	92	37.5

을 만들고, 이를 이용하여 최적함수비를 구한다.

그림 5-11에는 흙의 함수비를 변화시키면서 일정한 다짐에너지를 가한 경우, 흙의 건조단위체적중량과 함수비의 관계 예를 나타내었다. 이러한 곡선을 다짐곡선이라 하고, 다짐곡선의 최정점에 해당하는 건조단위체적중량을 최대건조단위중량, 이때의 함수비를 최적함수비라고 한다.

물이 적어 점토입자가 건조상태가 되면 입자 간 이온작용에 의한 전기력이 적어 입자간극이 커지게 되며, 전체적인 부피가 커져 밀도가 저하된다. 또한 물이 많아지게 되어 완전습윤상태가 되면, 잉여수가 발생하게 되어 입자 간 간극이 커지고, 전체적인 부피가 커져서 밀도가 저하된다. 또한 이 잉여수가 흙의 공극속을 차지하고 있다가 증발하면서 빈공극이 발생하고, 이곳에서부터 건조수축에 의한 균열이 발생하게 된다. 흙이 최대의 압축강도를 내기 위해서는 단위면적을 차지하고 있는 점토 입자들에 물이 완전히 흡수되어 내부포화 표면 건조상태가 될 때, 입자 간의 이온작용에 의한 전기력이 최대가 되고, 입자들 간의 간격이 좁혀지면서 입자

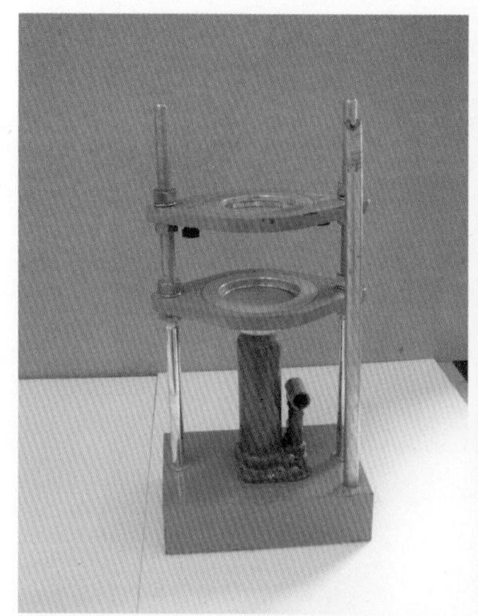
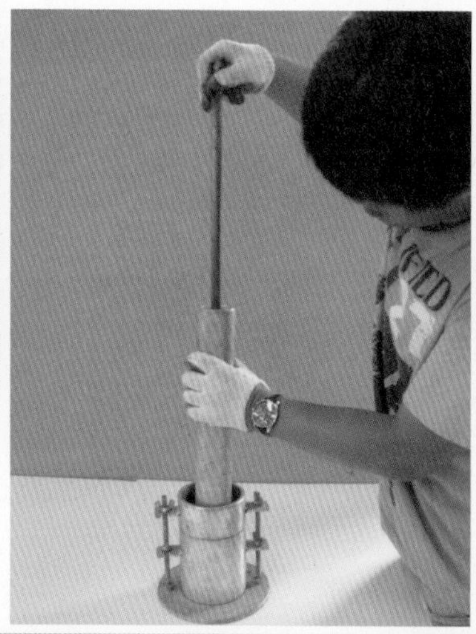

그림 5-10. 프록터 다짐 시험

예제 흙다짐에 사용될 흙이 있다. 이 흙의 적정 함수비를 구하라.

풀이

① 흙을 완전히 건조시킨다. 흙을 건조시키려면 건조로 안에 넣어서 항량이 될 때까지 건조시킨다. 건조로가 없는 현장이라면, 프라이팬이나 기타 용기에 넣어서 볶듯이 건조시킨다.

그림 5-11. 프록터 그래프에 표시한 예

② 건조된 흙에 물을 섞어서 프록터 시험기로 부피가 일정하게 시료를 만든다. 여기서는 물을 흙에 5, 7, 9, 11, 13, 15, 17%를 섞기로 한다.

③ 만들어진 시료를 완전히 건조시켜 무게를 잰다. 가장 무거울 때의 함수비가 적정 함수비이다. 물이 너무 적으면 흙과 결합할 물이 적은 것이고, 너무 많으면 부피가 커지게 되고 건조하면서 증발되어버리기 때문이다. 측정결과, 첨가수 비율이 5%일 때 건조시료 무게가 2.51kg 7%일 때 2.70kg 9%일 때 2.89kg, 11%일 때 2.99kg, 13%일 때 2.66kg, 17%일 때 2.52kg로 나타났다면 프록터 그래프를 그려서 최적함수비를 찾는다.

④ 본 실험의 결과 이 실험에 사용된 흙의 적정함수비는 11%가 된다.

예제 물결합재비가 40%이고, 공기량이 3%, 잔골재율이 45%이며 단위수량이 170kg/m³인 콘크리트의 배합설계를 실시하시오. (단, 흙결합재의 비중은 3.1이며 잔골재의 비중은 2.6, 굵은 골재의 비중은 2.7)

풀이 **먼저 배합표를 그려 각 조건을 표기한다.**

W/B 물결합재비 (%)	공기량 (%)	잔골재율 (%)	단위수량 (kg/m³)	절대용적(l/m³)			중량(kg/m³)		
				흙 결합재	잔골재	굵은 골재	흙 결합재	잔골재	굵은 골재
40	3	45	170						

둘째, 흙결합재비와 단위수량을 고려하여 흙결합재량을 구한다. 흙결합재비가 40%이므로 W/B=0.4이고, 단위수량이 170이므로 W=170이다. 따라서 170/B=0.4이므로 흙결합재량인 B=425이다.

W/B 물결합재비 (%)	공기량 (%)	잔골재율 (%)	단위수량 (kg/m³)	절대용적(l/m³)			중량(kg/m³)		
				흙 결합재	잔골재	굵은 골재	흙 결합재	잔골재	굵은 골재
40	3	45	170				**425**		

흙결합재의 용적을 구한다. 흙결합재량이 425이고 흙결합재의 비중이 3.1이므로, 중량=비중×용적의 관계에서 425=3.1×용적, 따라서 용적은 137.1이다.

W/B 물결합재비 (%)	공기량 (%)	잔골재율 (%)	단위수량 (kg/m³)	절대용적(l/m³)			중량(kg/m³)		
				흙 결합재	잔골재	굵은 골재	흙 결합재	잔골재	굵은 골재
40	3	45	170	**137.1**			425		

골재의 양을 구한다. 콘크리트 1m³(1000l)를 만드는 것이고, 공기량이 3%이므로 공기의 용적은 30l이다. 따라서 공기를 뺀 콘크리트 용적은 970l가 되며, 콘크리트를 구성하는 물, 결합재, 골재의 합이 970l가 된다. 물의 용적이 170l, 흙결합재의 용적이 137.1l이므로 골재의 용적은 662.9l가 된다.

전체 골재에서 잔골재가 차지하는 용적비율인 잔골재율이 45%이므로 0.45=잔골재 용적/662.9로 계산하여 잔골재의 용적은 298.3l가 된다. 전체 골재=잔골재+굵은골재 이므로, 662.9=298.3+굵은골재로 계산하여 굵은골재의 용적은 364.6l가 된다.

W/B 물결합재비 (%)	공기량 (%)	잔골재율 (%)	단위 수량 (kg/m³)	절대용적(l/m³)			중량(kg/m³)		
				흙 결합재	잔골재	굵은 골재	흙 결합재	잔골재	굵은 골재
40	3	45	170	137.1	**298.3**	**364.6**	425		

각 골재의 용적에 비중을 곱하여, 각 골재의 중량을 구하여, 배합표를 완성한다. 잔골재 중량=298.3×2.6, 굵은골재 중량=364.6×2.7로 계산하면, 잔골재의 중량은 775.6kg, 굵은골재의 중량은 984.4kg이 된다.

W/B 물결합재비 (%)	공기량 (%)	잔골재율 (%)	단위 수량 (kg/m³)	절대용적(l/m³)			중량(kg/m³)		
				흙 결합재	잔골재	굵은 골재	흙 결합재	잔골재	굵은 골재
40	3	45	170	137.1	298.3	364.6	425	**775.6**	**985.4**

이러한 배합표가 만들어지면 물, 결합재, 잔골재, 굵은골재의 중량을 재어서 비빔을 하여 공시체를 만드는데 실험에 필요한 각각의 배합에 대하여 이러한 방식으로 배합설계를 하여 실험을 하면 된다.

간 인력이 최대가 되면서 결합이 가장 강력하게 될 때이다. 이때의 함수율을 최적함수비라고 하며, 이것 또한 최밀충전효과(Optimum Micro-filler Effect)와 연관되어 있다. 흙의 강도를 결정 짓는 중요한 요소이다.

• 배합설계

적당한 조작에 의하여 용이하게 다룰 수 있는 범위 내에서 가장 적은 배합수량으로 비벼서 강도나 기타 소요 제 성질을 발휘할 수 있도록 몰탈이나 콘크리트를 만들 수 있도록 하는 것이 배합설계이며, 고강도 흙결합재(흙으로 만든 시멘트)를 이용하여 고강도 몰탈이나 콘크리트를 만들 때에는 표준시방서에 따라 기존의 시멘트 몰탈이나 콘크리트배합에 준하여 실험한다.

콘크리트의 중요한 성질 가운데 강도, 수밀성, 내구성, 마모에 대한 저항성 등은 주로 배합에 의해 좌우되고 건조수축은 단위수량에, 온도변화에 의한 체적변화는 단위결합재량에, 내화성은 굵은 골재에, 다지기의 방법과 정도는 골재의 비중에 의해 주로 결정된다.

① 고강도 흙결합재에 의한 몰탈

몰탈의 배합은 중량배합에 의한다. 결합재와 모래의 중량 비율을 기준으로 배합을 결정한다. 흙결합재 : 모래 = 1 : 1, 1 : 2, 1 : 3 등으로 정하여 필요한 실험을 수행한다.

② 고강도 흙결합재에 의한 콘크리트

콘크리트의 배합은 용적배합과 중량배합을 혼용하여 사용한다. 절대용적배합은 $1m^3$의 콘크리트 제조에 소요되는 각 재료량을 그 재료가 공극이 전혀없는 상태로 계산한 절대용적(l)으로 배합을 표시하는 것이다. 이 방법은 콘크리트 배합이 기본이 되어 중요시되고 있다. 중량배합은 $1m^3$의 콘크리트를 제조하는 데 소요되는 각 재료량을 중량(kg)으로 표시한 배합인데, 절대용적배합에서 구한 절대용적에 비중을 곱하면 된다. 이 배합은 정밀한 배합을 하기에 편리한 방법으로 실험실 배합 및 레미콘 생산 배합은 이 배합으로 이루어진다.

5.3.2 실험실 분석의 기본 시험

• 단위용적 중량 시험

단위용적 중량 시험은 단위용적당 중량을 재는 시험으로 시료의 공극 정도를 알아보기 위한 시험이다. 시험방법은 1000mℓ 플라스크 시험관에 시험재료를 500mℓ만큼 채워 넣어 각각의 시료의 무게를 측정하는데 단위용적 중량이 높을수록 공극이 적으며, 다양한 크기의 입자들이 존재하고있다는 것을 의미한다. 토양학에서는 Veimeyer와 Hendrickson의 연구결과에서 단위용적 중량(용적 밀도)이 $1.9g/cm^3$ 이상에서는 어떠한 식물의 뿌리도 신장될 수 없다고 하였고, 다른 연구자들의 연구에서 용적 밀도가 $1.5-1.7g/cm^3$ 범위가 되면 뿌리의 신장이 제한된다고 보고한 바 있다.

• 비중 시험

비중은 주어진 재료의 단위중량에 대한 물의 단위중량의 비율로 정의된다. 흙입자의 비중은 흙덩어리의 골격을 이루고 있는 흙 입자군의 평균적인 비중을 말한다. 흙입자의 비중은 흙의 기본적인 성질인 공극비와 포화도를 아는 데 필요할 뿐 아니라 흙의 견고한 정도나 유기질토의 유기물 함유량을 구하는 데 이용되며 이를 위해서 흙의 비중 시험을 하는 것이다.

흙의 비중은 흙의 무게를 같은 체적의 물(증류수)의 무게로 나눈 값이 되며 시험방법은 한국산업규격 KS F2308에서 규정하고 있다.

· 유기물 함유량 시험

흙의 유기물 함유량은 건조토를 고온의 열을 가하여 얻은 감소 무게를 건조토에 대한 백분율로 나타낸 것이다. 유기물 함유량이 많은 흙의 강열감량은 대부분 유기물량으로 생각해도 좋다. 유기물이 많은 흙은 건축재료로 사용할 때, 곰팡이가 생기거나 흙벽에서 나무뿌리나 풀씨가 자라서 벽을 갈라지게 할 수도 있으므로, 유기물이 많은 흙은 사용치 않는 것이 좋다. 가열온도는 통상 강열인 700~800℃로 하는데, 화합수·결정수가 많은 점토광물 등은 10~20% 정도의 강열감량을 나타내는 것이 보통이다. 따라서 흙의 유기물을 알아보고자 할 때에는 화합수·결정수가 빠지지 않는 온도인 400~500℃ 정도로 하는 것이 좋다.

시험방법은 채취한 흙시료를 110℃의 건조로에 건조시켜 2.5mm 체에 거른 후, 500g의 시료를 다시 채취하고 무게를 잰 다음, 전기로에서 450℃로 8시간 가열 후 무게를 측정한다. 건조토의 무게와 가열후 무게 차이의 비가 유기물 함유량이 된다. 통상 우리나라 밭 토양의 평균 유기물 함유량은 2~3% 정도이다. 흙에 함유되어 있는 유기물의 양(유기물 함유량)은 건조토의 무게와 가열 후 무게 차이의 비(%)로 나타낸다. 유기물 함유량은 건조토의 중량을 Wd, 가열된 흙의 중량을 W_c라고 하면, 유기물 함유량은 다음과 같다.

$$\text{유기물 함유량} = \frac{W_d - W_c}{Wd} \times 100\ [\%]$$

· 흙의 함수량 시험

일반적으로 흙지반은 흙입자, 물 그리고 공기로 이루어져 있으며 물의 양에 따라서 흙지반의 공학적 성질이 크게 달라진다. 따라서 흙의 함수량은 지반의 공학적 판단에 중요한 근거가 되고 모든 흙시험의 기본이 된다. 자연상태의 흙은 함수량의 차이에 따라서 공학적 성질이 크게 다르기 때문에, 흙의 함수비를 파악하는 것은 흙구조물의 설계와 시공조건의 결정 시 필요하다. 또한 흙의 상태를 나타내는 제량 중에서 흙의 함수비는 가장 기본이 되는 값이다.

이 시험방법은 KS F 2306에 규정되어 있으며, 흙에 함유되어 있는 물의 양(함수량)은 함수비 ω(%)로 나타낸다. 흙의 함수비 ω는 110℃의 건조로에서 제거된 흙 중의 수분중량 W_W의 건조된 흙의 중량 W_S에 대한 백분율로 표시되며, 다음 식으로 나타낼 수 있다.

$$\omega = \frac{W_w}{W_S} \times 100\ [\%]$$

5.3.3 실험실 분석의 정밀 시험

· SEM(Scanning Electron Microscope)

흙의 결정입자들을 확인하기 위해 주사형 전자현미경을 사용하여 사진을 촬영하는 시험이다. 건조된 흙을 0.1mm 이하로 체로 걸러 주사전자현미경(Scanning Electron Microscope)을 사용하여 흙의 결정입자를 촬영한다.

· 화학 성분분석

토양의 화학적 특성을 알아보기 위한 시험이다. 건조토를 0.1mm 이하로 체로 거른 시료를 화학분석법에 의한 방법으로 시험한다. 일반적으로 흙은 유기물, SiO_2, Al_2O_3, Fe_2O_3, CaO, MgO, Na_2O, K_2O 등 8개의 주요 광물로 구성되어 있다.

SiO_2는 일반지하수나 지표수에 의해 잘 용탈되지 않는 성분일 뿐만 아니라 대부분의 암석에 가장 많이 포함되어 있는 성분 중의 하나이다. Al_2O_3는 SiO_2보다 더 일반 지하수나 지표수에 의해 잘 용탈 되지 않는 성분일 뿐만 아니라 규소 다음으로 암석에 많이 포함되어 있으며 토양에 집적되는 성분이며, Fe_2O_3도 Al_2O_3와 마찬가지로 토양에 집적 되는 경향이 있다. CaO는 용탈성 성분으로 풍화가 많이 진전될수록 지하수에 의해 용탈되어 토양에 집적되는 경우가 적은 성분이다. MgO도 CaO와 마찬가지로 용탈성 성분이며 Na_2O와 K_2O는 알칼리 금속 성분으로 용탈이 용이하다.

· 미세성분 함유량 시험

토양의 미세성분을 분석하여 게르마늄 등 유익성분을 분석하기 위한 시험으로서 미세성분 분석기 EDEAX 등으로 분석한다.

5.3.4 실험실 분석의 기타 시험

아터버그한계 시험이 대표적이며 이 시험방법은 KS F 2303(액성한계 시험), 2304(소성한계 시험)에 각각 규정되어 있다. 이 시험은 흙의 컨시스턴시 중 액성한계 및 소성한계를 구하기 위하여 행한다. 점토나 점토입자를 다량 함유한 세립토의 경우 함수량에 따라서 액상, 소성상, 반고체상, 고체상의 상태로 각각 변화하게 되는데, 각각의 상태의 경계가 되는 함수비를 각각 액성한계 ωL , 소성한계 ωP 및 수축한계 ωS라 하고, 이들 3개의 한계함수비를 총칭하여 콘시스턴시한계(Consistency limits)라 한다.

이 시험결과는 세립토의 분류, 판별, 점성토의 역학적 성질을 추정하는 데 이용된다. 또한 흙의 성토나 노상재료로서 적합성 등을 판단하는 자료로 활용된다.

5.4 요 약

1) 흙의 시험방법은 작업현장에서 간략하게 사용될 흙의 특성을 살펴보는 방법이 있고, 실험실에서 흙을 정밀하게 분석하는 방법이 있다.

2) 현장에서 사용하는 방법 중 많이 사용되는 것은 ACT 16, 낙하테스트, 시가테스트 등이 있고, 이외에도 눈 코 입 손을 이용한 방법이 있는데, 이러한 방법들은 특별한 도구나 장비없이 간단하게 흙의 특성을 알아볼 수 장점이 있다.

3) 낙하 테스트는 흙을 지름 4cm 크기의 볼 형태로 만들어 1.5m 높이에서 단단하고 평평한 바닥 위로 떨어뜨려 건축 재료로 사용되는 흙의 최적 수분 함유량과 흙의 기본적인 성질을 알기 위한 시험이다.

4) 시가 테스트는 흙을 반죽하여 시가모양으로 지름 3~4cm, 길이 15cm 정도로 만든 후, 탁자 위에 놓고 밀어서 탁자 아래로 흙이 부러지는 길이를 측정하여 흙의 성질을 좌우하는 입도와 함수율을 같이 측정할 수 있는 방법으로서, 간단하지만 나름대로 신뢰성 있는 분석방법이다.

5) 이러한 현장에서의 주요 시험법을 아우르는 가장 중요한 시험법은 ACT 16이며 흙의 배합과 물의 양, 공법과의 관계를 총체적으로 파악할 수 있어서 흙건축 시험법의 표준이라고도 불린다.

6) 실험실에서 흙을 분석하는 방법에는 입도분석, 다짐 시험, 배합설계, 단위용적 중량, 비중, 유기물 함량분석, 함수율 분석 등의 방법과 SEM, 화학성분분석 등 정밀분석방법 등이 있다.

7) 입도 분석은 모든 흙시험의 기초로서 흙의 기본적인 성질을 결정짓는 가장 중요한 요소로서 모래, 실트, 점토의 성분비를 측정하여 적합한 흙의 입도를 조성하기 위한 시험이다. 입경 0.074mm 이상의 흙입자 입도분포는 체가름분석을 이용하고, 이보다 작은 입경의 흙은 침강분석(비중계법)이나 거름종이법을 이용한다.

8) 다짐 시험은 함수비를 변화시키면서 일정량의 다짐에너지를 흙에 가함으로써 흙의 건조단위체적중량과 함수비 사이의 관계를 구하고, 흙의 최적함수비와 최대건조단위중량을 구하는 것으로서, KS F 2312에 의해 규정되어 있으며 시험목적과 시료의 최대입경 등에 따라 시험의 종류를 선택하게 된다.

9) 배합설계는 적당한 조작에 의하여 용이하게 다룰 수 있는 범위 내에서 가장 적은 배합수량으로 비벼서 강도나 기타 소요 제 성질을 발휘할 수 있도록 몰탈이나 콘크리트를 만들 수 있도록 하는 것이며, 고강도 흙결합재(흙으로 만든 시멘트)를 이용하여 고강도 몰탈이나 콘크리트를 만들 때에는 표준시방서에 따라, 기존의 시멘트 몰탈이나 콘크리트배합에 준하여 실험한다.

10) 이 외에 실험실 분석의 기본 시험으로는 단위용적 중량 시험, 비중 시험, 유기물 함유량 시험, 흙의 함수량 시험이 있으며, 실험실 분석의 정밀 시험으로는 SEM(Scanning Electron Microscope), 화학 성분분석, 미세성분 함유량 시험과 기타실험으로서 아터버그한계 시험 등이 있다.

제3부

흙건축의 공법

흙건축의 공법은 사용재료별로 분류하는 방법, 구조내력에 따라 분류하는 방법, 역사적 전개에 따라 분류하는 방법, 구축방법에 따라 분류하는 방법이 있다. 사용재료에 따라 재래식(저강도식)과 고강도식으로 나뉘고, 구조내력에 따라 내력벽식, 비내력벽식으로 나누며, 역사적 전개에 따라 흙쌓기, 흙벽돌, 흙다짐, 흙타설 그리고 흙미장으로 변화되어 왔고, 구축방법에 따라 개체식, 일체식, 보완식으로 나뉘는데, 현재 가장 일반적으로 통용되는 것은 구축방법에 따라 분류하는 것이다.

제3부에서는 흙건축의 공법을 구축방법에 따라 개체식, 일체식, 보완식으로 나누어 설명한다. 개체식은 흙을 일정한 크기의 단위개체로 만들어 쌓는 방식이고, 일체식은 벽체를 일체로 만드는 방식이며, 보완식은 다른 벽체나 틀에 바르거나 붙이는 방식이다. 각 방식의 대표격인 흙쌓기, 흙벽돌, 흙다짐, 흙타설, 흙미장을 흙건축 5대 공법이라고 한다. 이러한 공법들은 흙건축 공법의 가장 기본적인 것이며, 이를 응용한 여러 가지 공법이 나올 수 있으며, 단독으로 쓰이거나 혹은 두 가지 이상 병용 사용하여, 여러 가지 다양한 공법으로 재구성될 수 있다. 이러한 흙건축 공법을 정리하면 다음 표 1과 같으며, 이 중에서 가장 많이 사용하는 공법으로 다시 정리하면 표 2와 같다.

표 1. 흙건축 공법의 분류

구분	분류	공법
흙건축 공법	Block (개체식)	Tamped block
		Pressed block
		Cut block
		Sod
		Extrude earth
		Machine moulded adobe
		Hand moulded adobe
		Hand shaped adobe
		Tubes
		Bags
		Tires
		Boxes
	Monolithic (일체식)	Dug-out
		Poured earth
		Stacked earth
		Direct shaping
		Rammed earth
	Supplement (보완식)	Earth-sheltered space
		Fill-in
		Straw clay
		Cob
		Daub
		Plaster
		Panel
		Paint

표 2. 주요 흙건축 공법의 분류

* 진하게 표시한 것이 흙건축 5대 공법임

6장

개체식

6장

개체식

개체식은 작은 덩어리들을 차곡차곡 쌓는 방법으로서 흙덩어리를 만들어 손으로 쌓는 흙쌓기 공법(cob, bauge), 흙벽돌을 만들어 쌓는 흙벽돌 공법(adobe)이 있다. 이 방식은 특별한 기술을 요하지 않고 누구나 만들어 쓸 수 있는 장점이 있다.

6.1 흙쌓기 공법(cob, bauge)

흙쌓기 공법은 최밀충전된 흙에 물을 넣어 반죽한 후 손으로 흙을 호박돌만한 크기로 만들어서 차곡차곡 쌓는 방법이다. 이렇게 쌓아서 벽체를 만들고 나서 표면을 다듬어서 벽체를 완성한다. 그림 6-1은 이러한 개념을 나타낸 것이다.

그림 6-1. 흙쌓기 공법의 개념

그림 6-2. 흙쌓기 공법으로 집짓는 모습
여러 사람의 참여가 가능한 장점이 있다.

그림 6-3. 흙쌓기를 한 후 표면처리를 하고 있는 모습

흙에다 짚을 섞기도 하고 그냥 할 수도 있다. 물의 양은 포수상태와 소성상태 정도로 한다. 흙을 반죽하여 바로 쌓는 것으로서 아래쪽의 흙이 완전히 마르지 않은 상태에서 위쪽을 많이 쌓게 되면, 아래쪽의 흙이 주저앉게 되므로 하루 작업높이는 60cm 정도로 한다. 아래쪽의 흙이 완전히 마른 후에 다시 위쪽을 쌓아나간다. 쌓을 때 흙덩어리와 덩어리 사이에 철망이나 철사 등으로 보강해주어도 좋다. 쌓는 흙의 형태는 동글동글하게 하여 쌓을 수도 있고, 약간 펑퍼짐하게 하여 쌓을 수도 있다. 흙을 다 쌓은 후에 쌓은 흙을 그대로 두어 표면을 올록볼록하게 할 수도 있고, 표면에 흙을 덧대거나 문질러 반듯한 표면으로 할 수도 있어 다양한 표면 연출이 가능하다. 이 공법을 응용한 것에는 흙자루(earth bag) 공법, 계란판(EP) 공법, 보강흙쌓기 공법 등이 있다.

그림 6-4. 흙쌓기 공법으로 지어진 건물

표 6-1. 흙쌓기 공법의 순서

1. 흙 비비기

2. 알매흙 만들기

3. 알매흙 준비

4. 알매흙 쌓기(부분)

5. 알매흙 쌓기(전체)

6. 완성된 벽면(다양한 표면연출 가능)

표 6-2. 알매흙 실습 관련 사진

1. 알매흙 만들기

2. 병을 이용한 알매흙

3. 알매흙 만들기

4. 알매흙 쌓기

5. 알매흙 쌓기

6. 마무리

• 흙자루 공법(earth bag)

흙자루 공법은 자루에다 흙을 넣어서 쌓는 것이며, 흙부대 공법이라고도 한다. 이때 자루는 다양한 형태와 크기가 가능하며, 이로 인해 다양한 형태의 연출이 가능한 장점이 있다. 자루가 기본 형태를 잡아주므로 안에 넣는 흙은 배합이 까다롭지 않으며, 물의 양은 포수상태와 소성상태 정도로 한다. 또한 벽돌처럼 말리는 시간이 필요하지 않고, 흙쌓기처럼 하루에 쌓는 높이의 제한이 상대적으로 적어서 외국에서는 긴급구호 주택에도 많이 사용된다.

그림 6-5. 흙자루 공법이 적용된 건물. 독일 하노버 발도르프 유치원

흙자루를 쌓을 때에는 자루와 자루사이에 철조망을 넣어 위아래를 연결하거나, 철사로 엮어줄 수도 있으며, 끈으로 아래 위를 엇갈리게 엮어서 잡아줄 수도 있다. 또한 기초에서부터 앵커를 연결하거나 철근을 세워서 지지할 수도 있다.

그림 6-6. 흙자루 공법이 적용된 건물. 독일 카셀대학 민케 교수댁

표 6-3. 흙자루 실습 관련 사진-1

1. 흙재료 준비

2. 흙자루 만들기

3. 흙자루 쌓기(진행)

4. 흙자루 쌓기(완성)

5. 표면 문지르기

6. 거친 표면(미장으로 고운표면 가능)

• 계란판(EP) 공법

흙쌓기 공법을 응용한 공법으로서 흙쌓기 공법의 경우 하루에 너무 높게 쌓게 되면 하단부가 마르지 않아서 벌어지는 등의 문제점이 생기게 되는데, 계란판 공법은 계란판을 사용하여 이러한 단점을 극복한 것이다.

시중에서 쉽게 구할 수 있는 계란판(30개 들이)을 이용하며, 계란판의 굴곡이 상하 흙을 교착시켜서 튼튼하며, 종이재질사이로 흙의 결합성분이 스며들어 상하 흙이 일체화되는 개념이다.

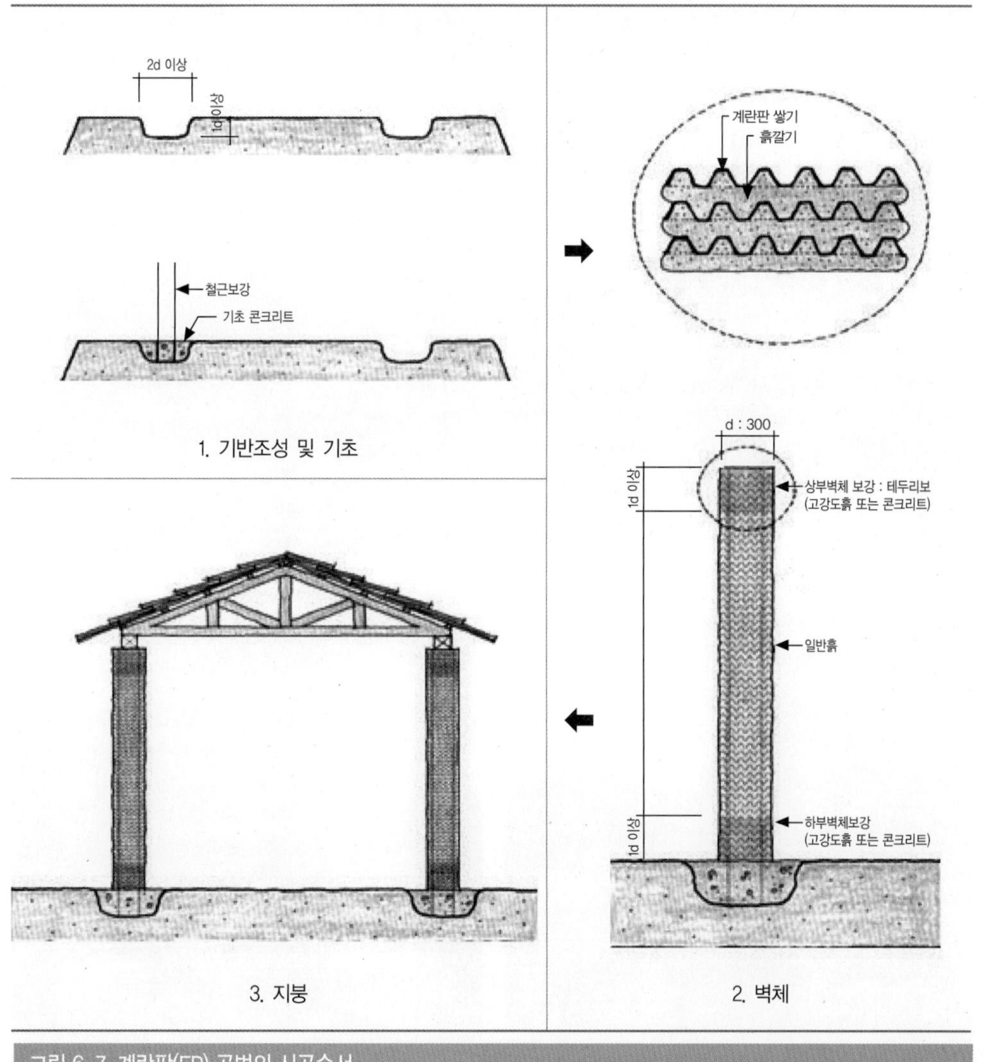

그림 6-7. 계란판(EP) 공법의 시공순서

표 6-4. 계란판(EP) 공법 관련 사진

1. 흙비비기

2. 계란판 깔기

3. 흙 채워 깔기

4. 계란판 깔기(반복)

5. 소요높이까지 계란판-흙깔기 반복작업

6. 미장으로 마무리하기

• 메주(MJ) 공법

메주 공법은 흙쌓기 공법의 응용으로서 메주와 같은 일정한 크기(300×150×90mm)를 가진 흙을 쌓는 공법이다. 흙을 틀 안에 넣고 벽돌을 제작한 후, 말리지 않고 직접 벽체를 만드는 것이다. 시공 방법이 벽돌 조적 방식과 흡사하며, 거푸집을 사용하지 않기 때문에 일반인들도 쉽게 시공이 가능하다.

흙의 상태는 소성상태 정도로 하고 메주 흙을 쌓은 후 표면을 문지르면 마감면을 쉽게 정리할 수 있다. 하루 쌓기 높이는 1.2~1.5m 정도로 하며, 강도 및 건조시간을 고려하여, 석회 등을 혼합할 수 있다. 양생 후에 마감 미장을 진행하여 마무리한다.

표 6-5. 메주 공법 실습 관련 사진

1. 틀에 자루를 깔고 흙넣기

2. 틀빼기

3. 메주 흙쌓기

4. 표면 문질러 마감하기

• 기타

이 외에도 흙쌓기 공법을 응용보완하는 방법으로는 보강 흙쌓기 공법인 BB 공법과 BF 공법이 있다. BB 공법은 흙쌓기를 할 때 흙 가운데에 대나무나 나뭇가지 같은 보강재를 깔면서 쌓는 방법이다. 아래층과 위층 사이에 접착력을 높여주고, 벌어지는 것을 적게 해주어, 만리장성 등 예전부터 많이 쓰였던 공법이며 현재에도 많이 쓰이고 있다.

BF 공법은 흙쌓기를 할 때 외부측에 먼저 대나무 같은 보강재를 먼저 세우고 그 가운데에 흙을 채워넣는 방법이다. 이 흙이 마르면서 구조를 담당해주므로, 외부측에 세웠던 대나무는 장식의 역할을 하거나 썩어 없어지면 그 자리가 패여 독특한 문양이 된다.

표 6-6. 보강 흙쌓기 공법 실습 관련 사진

1. BB 공법 : 대나무 깔기

2. BB 공법 : 대나무 위에 흙쌓기

3. BF 공법 : 대나무틀 세우기

4. BF 공법 : 흙채운 후 모습

6.2 흙벽돌 공법(adobe)

흙벽돌 공법(adobe)은 흙을 일정한 크기의 벽돌로 만들어서 사용하는 공법이다. 흙벽돌은 그 제조방법에 따라서 자름벽돌, 물벽돌, 다짐벽돌, 고압벽돌, 고강도 벽돌로 나뉜다. 벽돌을 만들 때 흙의 배합은 흙벽돌 입도분포를 따른다. 물벽돌, 다짐벽돌, 고압벽돌 순으로 강도가 크며, 모두 물에는 약하므로 물에 대한 대책을 세운 후 사용하여야 한다. 고강도 벽돌은 강도가 크고 물에 강하므로 제한 없이 사용할 수 있다.

① **자름벽돌**은 단단한 땅바닥을 바로 잘라 떼내어 벽돌로 바로 사용하는 것이며, 토질이 견고한 지역에서 사용하는데 미국, 영국, 지중해, 멕시코, 아프리카 등지에서 종종 사용된다.

② **물벽돌**은 흙에다 짚을 섞은 후 물을 넉넉히 넣어 반죽한 다음에 나무틀에다 던져서 처넣은 후 나무틀을 빼고, 말려서 벽돌로 사용한다. 물벽돌은 물이 많아서 말릴 때 모양이 이그러질 우려가 있으므로 하루에 한 번씩 벽돌을 돌려 세워서 말린다. 물의 양은 소성상태와 액상상태 정도로 한다.

③ **다짐벽돌**은 흙에다 짚을 섞은 후 물을 성형가능한 범위에서 최대한 작게 넣어 반죽한 다음에 나무틀에 공이로 다지면서 채워 넣은 후 나무틀을 빼고 말려서 사용한다. 물의 양은 포수상태와 소성상태 정도로 한다.

④ **고압벽돌**은 기계를 이용하여 흙을 고압으로 성형하여 만든 것이다. 물의 양은 포수상태 정도로 한다.

⑤ **고강도 벽돌**은 고강도 흙재료를 성형기에 넣어서 진동고압으로 찍어낸 것이다. 구운벽돌과 비슷한 정도의 강도가 발현되며 물에 강하여 외부용으로도 쓰일 수 있다. 물의 양은 포수상태 정도로 한다.

그림 6-8. 흙벽돌 공법의 개념

그림 6-9. 자름벽돌, Burkina Faso.
(사진제공 CRATrre)

그림 6-10. 자름벽돌, Burkina Faso.
(사진제공 CRATerre)

그림 6-11. 물벽돌 제작

그림 6-12. 다짐벽돌 제작(소형)

그림 6-13. 다짐벽돌 제작(대형)

그림 6-14. 수동 기계를 이용한 고압벽돌

그림 6-15. 진동고압 방식의 고강도 흙벽돌

그림 6-16. 고강도 벽돌의 다양한 크기와 색상
흙을 굽지 않기 때문에 다양한 색상표현이 가능하다.

표 6-7. 흙벽돌 제작 순서

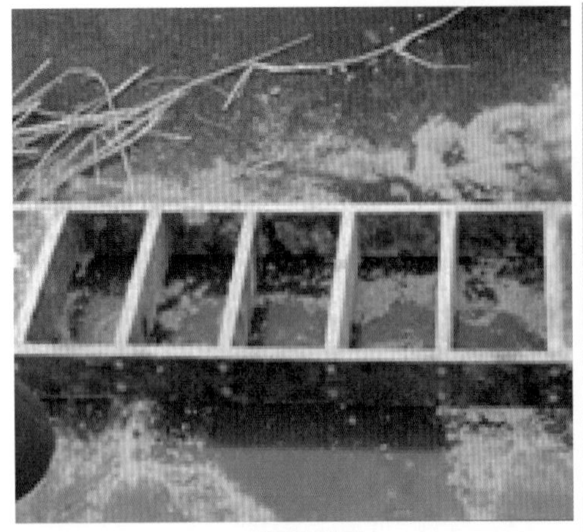

1. 벽돌틀 설치

2. 바닥에 모래를 깔고 흙 채우기

3. 흙 채우기

4. 상면 정리

5. 벽돌틀 빼기

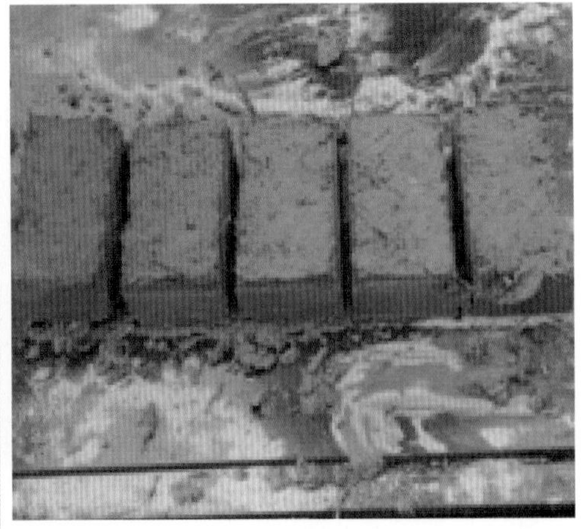

6. 완성

표 6-8. 재래 흙벽돌 실습 사진-1

1. 흙재료 준비

2. 흙벽돌 제작

3. 흙벽돌 건조

4. 흙벽돌 건조

5. 흙벽돌 건조

6. 흙벽돌 건조

표 6-9. 재래 흙벽돌 실습 사진-2

1. 흙벽돌 쌓기

2. 흙벽돌 쌓기

3. 흙벽돌 쌓기

4. 흙벽돌 쌓기

5. 흙벽돌 쌓기

6. 흙벽돌 쌓기

표 6-10. 재래 흙벽돌 실습 사진-3

1. 흙벽돌 누비안 쌓기

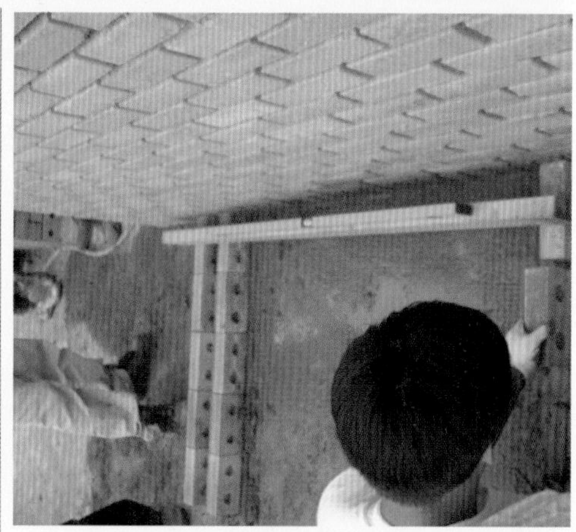

2. 흙벽돌 누비안 쌓기

3. 흙벽돌 누비안 쌓기

4. 흙벽돌 누비안 쌓기

5. 흙벽돌 누비안 쌓기

6. 흙벽돌 누비안 쌓기

표 6-11. 재래 흙벽돌 실습 사진-4

1. 흙벽돌 누비안 쌓기

2. 흙벽돌 누비안 쌓기

3. 흙벽돌 누비안 쌓기

4. 흙벽돌 누비안 쌓기

5. 흙벽돌 누비안 쌓기

6. 흙벽돌 누비안 쌓기

그림 6-17. 흙벽돌로 지어진 사우디아라비아 전시센터

그림 6-18. 흙벽돌로 지어진 다층건물, 프랑스 일다보

그림 6-19. 흙벽돌로 지어진 건물,
Maison D'havitation Dans le Sud-ouest

그림 6-20. 흙벽돌로 연출된 공간
다양한 기법으로 다양한 공간이 창출된다.

그림 6-21. 고강도 흙벽돌이 적용된 서울 반포 빌라

그림 6-22. 고강도 흙벽돌이 적용된 건물. 가평 P골프장 클럽하우스

그림 6-23. 고강도 흙벽돌이 적용된 전북 김제 지평선 중학교

그림 6-24. 고강도 흙벽돌로 지어진 일산주택

그림 6-25. 고강도 흙벽돌이 적용된 목포 어린이집

그림 6-26. 고강도 흙벽돌로 만들어진 국립중앙박물관 외부보도

그림 6-27. 잔디와 어우러진 고강도 흙벽돌. 경기 가평

그림 6-28. 횡단보도에 적용된 고강도 벽돌. 차량이 다닐 수 있을 만큼 강도가 높다.

그림 6-29. 하천호 안에 적용된 고강도 흙블럭(식재 전). 서울 중랑천

그림 6-30. 하천호안에 적용된 고강도 흙블럭(식재 후). 서울 중랑천

6.3 요 약

• 공법개요

개체식은 작은 덩어리들을 차곡차곡 쌓는 방법으로서 흙쌓기 방식(cob, bauge)과 흙벽돌 방식(adobe)이 있으며, 특별한 기술을 요하지 않고 누구나 만들어 쓸 수 있는 장점이 있다.

• 흙쌓기 공법

흙쌓기 공법(cob, bauge)은 흙을 호박돌만 한 크기로 손으로 만들어서 차곡차곡 쌓아 만드는 방법이다. 흙에다 짚을 섞기도 하고 그냥 할 수도 있으며 하루 작업높이는 60cm 정도로 한다. 흙을 다 쌓은 후에 쌓은 흙을 그대로 두어 표면을 올록볼록하게 할 수도 있고, 표면에 흙을 덧대거나 문질러 반듯한 표면으로 할 수도 있어 다양한 표면 연출이 가능하다.

이러한 공법의 응용으로는 흙자루(earth bag) 공법, 계란판(EP) 공법, 메주(MJ) 공법, 보강 흙쌓기(BB, BF) 공법 등이 있다.

• 흙벽돌 공법

흙벽돌 공법(adobe)은 흙을 일정한 크기의 벽돌로 만들어서 사용하는 공법이다. 흙벽돌은 그 제조방법에 따라서 자름벽돌, 물벽돌, 다짐벽돌, 고압벽돌, 고강도 벽돌로 나뉜다. 물벽돌, 다짐벽돌, 고압벽돌 순으로 강도가 크며, 모두 물에는 약하므로 물에 대한 대책을 세운 후 사용하여야 한다. 고강도 벽돌은 강도가 크고 물에 강하므로 제한 없이 사용할 수 있다.

7장

일체식

7장

일체식

일체식은 하나의 커다란 벽체를 만드는 방법으로서, 거푸집을 만든 후 그 속에 흙을 넣어 다지는 흙다짐 공법(rammed earth, pise)과 흙을 콘크리트처럼 타설하는 흙타설 공법(earth concrete)이 있다.

7.1 흙다짐 공법(rammed earth, pise)

흙다짐 공법은 영어권에서는 rammed earth, 불어권에서는 pise로 지칭되며, 우리나라에서는 담치기, 흙담, 다짐벽, 토병 등으로 불러 왔으며, 흙을 다져넣는 틀을 담틀이라 하여 담틀 공법으로도 불린다.[1] 이 공법은 거푸집을 짠 후 그 안에 흙을 넣고 공이나 다짐기로 다져서 벽체를 만드는 것이며, 튼튼하고 아름다운 벽체를 구성할 수 있는 장점이 있다. 유럽, 남미, 아프리카, 중동 등 여러 지역에서 많이 사용해온 공법이며 우리나라에서도 많이 사용해온 공법이다.

그림 7-1. 구한말 한국에서의 흙다짐

거푸집과 다짐공이만 있으면 만들 수 있어서 일을 끝내고 돌아와 동네사람들이 모여 횃불을 켜놓고 밤새 작업하여 집 한 채를 지었다 하여 옛날에는 도둑집이라고도 불렀다. 특히 전라

1) 한국흙건축연구회에서 본 공법을 흙다짐 공법으로 정리하였으며, 이러한 흙다짐을 위한 거푸집을 담틀로 정리하였다.

도 서해안 지역에서는 많은 집들이 이 공법으로 지어졌으며, 특이한 점은 집을 짓는 데 여자들이 주 역할을 담당했다는 점이다. 이러한 흙집은 1970년대에까지 명맥[2)]이 이어져 왔는데, 70년대 이후 폭력적인 이른바 새마을 운동 이후 그 맥이 끊어져 버렸다.

그림 7-2. 최근 아프리카에서의 흙다짐

흙다짐 공법에서 흙배합은 흙다짐 입도분포표를 따르면 되고, 물은 포수상태로 하며, 적정 함수율은 함수율 실험인 프록터 실험을 통해 결정한다. 물이 많으면 이쪽에서 다지면 옆이 솟아오르는 이른바 스펀지 현상이 발생하여 잘 다져지지 않고 다져지더라도 나중에 건조하면서 물이 증발한 자리에 균열의 우려가 있다. 최근에는 기존의 흙다짐의 단점을 보완하여 고강도의 흙을 이용한 고강도 흙다짐(High-performance Rammed Earth, HRE, Hi-Pise)이 개발되어 사용되고 있다.

흙다짐에 필요한 흙의 양은 토질역학에서 사용하는 토량환산계수를 준용하는데 성토된 흙의

그림 7-3. 목재로 짠 흙다짐 거푸집

그림 7-4. 유로폼으로 짠 흙다짐 거푸집

2) 신영훈은 "1970년도 초반쯤, 정읍에 갔었다. 산기슭에서 맑고 고운 석비레를 퍼왔다. 아직도 습기가 채 마르지 않은 흙을 바자에 담아다 나무판 거푸집 사이에 붓는다. 몇이서 서까래 같은 굵은 나무를 들고, 거푸집 속에 들어가 퍼부은 흙을 지근지근 밟으면서, 서까래로 퇴방아 찧듯이 다진다. 선소리 잘 매기는 이가 있으면, 일터에는 구수한 소리가 넘친다."라고 기록하고 있다. (흙으로 짓는 집, 대한건축학회지 36권 3호, 1992.5).

그림 7-5. 철재와 유로폼 혼용 흙다짐 거푸집

그림 7-6. 철재로 짠 흙다짐 거푸집

그림 7-7. 전통식 다짐틀 1

그림 7-8. 전통식 다짐틀 2

양을 1로 보면 다진 후 흙의 양은 0.64가 된다. 따라서 다짐 후 흙의 양을 1로 보았을 때 준비해야 하는 흙의 양은 1.56이며, 할증을 고려하면 그 이상이 필요하게 된다.

흙다짐을 위한 거푸집은 여러 가지 재료로 만들 수 있는데 현장여건에 맞게 다양한 방식으로 담틀을 짤 수 있다는 것이 장점이기도 하다. 나무로 틀을 짤 수도 있으며 철제로 짜거나 기존 공사에서 사용되는 유로폼을 이용할 수도 있다.

흙다짐의 가장 큰 문제는 단열이다. 흙으로만으로는 단열 기준을 맞추기가 어려운 데다가 흙다짐은 표면의 흙무늬가 아름다워 내외벽 어느 곳도 단열재를 시공하기가 곤란하였다. 이 문제를 해결하기 위하여 다짐벽 가운데에 단열재를 넣어서 시공하는 것을 시도하곤 하였는데 시공이 어려워 큰 효과를 보지 못하였다. 최근에 개발된 단열 흙다짐은 단열기준에 맞추어 단열성능을 보강한 방법이다. 다짐벽 가운데에 자연단열재인 왕겨나 왕겨숯을 넣고 다지는 것으로서 그간의 단열문제를 해결하였다.

표 7-1. 흙다짐 공법의 작업순서

1. 마구리판 세우기
2. 측면판 관통 폼타이 끼우기
3. 마구리판 폼타이 조립
4. 측면판 지지틀 조립 시작
5. 측면판 양측에 지지틀 조립
6. 지지틀과 측면판 조립 모습
7. 마구리판 조립 모습
8. 코너 파손 방지비드 설치
9. 다지기
10. 2번째 단 조립
11. 다지기
12. 거푸집 제거 후 완성 모습

표 7-2. 입자크기에 따른 흙다짐벽의 표면 효과 및 다양한 작업방법

(a) 표면 효과

(b) 지지대와 발판을 일체로 한 다짐 등을 이용하여 흙을 다지는 모습

(c) pc방식의 다짐작업

표 7-3. 흙다짐 사례-1

(a) 개구부 처리기술을 진일보시킨
전남 여수 응령리 주택

(b) 전남 순천 응령리 주택 내부

(c) 국내 최초 2층 흙다짐. 경남 산청 주택

(d) 경남산청 주택 전경

(e) 노출콘크리트와 흙다짐이 어우러진
전북 익산 천주교 천호성지

(f) 강원도 철원 별비 내리는 마을

(g) 병원에 적용된 흙다짐. Martin Rauch

(h) 흙다짐으로 지어진 교회. 호주

표 7-4. 흙다짐 사례-2

 (i) 다층 흙다짐. 호주	 (j) 기울기를 준 흙다짐벽
 (k) 다양한 색상을 넣은 흙다짐 벽체	 (l) 두꺼운 벽체와 곡면을 이용한 이미지 벽
 (m) 흙다짐 공법의 개구부 처리	 (n) 흙다짐으로 지어진 건물. 프랑스 일다보
 (o) HRE로 만들어진 벽체	 (p) HRE로 지어진 건물, 전남 목포

7.2 흙타설 공법(earth concrete)

7.2.1 건물 구체에 적용되는 흙타설 공법

흙타설 공법(earth concrete)은 고강도의 흙을 콘크리트처럼 거푸집에 부어넣는 것이며 비에 강하고 강도가 높은 장점이 있다. 앞에서 언급한 것처럼 결합재 이론에 의해 만들어지며, 흙이 산지마다 그 성분이 다르므로 흙의 분석하여 그에 맞게 배합한다. 시멘트처럼 공업생산되며, 상용화되면 시멘트 대신 편리하게 사용할 수 있을 것으로 보인다.

구조체를 이 공법으로 짓게 되면, 그간의 흙의 제약을 벗어나 다양한 형태와 크기를 갖는 흙건축이 나타날 수 있을 것으로 보이며 흙건축 발전의 획기적 계기가 마련될 것으로 보인다. 이

그림 7-9. 재래식 타설법이 적용된 목포어린이집 시공 장면

그림 7-10. 흙타설이 적용된 목포어린이집 전경

그림 7-11. 펌핑공법이 적용된 김제 지평선 중학교 시공 장면

그림 7-12. 황토 콘크리트가 기둥에 적용된 김제 지평선 중학교

그림 7-13. 황토콘크리트가 전면적용된 영암군 관광안내소(기초)

그림 7-14. 황토 콘크리트로 된 기초(영암 관광안내소)

그림 7-15. 황토콘크리트 타설(옥상)

그림 7-16. 거푸집 제거 후 모습(영암 관광안내소)

러한 고강도 흙재료를 이용하여 일반 시멘트 콘크리트처럼 만든 것이 황토 콘크리트이며, 시멘트 콘크리트와 같은 방식으로 타설하여, 구조체를 만드는 것이다. 구조체에 적용된 것은 목포 어린이집과 김제 지평선 중학교 신축에 부분적으로 적용되었으며, 현재 영암군 관광안내소에 전면 적용되어 시공중에 있다. 또한 이것은 바닥포장에도 적용되어 서울 아차산 산책로에 적용되었으며 그 이용이 증대되고 있다.

그림 7-17. 황토 콘크리트 포장타설(서울 아차산)

그림 7-18. 황토 콘크리트 포장타설 등산로(서울 아차산)

7.2.2 건물 외부에 적용되는 흙타설 공법

건물 외부에 적용되는 흙타설 공법은 고강도로 제조된 흙을 건물 외부 보도나 차로에 타설하는 경우가 있으며, 공극을 만들어서 포러스 콘크리트로 하여 투수나 식생에 도움을 주는 경우가 있다. 건물 외부에 적용하면 고강도 흙을 사용하므로 강도와 내구성이 높아서 별다른 사후 유지관리가 필요 없고, 자연적인 느낌을 주는 포장을 할 수 있는 장점이 있다. 서울 아차산 등산로에 처음 적용되었고 그 사용이 점차 늘어나는 추세이며 향후 폭넓은 적용이 기대되는 방법이다.

그림 7-19. 황토 포러스 콘크리트 블록 상세(서울 한강)

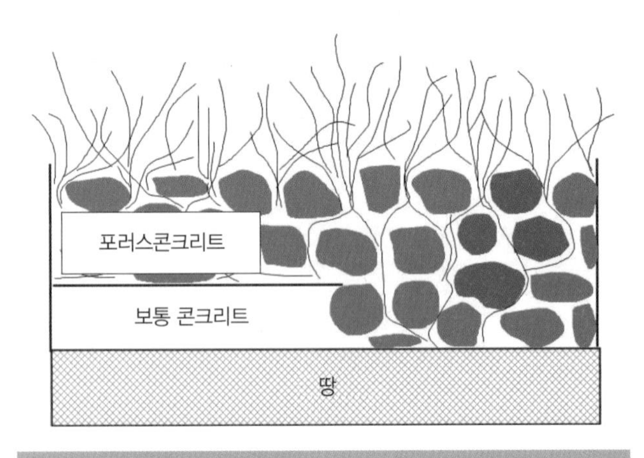

그림 7-20. 식생용 포러스콘크리트의 개념

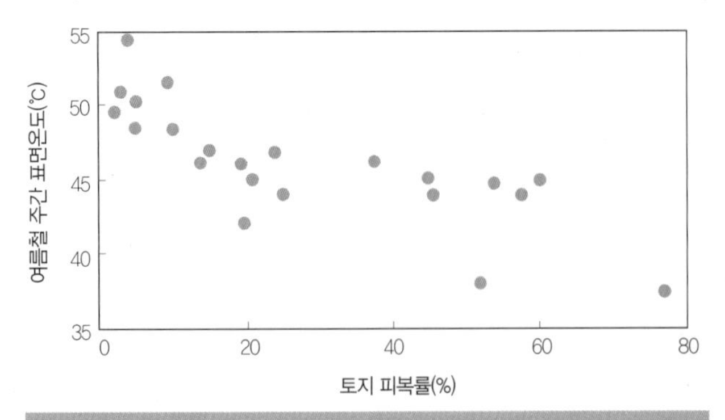

그림 7-21. 토지피복률과 주간 표면온도와의 관계

포러스콘크리트(porous concrete)란 보통 콘크리트와는 달리 연속된 공극을 많게 하여 물과 공기가 자유롭게 통과할 수 있도록 연속공극을 균일하게 형성시키는 다공질의 콘크리트로서 보통 콘크리트는 굵은골재, 잔골재가 시멘트페이스트 중에 분산되어 있는 상태로서 수밀성이 요구되는 반면에공극을 다량으로 포함시키기 위해서는 골재의 입도가 균일한 단입도쇄석이 요구된다. 잔골재를 사용하지 않기 때문에 무세골재콘크리트(No-fine Concrete)라고도 하며, 다공질이기 때문에 다공질콘크리트(Porous Concrete)라고도 한다.

포러스콘크리트는 내부에 복잡한 공극과 요철이 많은 표면이 있으므로 미생물이 살 수 있는 생물막의 형성이 원활하여 이를 통한 수질정화기능이 발생하며, 우수의 지하 침투로 인해 지하수의 보급 · 함양, 물의 필터기능 효과, 열수지 개선 효과가 있어 열섬현상을 저감시키는 기능이 있고, 공극으로 인한 흡음기능이 있다. 이러한 포러스콘크리트의 다공성에

그림 7-22. 흙으로 만든 포러스 콘크리트의 외형(대 · 중 · 소)

그림 7-23. 황토 포러스콘크리트 투수실험

그림 7-24. 황토 포러스콘크리트를 통해 투수되는 모습

그림 7-25. 황토 포러스콘크리트 블럭으로 시공된 바닥(충북 제천 의림지)

그림 7-26. 황토 포러스블럭으로 시공된 호안(서울 한강)

착안하여 수질정화재, 흡음재, 녹화기반재 등으로서 이용되고 있다.

그러나 시멘트로 만들어진 포러스 콘크리트는 시멘트의 강알칼리성으로 인해 알칼리성을 중화시키는 것이 중요하며 많은 비용과 시간이 요구되고 있다. 최근 이러한 문제의 해결책으로서 흙으로 만든 포러스 콘크리트가 각광을 받고 있다. 흙으로 만든 포러스 콘크리트는 비중이 1.6~2.0 정도이고, 공극율은 골재의 입경따라 다르지만 약 8~35% 정도이며, 투수성은 0.1~1.0cm/sec 수준이다. 강도특성은 압축강도는 50~300kgf/cm² 인장강도는 압축강도 대비 1/7~1/14 휨강도는 10~50kgf/cm²의 수준이며, 흡음특성은 500~1000Hz를 중심에서 탁월하다.

포러스콘크리트는 공극의 평균직경에 따라 분류되는데, 골재 치수에 따른 공극 특성은 쇄석 13~25mm을 사용하면 공극 평균직경 3.5~7mm 정도의 포러스 콘크리트 제조할 수 있고, 쇄석 7~13mm는 공극 평균직경 1.8~3.5mm 정도, 쇄석 3~7mm는 공극 평균직경 0.7~1.8mm 정도의 포러스 콘크리트를 제조할 수 있다. 공극이 큰 것은 식물을 자라게 하는 식생용로 쓰이며 작은 것은 투수용으로 쓰인다.

7.3 요 약

• 공법개요

일체식은 하나의 커다란 벽체를 만드는 방법으로서 거푸집을 만든 후 그 속에 흙을 넣어 다지는 흙다짐 공법(rammed earth, pise)과 흙을 콘크리트화하여 타설하는 흙타설 공법(earth concrete)이 있다.

• 흙다짐 공법

흙다짐 공법(rammed earth, pise)은 거푸집을 짠 후 그 안에 흙을 넣고 공이나 다짐기로 다져서 벽체를 만드는 것이며, 튼튼하고 아름다운 벽체를 구성할 수 있는 장점이 있다. 유럽, 남미, 아프리카, 중동 등 여러 지역에서 많이 사용해온 공법이며, 우리나라에서도 많이 사용해온 공법이다. 흙다짐을 위한 거푸집은 여러 가지 재료로 만들 수 있는데, 현장여건에 맞게 다양한 방식으로 담틀을 짤 수 있다는 것이 장점이기도 하다. 최근에는 기존의 흙다짐의 단점을 보완하여 고강도의 흙을 이용한 고강도 흙다짐(High-performance Rammed Earth, HRE, High-Pise)이 개발되어 사용되고 있다. 또한 단열문제를 해결한 단열 흙다짐법이 고안되어 활용되고 있다.

• 건물 구체에 적용되는 흙타설 공법

건물 구체에 적용되는 흙타설 공법(earth concrete)은 고강도의 흙을 콘크리트처럼 거푸집에 부어넣는 것이며 비에 강하고, 강도가 높은 장점이 있다. 시멘트처럼 공업생산되며 상용화되면 시멘트 대신 편리하게 사용할 수 있을 것으로 보인다.

• 건물 외부에 적용되는 흙타설 공법

건물 외부에 적용되는 흙타설 공법은 고강도로 제조된 흙을 건물 외부 보도나 차로에 타설하는 경우가 있으며, 공극을 만들어서 포러스 콘크리트로 하여 투수나 식생에 도움을 주는 경우가 있다. 건물 외부에 적용하면 고강도 흙을 사용하므로 강도와 내구성이 높아서 별다른 사후 유지관리가 필요 없고, 자연적인 느낌을 주는 포장을 할 수 있는 장점이 있다. 그 사용이 점차 늘어나는 추세이며 향후 폭넓은 적용이 기대되는 방법이다.

8장

보완식

8장

보완식

보완식은 나무나 다른 재료의 틀 위에 덧붙이거나 바르는 방법으로서, 직접 흙을 바르는 미장공법(plaster, wattle and daub)과 흙을 보드나 패널로 만들어 붙이는 붙임공법(board & panel), 볏단벽을 쌓고 그 양쪽에 흙을 바르는 볏단벽 공법(straw bale), 짚을 흙물속에 넣어 반죽하여 목조틀 속을 채워 넣는 흙짚반죽 공법(earth straw), 벽체 위에 뿌리거나 바르는 흙칠 공법 (earth paint) 등이 있다.

8.1 흙미장 공법(plaster, wattle and daub)

흙을 바르는 미장 공법은 지역에 따라 약간의 차이는 있으나 동서양을 막론하여 가장 많이 사용된 방식이며, 바탕을 나무로 짜고 그 위에 흙을 발라서 마무리한다. 경우에 따라서 흙 위에 회반죽 바름을 하기도 한다. 전통건축에서는 외를 엮거나 바탕 틀을 만들고 그 위에 흙을 바르는데 기둥이나 인방 등이 드러나는 심벽과 모두 흙 속에 묻히는 평벽이 있다.

그림 8-1. 다양한 흙미장칼

그림 8-2. 뿜칠기를 이용한 벽면 미장초벌

미장의 배합은 흙미장 입도분포표를 따르면 된다. 우리나라 흙은 실트가 많으므로 모래를 첨가하여 조절하는데 입도분포표에 맞추어 조절해보면 흙에 따라 다르지만 60~70%의 모래가 들어가는 경우가 많다. 물의 양은 소성상태와 액상상태 정도로 하되 가능한 적게 하는 것이 좋다.

미장을 할 때, 1회 미장 두께는 가능한 얇게 하는 것이 균열이나 건조에 유리하므로 한번에 두껍게 바르지 말고 얇게 여러 번 바르는 것이 좋다. 초벌, 재벌, 정벌의 3벌이 원칙이며 초벌은 두껍게 하고, 재벌, 정벌의 순으로 얇게 마무리하되 초벌이라도 2cm을 넘지 않도록 하며, 가능하다면 1cm 내외로 하는 것이 좋다. 이때 주의할 점은 앞의 것이 완전히 건조한 후에 다음 미장을 해야 하며, 미장을 할 때에는 반드시 물축임을 한 다음에 미장하도록 한다.

기존의 벽체에 덧바르는 경우, 바탕이 콘크리트 면이면 바로 미장을 해도 되지만 바탕에 페인트가 칠해진 면이면 박리가 일어나므로 반드시 페인트를 벗겨내고 발라야 한다. 석고보드면 위에는 미장라스를 붙여댄 후에 미장을 하도록 하며, 석고보드 면 위의 미장 총 두께가 1cm를 넘으면 박리의 우려가 있다. 독일의 경우는 초벌을 1~2cm로 바르고 건조 후에 정벌을 2~3mm로 발라서 마무리하는 것이 일반적이며, 일본의 경우에는 2~3mm 정도롤 얇게 7~8번 미장하여 마무리하기도 한다. 또한 요즈음에는 뿜칠기계를 사용하여 인력절감을 꾀하고, 다양한 표면 질감을 내기도 하며, 미국에서는 이를 이용해 벽체를 직접 구성하는 방법을 쓰기도 한다.

미장을 한후 표면이 건조되면 흙이 묻어나는 것을 방지하기 위하여 해초풀이나 찹쌀풀 등을 발라서 마무리하면 좋은데 가장 좋은 것은 느릅나무풀을 바르는 것이다. 느릅나무풀은 느릅나무를 삶은 물에 찹쌀가루로 풀을 쑨 것을 말하는데 항균효과가 좋은 특징이 있다.

표 8-1. 흙미장(일반미장) 공법의 순서

1. 페인트 그라인딩

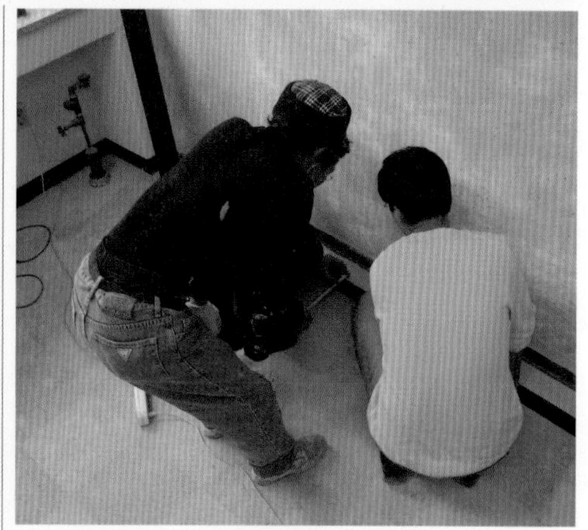

2. 걸레받이 설치

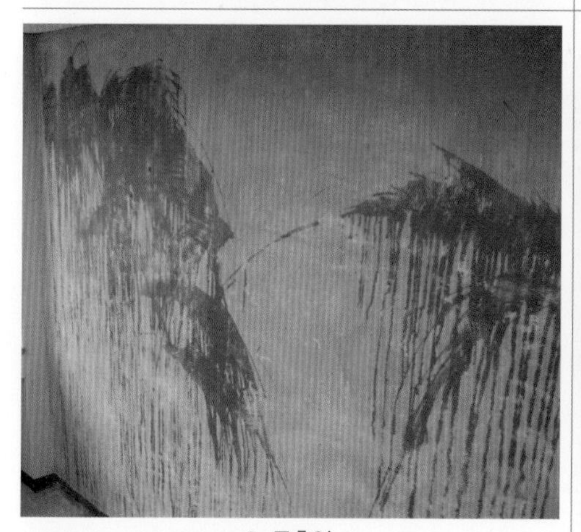

3. 물축임

4. 재료 비빔

5. 바르기

6. 완성

표 8-2. 흙미장(심벽미장) 공법의 순서

1. 대나무 심벽 설치

2. 심벽에 사용할 흙 만들기

3. 심벽에 흙 채워 넣기

4. 심벽에 흙 채워 넣기

5. 심벽에 흙미장

6. 심벽 완성

그림 8-3. 아파트 거실에 적용된 흙바름 공법.
전남 목포 P 아파트

그림 8-4. 아파트 아트월에 적용된 흙바름 공법.
전남 목포 P 아파트

그림 8-5. 아파트 안방에 적용된 흙바름 공법.
전남 목포 D 아파트

그림 8-6. 아파트 작은 방에 적용된 흙바름 공법.
전남 목포 D 아파트

표 8-3. 흙바름 공법의 다양한 표면 효과

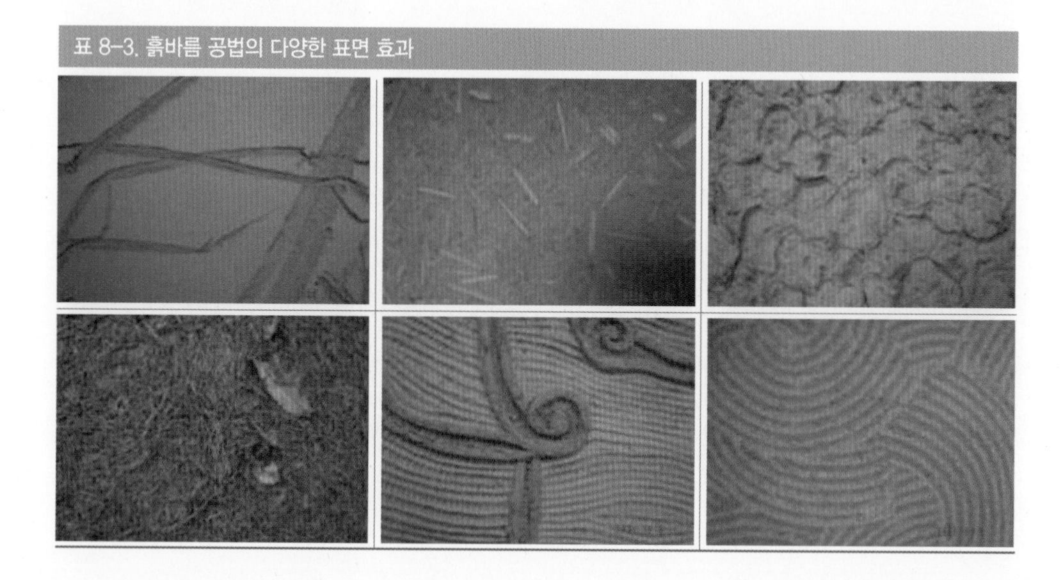

표 8-3. 흙바름 공법의 다양한 표면 효과(계속)

그림 8-7. 흙으로 만든 보드

그림 8-8. 흙 패널 생산 모습

8.2 붙임 공법(board & panel)

기존의 콘크리트 벽체에 흙보드를 붙여대거나 철골 외벽에 흙패널을 붙이는 공법이다.

실내에 적용되는 흙보드는 미장 시의 초벌에 해당하는 것으로서 흙보드를 붙여대고 그 위에 얇게 정벌하여 마무리한다. 흙보드 외에 흙타일이나 판 형태의 재료를 사용하기도 한다. 초벌의 인건비를 줄일 수 있고 공정을 단축시킬 수 있는 장점이 있다. 일부에서는 정벌을 하지 않고 그대로 노출시켜 디자인적 요소로 사용하는 경우도 있다. 독일에서는 흙보드를 만들어 실내에 많이 사용하고 있으며, 우리나라에서도 이러한 내장용 흙보드가 연구개발에 성공하여 선보이고 있다.

실외에 적용되는 흙패널은 기존에 사용되던 시멘트 패널과 같이 사용될 수 있는 것으로서 다양한 색상이나 질감표현이 가능하다. 건식공정으로서 공기절감의 효과가 있고, 시멘트 사용량을 줄인다는 점에서 지구환경적 측면의 친환경 재료공법이라고 볼 수 있다. 현재 우리나라에서 최초로 개발되어 선보이고 있으며 건물외벽, 고속도로 방음벽 등에 시도되고 있으며, 건물 내부의 간막이 벽에도 적용되고 있다.

8.3 볏단벽 공법(straw bale)

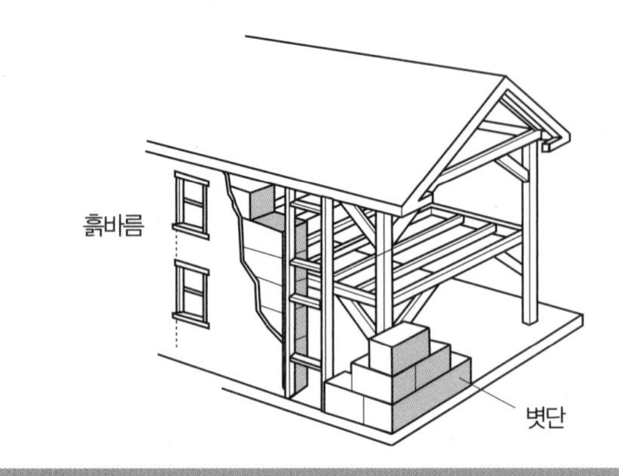

그림 8-9. 볏단벽 공법의 기본 개념

볏단벽 공법은 볏단벽을 쌓아서 벽체를 만들고 그 위에 흙을 발라서 벽체를 마무리 하는 것이다. 볏단벽이 틀을 잡아주는 역할과 단열의 역할을 동시에 하며, 흙은 볏단벽을 물이나 불로부터 보호해주는 역할을 한다. 흙으로 마무리하기 때문에 내화에도 큰 문제는 없다. 단열성이 뛰어나고 쌓기가 쉬워 많이 선호하며, 특히 부드러운 곡선미가 잘 살아나는 의장적 장점이 있는 공법이다. 볏단벽 방식은 호주에서 많이 사용되고 있으며 최근에 내몽고 지역에 주택 보급 차원에서 천여 채가 지어졌다는 보고가 있다.

볏단은 겨울을 나지 않은 것을 사용하는 것이 좋으며 겨울을 난 볏단이라면 벌레에 대한 대책을 마련한 후 사용하는 것이 좋다. 겨우내 벌레들이 볏단에서 서식하고 있는 경우가 많기 때문이다. 초벌이나 재벌을 할 때 볏단벽이나 흙에서 벌레나 곰팡이가 나타나는 수가 있는데 이때에는 락스물을 뿌리거나 토오치로 그을려서 제거한 후에 다음 미장을 하며, 흙을 반죽하는 물에 붕산이나 소금을 타서 하기도 한다.

볏단벽을 쌓은 때 기초에 앵커를 박아두고 볏단벽을 다 쌓은 후 상부의 테두리보에 연결하여 볏단벽을 단단히 고정하며, 쌓는 중간중간에 철근 등을 박으면서 쌓는다. 볏단벽을 다 쌓은 후 흙을 볏짚과 섞어서 볏단벽 사이사이의 빈틈에 메워 넣고 초벌을 한다. 초벌은 볏단벽 사이에 흙이 충분히 들어가도록 눌러 넣는다. 그 후 재벌 삼벌 순으로 하며 필요에 따라 4벌 5벌을 할 수도 있다.

볏단벽 공법은 볏단벽이 직접 힘을 받는 내력벽 방식(load bearing wall)과 볏단벽은 힘을 받지 않고 간막이벽 역할을 하는 비내력벽 방식(non-load bearing wall)이 있는데, 내력벽 방식으로 지은 집이 간혹 있기는 하나 장기적으로 침하하는 문제나 역학적인 문제로 인하여 피하는 것이 좋다. 비내력벽 방식은 앞에서 언급한 단열의 효과나 의장적인 효과를 충분히 발휘하므로 볏단벽 공법은 비내력벽 방식을 취하는 것이 좋으며, 앞으로 볏단벽을 이야기할 때에는 이 방식만을 설명하는 것으로 한다.

표 8-4. 볏단벽 공법의 순서

1. 기초에 앵커링하기

2. 볏단 쌓기

3. 상부 테두리보에 기초 앵커 연결

4. 초벌(흙을 눌러 메운다)

5. 초벌 완성 모습

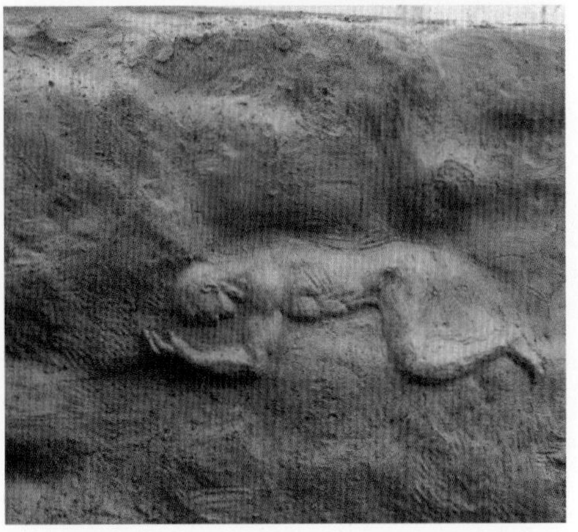

6. 최종 완성면(곡선, 평면 등 다양한 표면연출 가능)

표 8-5. 볏단벽 공법의 실제 사례(호주)

1. 목재 프레임 설치

2. 블록 이용해 볏단 쌓을 부분 정리

3. 볏단 쌓기

4. 개구부 처리

5. 볏단 쌓은 후 바닥 깔기

6. 볏단 위 미장하여 완성

그림 8-10. 흙짚반죽 장면

그림 8-11. 흙짚반죽으로 구성되는 벽체

8.4 흙짚반죽 공법(earth straw)

짚을 길이 15~40cm로 잘라 점토물 속에 넣어 반죽을 한다. 짚의 섬유질 속에 점토가 충분히 스며들도록 잘 반죽한 다음 나무틀 속을 채워 넣으면서 손이나 공이로 가볍게 눌러준다. 단열효과가 뛰어난 이 방식은 기후가 혹독한 북부 유럽지방에서 흔히 볼 수 있다. 또는 흙을 튀겨서 마치 볼처럼 만든 경량화 흙을 부어 넣기도 하는데 독일의 민케 교수가 카셀 지역에 실험적으로 적용한 바 있다. 친환경 단열을 고민하는 경우에 적용가능한 방법이라고 하겠다.

나무틀을 촘촘히 짜서 그대로 의장적으로 사용하기도 하고, 천연페인트나 도배를 하기도 하며, 혹은 그 위에 흙미장 등으로 마무리하기도 한다.

8.5 흙페인트(earth paint)

흙으로 만든 벽체 위에 흙을 바르거나 뿌려서 표면의 질감이나 색상을 바꾸는 데 사용되는 공법이다. 간단한 작업으로 다양한 효과를 낼 수 있고 흙벽 이외에도 콘크리트 면, 나무면 등 바탕면이 어떤 것이라도 적용될 수 있는 장점이 있는 반면, 그 두께가 얇아서 흙이 가지는 효과를 충분히 발휘할 수 없는 단점이 있다. 이 공법은 찹쌀풀이나 해초풀에 고운 흙을 반죽하여 붓이나 롤러로 바르거나 뿜칠기로 뿜칠을 하는데 뿜칠기는 기존 시멘트 미장뿜칠 기계를 사용할 수 있다.

흙미장 벽체 위에 풀칠을 하면 흙이 묻어나지 않고 기존흙벽의 질감과 색상을 그대로 드러낼 수 있어서 좋은데 산촌지역에서는 느릅나무풀(느릅나무 끓인물에 풀을 쑤어 바름)을, 농촌지역에서는 곡물풀(찹쌀가루, 감자가루, 밀가루 등 곡물풀을 쑤어 바름)을, 어촌지역에서는 해초풀(다시마를 끓이거나 미역귀를 우려서 바름)을 주로 사용하였다. 이러한 풀에다가 고운 흙을 섞은 것을 흙페인트라고 한다. 이것을 붓, 롤러나 뿜칠기로 칠하면 된다.

바닥에는 전통적으로 콩댐을 사용했는데 효과가 좋긴 하나 번거롭게 힘이 많이드는 단점이 있다. 간편하게는 콩을 불려서 갈은 후 들기름과 6:4~7:3 정도의 비율로 섞어서 여러 번 바르면 전통 콩댐과 비슷한 효과를 볼 수 있다. 또는 아마인유(아마씨 기름, leenseed oil)를 끓여서

그림 8-12. 흙벽 위에 뿜칠하는 모습

그림 8-13. 합판 위에 뿜칠하는 모습

그림 8-14. 붓으로 바르는 모습

그림 8-15. 롤러로 바르는 모습

여러 번 발라도 좋다.

외부벽체는 전통적으로 회벽(석회 + 해초풀)이나 회사벽(석회 + 풀 + 모래)을 사용했는데 여기에 흙이나 안료를 첨가하여 사용하면 좋다. 또는 우유페인트(카제인 + 아마인유 + 흙/안료)를 바르거나 아마인유를 끓여서 세 번 이상 발라주면 좋다.

8.6 요 약

• 공법개요

보완식은 나무나 다른 재료의 틀 위에 덧붙이거나 바르는 방법으로서 직접 흙을 바르는 미장 공법(plaster, wattle and daub)과 흙을 보드나 패널로 만들어 붙이는 붙임 공법(board & panel), 볏단벽을 쌓고 그 양쪽에 흙을 바르는 볏단벽 공법(straw bale), 짚을 흙물 속에 넣어 반죽하여 목조틀 속을 채워 넣는 흙짚반죽 공법(earth straw), 벽체 위에 바르거나 뿌리는 흙칠 공법(earth paint) 등이 있다.

• 흙미장 공법

흙을 바르는 흙미장 공법(plaster, wattle and daub)은 동서양을 막론하여 가장 많이 사용된 방식이며 바탕을 나무로 짜고 그 위에 흙을 바르거나 콘크리트나 다른 재료 면 위에 흙을 발라 마무리한다. 미장을 할 때, 1회 미장 두께는 가능한 얇게 하는 것이 균열이나 건조에 유리하므로 한 번에 두껍게 바르지 말고 얇게 여러번 바르는 것이 좋다. 미장을 할 때에는 반드시 물축임을 한 다음에 미장하도록 한다. 미장을 한 후 표면이 건조되면, 흙이 묻어나는 것을 방지하기 위하여 풀을 발라 마무리하면 좋다.

• 붙임 공법

붙임 공법(board & panel)은 기존의 콘크리트 벽체에 흙보드를 붙여대거나 철골 외벽에 흙패널을 붙이는 공법이다. 실내에 적용되는 흙보드는 미장 시의 초벌에 해당하는 것으로서 흙보드를 붙여대고 그 위에 얇게 정벌하여 마무리하거나 그대로 노출시킨다. 실외에 적용되는 흙패널은 기존에 사용되던 시멘트 패널과 같이 사용될 수 있는 것으로서 다양한 색상이나 질감표현이 가능하다.

• 볏단벽 공법

볏단벽 공법(straw bale)은 볏단벽을 쌓아서 벽체를 만들고 그 위에 흙을 발라서 벽체를 마무리 하는 것이다. 볏단벽이 틀을 잡아주는 역할과 단열의 역할을 동시에 하며, 흙은 볏단벽을 물이나 불로부터 보호해주는 역할을 한다. 흙으로 마무리하기 때문에 내화에도 큰 문제는 없다. 단열성이 뛰어나고 쌓기가 쉬워 많이 선호하며, 특히 부드러운 곡선미가 잘 살아나는 의장적 장점이 있는 공법이다.

• 흙짚반죽 공법

흙짚반죽 공법(earth straw)은 짚을 길이 15~40cm로 잘라 점토물 속에 넣어 반죽한 다음 나무틀 속을 채워 넣으면서 손이나 공이로 가볍게 눌러준다. 단열효과가 뛰어난 이 공법은 기후가 혹독한 북부 유럽지방에서 흔히 볼 수 있다. 친환경 단열을 고민하는 경우에 적용가능한 방법이라고 하겠다.

• 흙칠 공법(earth paint)

흙칠 공법(earth paint)은 흙으로 만든 벽체 위에 흙을 바르거나 뿌려서 표면의 질감이나 색상을 바꾸는 데 사용되는 공법이다. 간단한 작업으로 다양한 효과를 낼 수 있고, 흙벽 이외에도 콘크리트 면, 나무면 등 바탕면이 어떤 것이라도 적용될 수 있는 장점이 있는 반면, 그 두께가 얇아서 흙이 가지는 효과를 충분히 발휘할 수 없는 단점이 있다. 이 공법은 찹쌀풀이나 해초풀에 고운 흙을 반죽하여 붓이나 롤러로 바르거나 뿜칠기로 뿜칠을 한다. 이 위에 풀칠을 하면 흙이 묻어나지 않고, 기존 흙벽의 질감과 색상을 그대로 드러낼 수 있어서 좋고, 아마인유(아마씨기름, leenseed oil)를 끓여서 여러 번 바르면 방수효과가 좋다.

제4부 · 흙건축의 활용

흙건축의 활용은 지금까지 배워 온 흙건축에 대한 기본 지식을 바탕으로 하여 날로 중요성이 높아지는 에너지 문제에 집중하여, 흙건축의 활용성을 높이기 위한 것으로서, 제4부에서는 에너지 문제와 이를 적용한 테라패시브하우스(Terra Passive House)에 대하여 고찰한다.

단열과 구들 부분에서는 건축물의 단열을 판단할 때 필요한 열관류율을 중심으로 열적 특성과 단열재 및 단열연결 개념을 고찰하며, 이중심벽, 단열흙블럭, 단열다짐 등 단열방법과 구들의 특성과 새로운 시공방법에 대하여 살펴본다.

테라패시브하우스 부분에서는 단열을 하되 생태적 방법으로 하고, 과도한 기술보다 소비를 줄이는 방식을 특징으로 하는 에너지 절감형 적정가격의 생태 흙집인 테라패시브하우스(Terra Passive House, 생태단열흙집)의 의미를 살펴보고 이를 구현할 수 있는 기술적 방법과 계획적 방안에 대하여 살펴본다.

9장

단열과 구들

9장

단열과 구들

9.1 열적 특성

흙건축에 관한 기본적인 사항인 재료와 공법을 파악하였다고 해도 실제 집을 지으려면 에너지에 관한 사항은 중요한 요소이다. 에너지 저감을 통하여 생태적인 특성을 살리려면 더욱 그러하다. 건물의 에너지적인 특성을 좌우하는 것은 단열인데, 단열을 이해하기 위해서는 열특성을 파악하는 것이 필수이다. 이러한 열특성은 대표적으로 열전도율, 열관류율, 열저항, 비열, 열용량 등으로 표현된다. 비열은 어떤 물질 1g을 1℃ 올리는 데 필요한 열량이며, 각 재료별로 고유한 값을 가진다. 열용량은 열을 간직하는 정도이며, 비열에 밀도를 곱한 값으로 나타낸다.

건축물의 단열을 판단할 때는 건축요소(벽체, 지붕 등)의 열관류율로 판단하는데, 국토교통부가 정한 열관류율 값 이하가 되어야 한다. 아래 표 9-1은 2013년 국토교통부가 정한 지역별 건

표 9-1. 지역별 건축물 부위의 열관류율표 (단위 : W/㎡K)

건축물의 부위	지역	중부지역	남부지역	제주도
거실의 외벽	외기에 직접 면하는 경우	0.270 이하	0.340 이하	0.440 이하
최상층에 있는 거실의 반자 또는 지붕	외기에 직접 면하는 경우	0.180 이하	0.220 이하	0.280 이하
최하층에 있는 거실의 바닥	외기에 직접 면하는 경우 바닥난방인 경우	0.230 이하	0.280 이하	0.330 이하

※국토교통부 고시 제2013-587호, 2013.10.01. 고시.

축물 부위의 열관류율 값[1]이며 열관류율은 사용된 재료가 가지고 있는 열특성에 근거하여 도출하는데 표 9-2는 흙재료 및 주요 재료의 열적 특성을 나타낸 것이다.

열전도율(Thermal conduction rate, λ)은 어떤 물질의 열전달을 나타내는 수치로 물질 내에서 열이 전달되기 쉬운 정도이다. 단위는 W/mk[2]이며, 재료 1m당 전달되는 에너지이다.

열관류율(Heat transmission coefficient, K)은 고온 측에서 저온 측으로 열이 흐르는 정도이다. 재료의 두께에 따라 달라지며 열전도율을 재료의 두께로 나눈 값이며 두께는 m로 환산하여 쓴

표 9-2. 흙재료와 주요 재료의 열적 특성

재료 및 공법	열전도율 (W/mK)	비중 (kg/㎥)	비열 (kJ/kgK)	성분
재래식 흙벽돌	0.4255	1,890	0.884	흙, 모래, 볏짚(3%)
흙다짐	0.4760	1,840	1.092	흙, 모래
흙미장재	0.5372	1,910	0.754	흙, 모래, 볏짚(1%)
고강도 흙벽돌	0.5014	2,050	0.962	흙, 모래, 고강도석회
고강도 흙타설재	0.4105	2,140	0.905	흙, 모래, 고강도석회
단열 흙블럭	0.1080	1,220		흙:왕겨=1:1.5(부피비)
콘크리트	1.6000	2,300	0.88	시멘트, 모래, 자갈
시멘트 벽돌	0.4577	1,800	0.942	시멘트, 모래
시멘트 몰탈	0.4116	1,830	0.916	시멘트, 모래
석재	3.30	2.65	0.92	
목재	0.17	0.3	0.5~0.7	수종에 따라 차이가 있음
철	53.0	7.85	0.11	
스티로폼	0.0400	16	1.210	종류에 따라 차이가 있음
훈탄	0.0450	113	1.193	
왕겨	0.0470	104	1.404	
볏짚	0.0400	67	1.308	
펄라이트	0.0500	90		
스트로베일(갈대)	0.0600	100		
에어로젤	0.0210	90		
규산칼슘보드	0.0600	220		
유리섬유 48K	0.0340	48		
석고보드(KS)	0.1800	700~800		

1) 단열성능을 높여 에너지 저감을 유도하기 위해, 이 기준은 향후 계속 강화될 전망이다.

2) cal 단위를 쓰면 kcal/mh℃이며, 1W/mk는 0.86 kcal/mh℃이다.

다. 일정한 두께를 가진 재료의 열전도 특성이며, 낮을수록 열이 잘 흐르지 않는 것이므로 단열 성능이 좋은 것이다. 단위는 W/m²k이다.

$$열관류율 = 열전도율 \div 두께 \ (K = \lambda / t)$$

열저항(Thermal resistance, R)은 열이 잘 흐르지 않도록 저항하는 정도로서, 열관류율의 역수이며 단위는 m²k/W이다. 열저항값이 클수록 단열성능이 좋은 것이다.

$$열저항 = 두께 \div 열전도율 \ (R = t / \lambda)$$

열관류율로 단열성능을 판단하는 과정은 ① 열저항값을 구한다, ② 열관류율로 환산한다, ③ 국토교통부 기준 열관류율과 비교하여 기준값 이하인지 확인하는 3단계이다.

① 각 재료의 열저항값을 구한다.
　벽체를 구성하는 각 재료들의 열저항값을 구한다. (열저항=두께÷열전도율)
　각 재료들의 열저항값을 더한다.
　상수인 실내 실외 표면 열전달 저항값을 더한다.
② 벽체의 열관류율로 환산한다.
　열관류율 = 1/열저항
③ 국토교통부 기준 열관류율과 비교하여 기준값 이하인지 확인한다.
아래 그림 9-1을 예로 하여 열관류율로 단열성능을 판단하는 과정을 살펴보자.

① 각 재료의 열저항값을 구하면, 열저항은 두께(m) 나누기 열전도율이므로,
고강도 흙벽돌의 열저항 = 0.09/0.514 = 0.1751
단열재(훈탄)의 열저항 = 0.19/0.045 = 4.222
고강도 흙타설의 열저항 = 0.20/0.4105 = 0.4872
흙미장의 열저항 = 0.01/0.5372 = 0.0186
이 값들을 다 다하면 4.9029이고,
여기에 실내 표면 열전달저항 (거실외벽) = 0.11과 실외 표면 열전달저항 (거실외벽) = 0.043을 더하면, 벽체를 구성하는 재료들의 열저항의 총합은 5.0559이 된다.

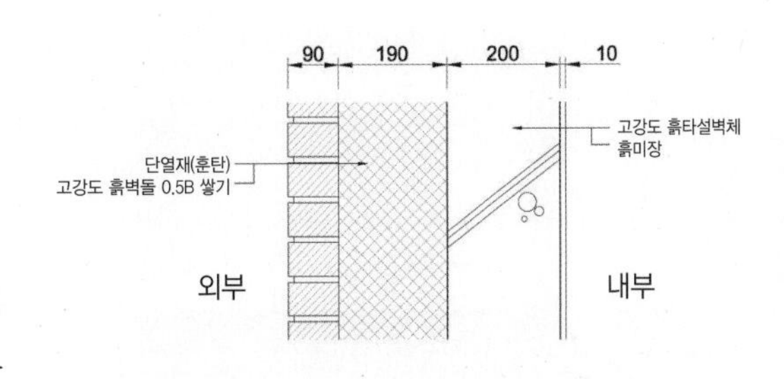

그림 9-1. 흙건축 공법의 열특성 계산 예시

② 벽체의 열관류율로 환산하면, 열관류율은 열저항의 역수이므로 열관류율 = 1/열저항이니까, 이 벽체의 열관류율은 1/5.0559 = 0.1978이 된다.

③ 국토교통부 기준 열관류율과 비교하여 기준값 이하인지 확인하면, 중부지역외기에 직접 면하는 거실외벽이라면 기준값이 0.270 이하이므로, 이벽체는 단열성능이 좋은 벽체임을 알 수 있다. 만약 열관류율이 기준값 이상이라면 단열재를 더 보강하여 기준값 이하가 되도록 하여야 한다.

벽체를 구성하는 각 재료들의 열저항을 구하여 합하는 과정을 거쳤지만 실제로 단열에 영향을 미치는 것은 단열재이고 다른 재료들은 사실상 큰 영향을 미치지 않으므로, 단열재의 열저항만을 구하여 벽체의 열관류율을 기준값과 비교하여보면 된다. 위의 예에서 단열재로만 판단하여 보면,

① 벽체 단열재의 열저항값을 구하면, 열저항은 두께(m) 나누기 열전도율이므로,
단열재(훈탄)의 열저항 = 0.19/0.045 = 4.222

② 벽체의 열관류율로 환산하면 열관류율은 열저항의 역수이므로 열관류율 = 1/열저항이니까 이 벽체의 열관류율은 1/4.222 = 0.2369가 된다.

③ 중부지역외기에 직접 면하는 거실외벽이라면 기준값이 0.270 이하이므로, 이벽체는 단열성능이 좋은 벽체임을 알 수 있다.

만일, 벽체를 재래식 흙벽돌만으로만 구성한다고 가정하여보면, 재래식 흙벽돌의 열전도율이 0.4255이므로 중부지역외기에 직접 면하는 거실외벽 기준값이 0.270 이하를 만족하려면, 열관류율 = 두께 / 0.4255 = 0.270이므로 벽체 두께가 1.58m 이상이 필요함을 알 수 있다.

단열재는 여러종류가 있지만, 친환경적인 단열재는 양모, 탄화코르크판, 왕겨, 왕겨숯(훈탄) 정도라고 볼 수 있다. 양모나 탄화코르크판이 좋기는 하지만 수입품이므로 가능하면 우리 주변에서 구할 수 있는 왕겨나 훈탄을 쓰는 것이 좋다. 또한 훈탄은 벌레의 침입이나 부식으로부터 안전하여 좋은 재료이지만 가격이 고가인 것이 흠이다. 왕겨는 가격이 저렴하지만 벌레의 침입이나 부식의 위험이 있으므로, 왕겨를 사용할 때는 소금이나 베이킹소다를 섞어서 쓰는 것이 좋다.

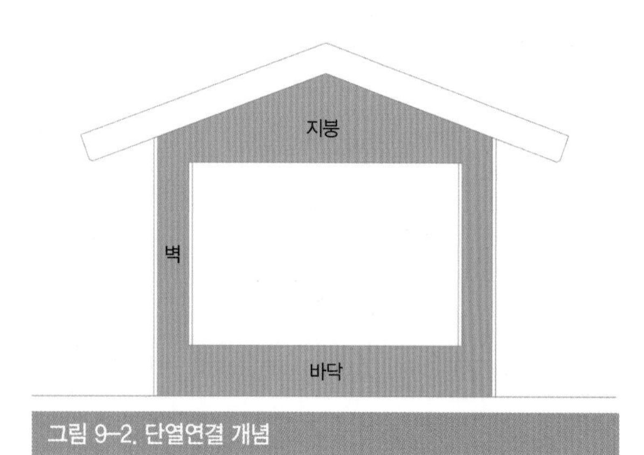

그림 9-2. 단열연결 개념

또한 바닥, 벽, 지붕의 단열이 끊어지지 않도록 계획하고 시공을 해야 단열성능이 우수한 집을 지을 수 있다. 에너지가 밖으로 빠져나가 열손실이 큰 부

위는 대부분 단열재 사이로 단열재 이외의 재료가 관통하는 곳, 즉 단열재가 끊기는 부분에서 나타난다. 이러한 단열이 끊기는 부분에서는 열교나 결로 현상이 발생하는데 열교 발생 부위는 주변 부위에 비해 상대적인 열저항이 작기 때문에 외부의 찬 기운이 침투하여 겨울철에는 열교부위의 실내측 표면온도가 낮아지게 된다. 이런 현상에 의해 열교 부위의 표면온도가 노점온도보다 낮아지게 되면 그 부분에 결로가 발생되어 구조체의 내구성을 떨어뜨리게 된다. 열교현상이 주로 발생하는 부분은 건물의 바닥, 벽과 벽이 맞닿는 부분, 벽과 지붕이 맞닿는 부분 등에서 나타난다. 이러한 문제점들을 해결하기 위해 건물의 바닥, 벽, 지붕의 단열을 연결하는 단열연결 개념이 중요하다. 그림 9-2는 이러한 개념을 표현한 것이다.

9.2 단 열

에너지 저감을 위한 여러 방안들 중에 생태적인 특징을 강조한 단열 방안들은 이중심벽, 단열 흙블럭, 단열 흙다짐,[3] 이중외피[4] 등이 있는데, 여기서는 이중심벽과 단열 흙블럭을 중심으로 살펴본다.

9.2.1 이중심벽

이중심벽은 기존 심벽을 보완하여 고안되었는데, 전통건축의 심벽을 이중으로 설치하고 그 가운데 부분에 단열재를 채워 만든다. 심벽은 대나무로 외를 엮기도 하고 각목을 붙일 수도 있으며 여건에 따라 다양한 구성이 가능하다. 양쪽 심벽에 흙을 채워 넣고 흙미장 마감을 하여 완성한다. 미장 이외에 다양한 공법으로 이중심벽을 활용할 수 있다. 여기서 이용되는 단열재로 자연재료인 훈탄이나 왕겨를 가

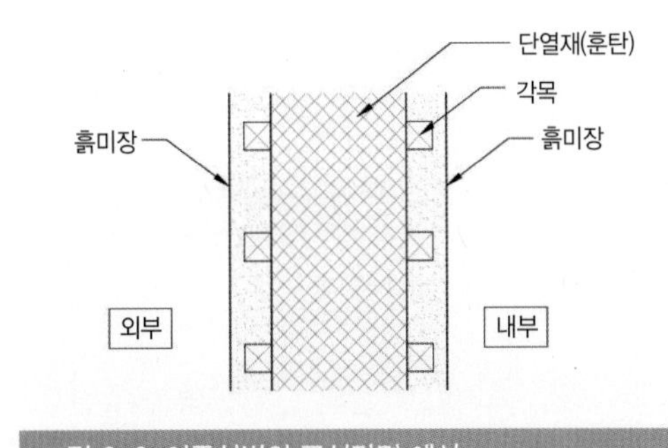

그림 9-3. 이중심벽의 구성단면 예시

3) 단열 흙다짐은 다짐벽 사이에 자연단열재인 왕겨나 왕겨숯을 넣어서 다지는 방법이다. 7장 참조.
4) 황혜주 외, 흙집 제대로 짓기, 도서출판 씨아이알, 2014.

장 많이 사용하며 경우에 따라 펄라이트나 다른 단열재를 사용할 수도 있다. 그림 9-3은 이중심벽의 구성단면이다. 기둥·보 구조와 이중심벽은 기존흙벽의 단열성을 증가시켜 단열에 취약하고 비대해진 기존 흙집의 단점을 보완할 수 있는 대안이 될 수 있을 것이다.

기존 한옥의 벽체는 단일심벽으로 구성되어 건축법의 단열규정에 부합하기 어려웠으며, 더욱이 2013년 9월 기준으로 건축법의 단열규정이 강화되어 기존의 단일심벽으로는 단열규정에 부합하기 더욱 어려워졌다. 이에 단일심벽의 단열성능을 보완할 수 있는 새로운 벽체구성인 이중심벽을 살펴본다. 이중심벽은 기존의 단일심벽을 이중으로 세우고 단일심벽 사이에 왕겨숯을 채워서 새로운 단열 규정에 부합하도록 하는 것이다. 기존 단일 심벽을 구성하는 부재인 흙, 목재의 열전도율과 추가되는 부재인 왕겨숯의 열전도율을 계산하여 각 부재의 필요두께를 산정한다.

• 단일 심벽

기존의 단일심벽은 그림 9-4처럼 목재기둥 사이에 각재를 수직부재로 30~40cm 간격으로 세우고 그 양쪽으로 쪼갠 대나무를 수평으로 촘촘히 이어 뼈대를 엮는다. 그리고 양쪽에 흙을 붙인 후 미장을 하는 방식이다. 이러한 단일심벽은 벽체를 구성하는 흙의 두께가 적어 단열성능이 떨어진다. 더욱이 흙과 목재기둥이 만나는 부위에서는 흙과 목재의 팽창계수가 달라 여름과 겨울이 지나면 접합부위에서 크랙이 발생하고 이로 말미암아 더욱 단열성능이 저하된다.

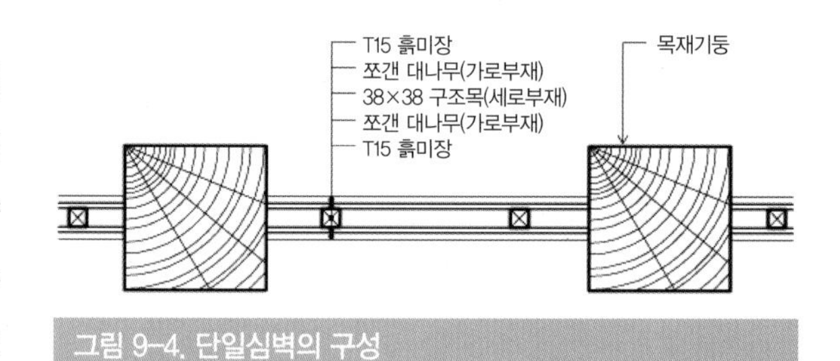

그림 9-4. 단일심벽의 구성

• 이중심벽의 구성

이중심벽은 그림 9-5, 9-6, 9-7처럼 기존의 단일심벽을 두겹으로 설치한다. 실외측에는 심벽을 기둥사이에 설치하고, 실내측에는 심벽을 기둥 바깥쪽에 설치한다. 그래서 실내측에서는 기둥과 흙이 만나는 면

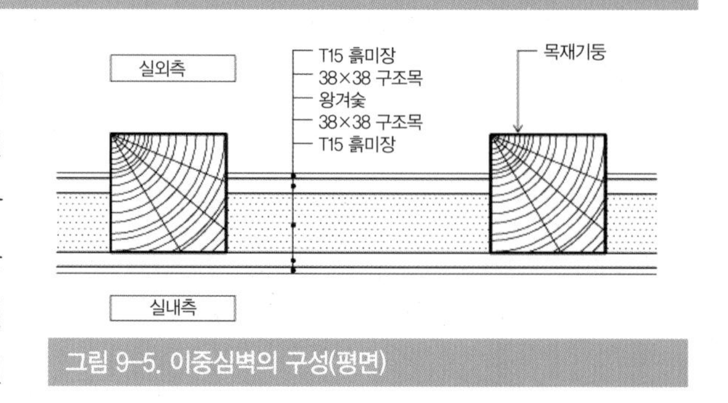

그림 9-5. 이중심벽의 구성(평면)

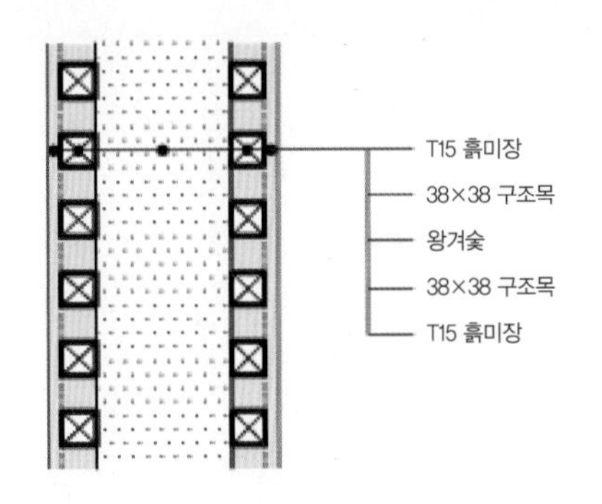

그림 9-6. 이중심벽의 구성(단면)

그림 9-7. 이중심벽의 구성(사진)

이 없어 크랙의 염려가 없다. 심벽의 구성은 구조목 2×2 각재(38mm×38mm)를 수평으로 설치하고 각재 사이를 흙으로 메운 뒤 메워진 흙과 각재 위로 흙미장을 실시한다. 이중심벽 사이에는 왕겨숯을 채운다. 왕겨숯은 왕겨를 연소시켜서 탄소화시킨 소재로서 화재에 안전하고 습도를 조정하는 기능을 가진 친환경소재이다. 기둥은 한옥의 경우 목재기중을 사용하지만, 흙집에서는 흙기둥으로 한다.

이중심벽은 한옥의 기둥 사이에 두 겹으로 벽체를 설치하여 나무와 흙의 수축팽창으로 인한 균열을 막을 수 있을 뿐 아니라 왕겨숯을 넣는 두께를 조절하여 각 지방에 맞는 건축법의 단열규정을 지킬 수 있게 됨을 알 수 있다. 기존 한옥 벽체의 문제점으로 지적되는 단열성능을 보완하기 위한 이중심벽은 자유로이 왕겨숯의 두께를 조절하여 각 지역의 단열규정에 원활히 대응이 가능하다. 더욱이 실내에 설치되는 벽은 흙이 기둥을 덮게 되어서 흙과 나무의 팽창계수 차이로 인한 균열도 막을 수 있게 되는 장점이 있으며, 그림 9-8은 이중심벽과 다른 벽체의 조합을 나타내는 그림인데, 이중심벽은 여타의 흙건축 공법과 연계하여 상황에 맞는 다양한 벽체를 구성할 수 있는 장점도 있다. 표 9-3은 이러한 이중심벽의 설치 순서의 예시를 나타낸 것이다.

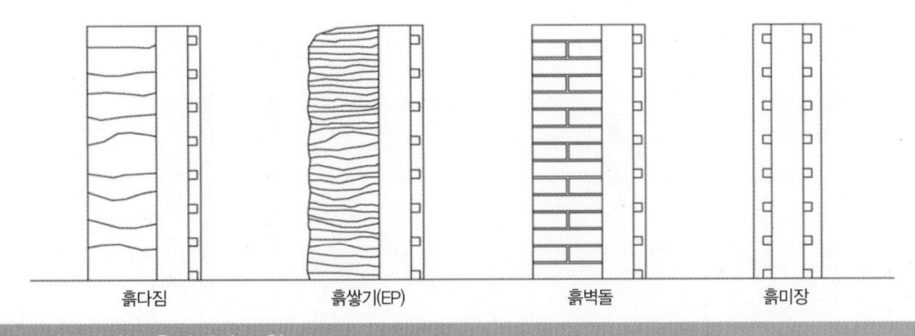

그림 9-8. 이중심벽과 흙벽체의 조합

표 9-3. 이중심벽 설치 순서(예시)

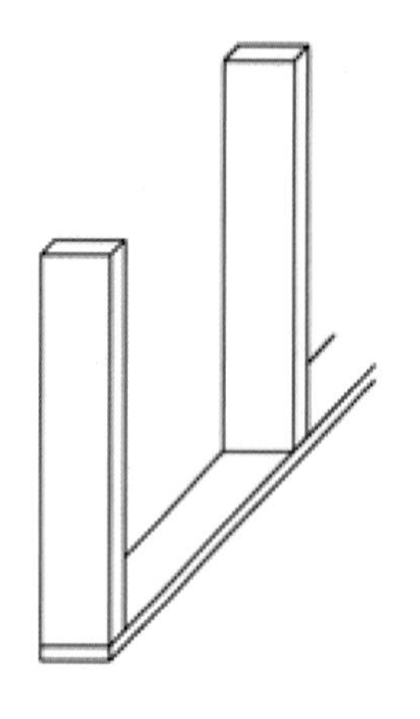	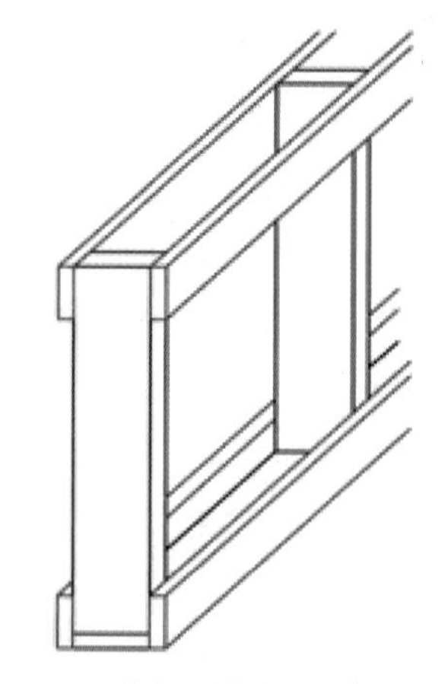
1. 2″ * 8″ 구조목 보받이, 샛기둥 설치	2. 2″ * 8″ 인방 설치(상, 중, 하)
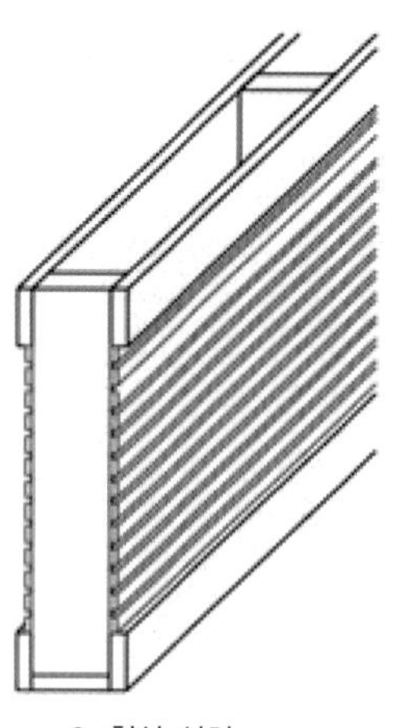	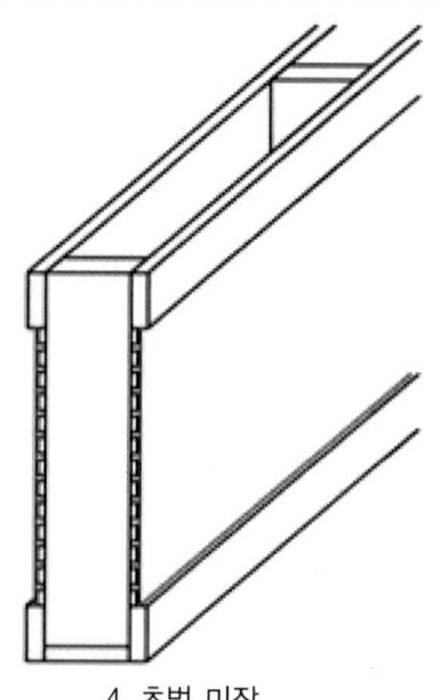
3. 힘살 설치	4. 초벌 미장
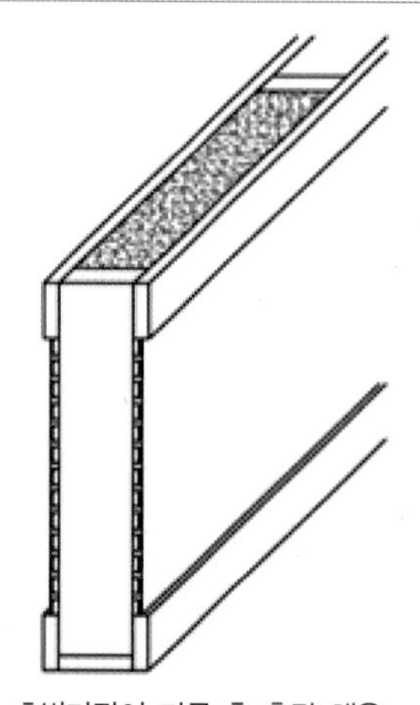	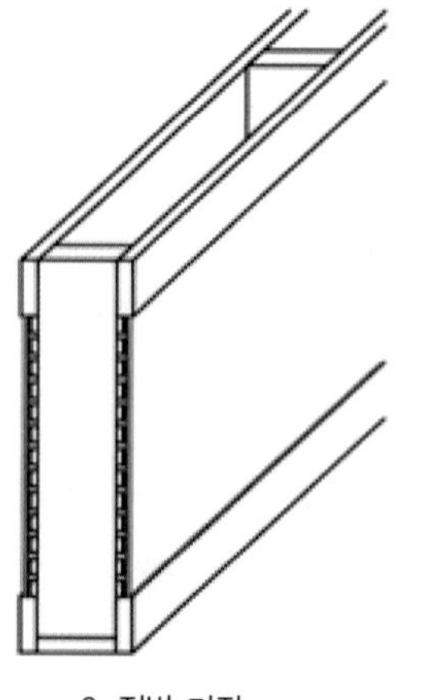
5. 초벌미장이 마른 후 훈탄 채움	6. 정벌 미장

9.2.2 단열 흙블럭

단열 흙블럭을 이용한 단열방식은 단열 흙블럭을 이중으로 쌓고, 그 사이 공간에 훈탄이나 왕겨같은 자연단열재료를 채워서 단열성능이 높은 벽체를 구성하는 것이다. 기존의 벽돌 이중쌓기와 유사한 개념이지만 기존벽돌이 가지는 단열성이 취약한 부분을 개선한 점이 특징이다. 단열 흙블럭은 흙(흙, 모래, 고강도석회를 1:1:0.2 정도로 섞은 것)에다 왕겨를 섞어서 130×130×300 정도 크기로 만들며 표 9-4는 이러한 단열 흙블럭의 물성을 나타낸 것이며, 표 9-5는 제작과정을 나타낸 것이다. 단열 흙블럭은 속기둥 방식 표 9-6과 외부기둥 방식 표 9-7로 활용한다.

표 9-4. 단열 흙블럭의 물성

재료 및 공법	열전도율(W/mK)	강도(MPa)	밀도(kg/㎥)
단열 흙블럭(흙:왕겨 = 1:1)	0.125	5.22	1,410
단열 흙블럭(흙:왕겨 = 1:1.5)	0.108	1.97	1,220
단열 흙블럭(흙:왕겨 = 1:2)	0.104	0.41	890

표 9-5. 단열 흙블럭 제작순서

1. 흙과 왕겨투입

2. 혼합

3. 단열 흙블럭 제작

4. 탈형 및 양생

표 9-6. 속기둥 방식

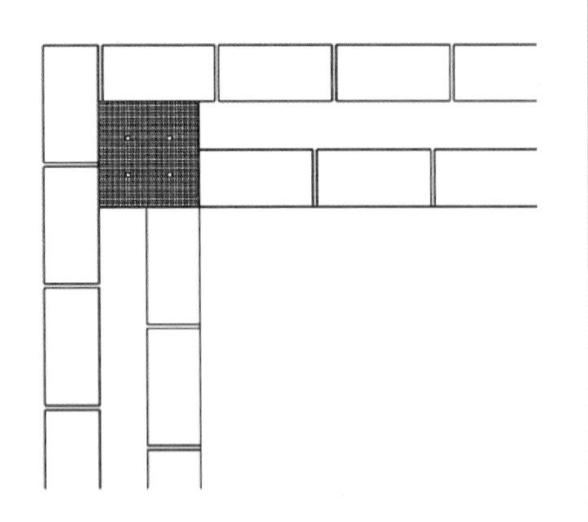 1. 속기둥 방식 개념(벽체내부에 흙기둥)	 2. 내·외부에 단열 흙블럭, 속에 흙기둥 설치
 3. 벽체 간 연결	 4. 왕겨와 베이킹소다 채움
 5. 반복 시공 과정	 6. 정벌 미장으로 마무리(기둥이 안보이는 방식)

표 9-7. 외부기둥 방식

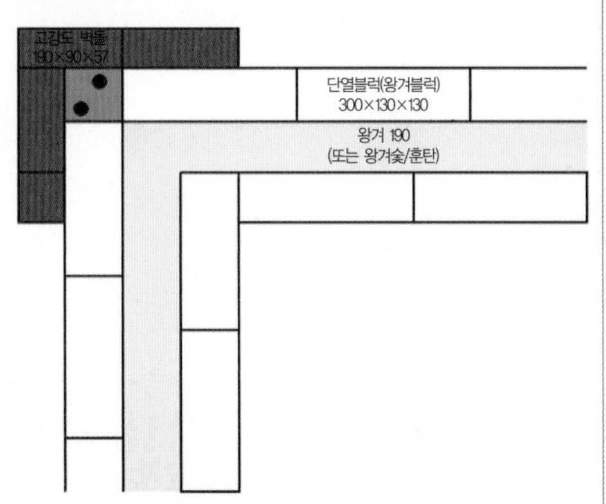

1. 외부 기둥방식 개념(외부에 벽돌기둥)

2. 외부에 벽돌기둥, 내부에 단열 흙블럭 설치

3. 벽체 간 연결

4. 왕겨와 베이킹소다 채움

5. 반복 시공 과정

6. 정벌 미장으로 마무리(기둥이 노출되는 방식)

9.3 구 들

에너지 문제가 시급한 인류의 생존문제로 부각되면서 건축에서도 다방면에 걸친 에너지 문제해결의 방법들이 연구되고 있다. 특히 바닥난방에 의존하는 우리의 생활양식은 전통구들에 대한 관심을 다시 불러일으키고 있는데, 흙의 열적 특성을 잘 살린 것이 구들이다. 아궁이에서 불을 지펴 열기를 보내 방바닥에 깔린 돌을 데우는 축열식 난방으로서 복사와 전도, 대류의 열 전달의 3요소를 모두 갖춘 독특한 난방기술이다. 아궁이로부터 만들어진 불의 열기로 방바닥 아래의 고래를 따라 열이 이동하면서 바닥 및 구들장 돌과 흙에 열이 저장되고 이것이 서서히 방열되면서 실내 온도를 따뜻하게 할 뿐 아니라 쾌적한 실내 환경을 유지시킨다. 불의 열기뿐만 아니라 인류가 오랫동안 불필요하게 여겼던 연기도 난방의 핵심으로 활용하는 생활과학으로서, 인류역사와 첨단과학을 통틀어 가장 합리적인 난방기술이라고 할 수 있다.

그러나 이러한 구들은 여러 가지 장점에도 불구하고 시공하기가 어렵고, 상당한 바닥높이를 확보해야 하는 어려움이 있다. 이러한 난점을 해결하여 간편하게 구들을 놓을 수 있는 간편구들과 신구들은 시공상의 용이성으로 인해 한옥이나 일반주택에서 다양한 적용이 가능하다. 간편 구들과 신구들은 강제 순환식 팬을 이용한 구들로서 기본적인 구조는 전통구들의 연소-채난-배연의 구조를 따르고 있으며, 전통구들의 열전달 원리 및 열효율을 활용하여 비용과 시공성을 개선한 구들이라고 할 수 있으며, 강제식 순환방식으로 연기의 실내유입이 적어서 실내에 벽난로와 결합한 형태로 시공이 가능하다

전통구들은 아궁이부터 방바닥까지가 900mm 정도로 두꺼운 반면 간편구들과 신구들은 바닥두께를 150~300mm로 최소화할 수 있다. 재료를 구하기 쉽고 비숙련자도 비교적 쉽게 시공

표 9-8. 신구들의 고래 설치 기본방식

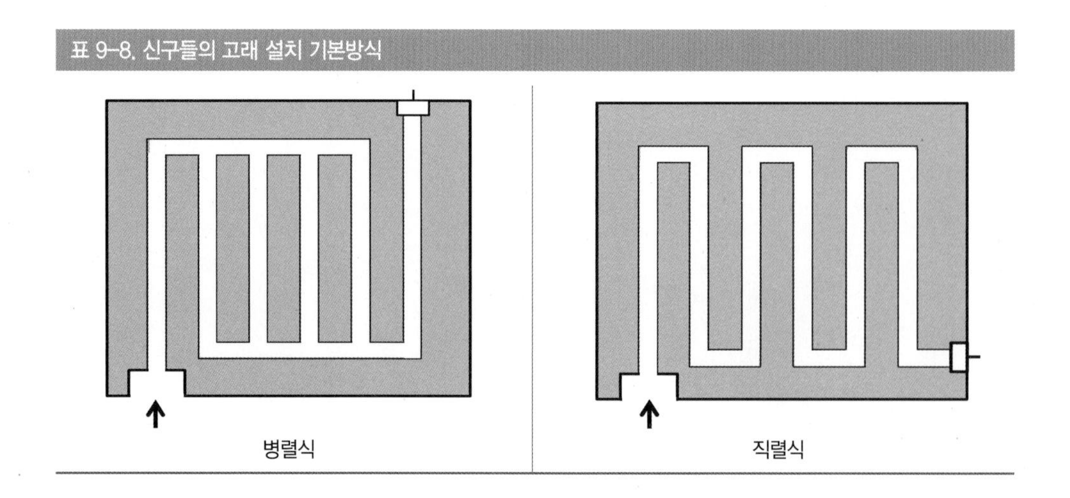

가능하며, 강제 순환식 팬을 활용하여 열기순환을 원활하게 할뿐만 아니라 초기 발생된 연기의 배출을 도움을 준다. 강제 순환식 팬은 속도조절기를 부착하여 불을 때는 초기에는 빠른속도로 돌리고, 어느 정도 불이 타면 속도를 느리게 하여 열기를 보존할 수 있다. 개량구들이 아니라 간편구들이나 신구들이라고 한 것은 개량이란 좋지 않은 것을 좋게 고치는 것인데, 전통구들이 가장 좋은 것이므로 고친다는 데 주안점을 둔 게 아니라 좋은 줄 알지만 여건이 허락하지 않아 어쩔 수 없을 때 간편하게 한다는 의미이다. 표 9-8은 신구들의 고래 설치 기본방식인데, 이러한 방식을 다양하게 결합하여 고래를 설치한다. 열이 들어가는 쪽은 병렬식으로 하고, 나가는 쪽은 직렬로 하되 많은 굴곡을 주어 열이 쉽게 빠져나가지 못하게 하는 것이 좋다. 신구들을 설치할 때, 고래 높이는 벽돌 1~2장 내외를 쌓아서 75~150mm 정도로 하며, 간격은 150~250mm 내외로 하면 좋다. 표 9-9는 신구들의 설치모습이다.

표 9-9. 신구들의 설치

1. 자갈과 흙으로 바닥 되메우기

2. 구들벽돌을 놓기 위해 바닥에 간격표시

3. 신구들 벽돌놓기

4. 판석(500×500×50mm) 덮기

표 9-9. 신구들의 설치(계속)

5. 판석 위에 와이어메쉬깔기(균열방지 및 열전달 향상)

6. 바닥 미장으로 마무리

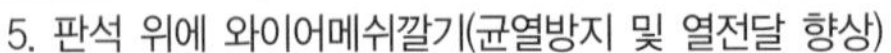

9.4 요 약

• 열적 특성

흙건축에 관한 기본적인 사항인 재료와 공법을 파악하였다고 해도 실제 집을 지으려면 에너지에 관한 사항은 중요한 요소이다. 건축물의 단열을 판단할 때는 건축요소(벽체, 지붕 등)의 열관류율로 판단하는데, 국토교통부가 정한 열관류율 값 이하가 되어야 한다. 벽체를 구성하는 각 재료들의 열저항을 합하여 벽체의 열관류율을 구하지만, 실제로 단열에 영향을 미치는 것은 단열재이고 다른 재료들은 사실상 큰 영향을 미치지 않으므로 단열재의 열저항만을 구하여 벽체의 열관류율을 기준값과 비교하면 간단하다.

단열재는 여러 종류가 있지만 우리 주변에서 구할 수 있는 왕겨나 훈탄을 쓰는 것이 좋은데 훈탄은 벌레의 침입이나 부식으로부터 안전한 재료이지만 가격이 고가이고, 왕겨는 가격이 저렴하지만 벌레의 침입이나 부식의 위험이 있으므로, 왕겨를 사용할 때는 소금이나 베이킹소다를 섞어서 쓰는 것이 좋다.

열교현상이 주로 발생하는 부분은 건물의 바닥, 벽과 벽이 맞닿는 부분, 벽과 지붕이 맞닿는 부분 등에서 나타나므로 이러한 문제점들을 해결하기 위해 건물의 바닥, 벽, 지붕의 단열을 연결하는 단열연결 개념이 중요하다.

• 단열

이중심벽은 전통건축의 심벽을 보완하여 고안되었는데, 심벽을 이중으로 설치하고 그 가운데 부분에 단열재를 채워 만든다. 심벽은 대나무로 외를 엮기도 하고 각목을 붙일 수도 있으며, 여건에 따라 다양한 구성이 가능하다. 양쪽 심벽에 흙을 채워 넣고 흙미장 마감을 하여 완성한다.

나무와 흙의 수축팽창으로 인한 균열을 막을 수 있을 뿐 아니라 왕겨숯을 넣는 두께를 조절하여 각 지방에 맞는 건축법의 단열규정을 지킬 수 있으며, 여타의 흙건축 공법과 연계하여 상황에 맞는 다양한 벽체를 구성할 수 있는 장점도 있다. 단열 흙블럭을 이용한 단열방식은 단열 흙블럭을 이중으로 쌓고, 그 사이 공간에 훈탄이나 왕겨같은 자연단열재를 채워서 단열성능이 높은 벽체를 구성하는 것이다. 기존의 벽돌 이중쌓기와 유사한 개념이지만 기존벽돌이 가지는 단열성이 취약한 부분을 개선한 점이 특징이다. 단열 흙블럭은 속기둥 방식과 외부기둥방식으로 활용한다. 단열 흙다짐은 다짐벽 사이에 자연단열재인 왕겨나 왕겨숯을 넣어서 다지는 방법으로서, 그간 문제시되었던 흙다짐의 단열문제를 해결하였다.

• 구들

흙의 열적 특성을 잘 살린 것이 구들이다. 아궁이에서 불을 지펴 열기를 보내 방바닥에 깔린 돌을 데우는 축열식 난방으로서 복사와 전도, 대류의 열전달의 3요소를 모두 갖춘 독특한 난방기술이며 불의 열기뿐만 아니라 인류가 오랫동안 불필요하게 여겼던 연기도 난방의 핵심으로 활용하는 생활과학으로서, 인류역사와 첨단과학을 통틀어 가장 합리적인 난방기술이라고 할 수 있다. 그러나 이러한 구들은 여러 가지 장점에도 불구하고 시공하기가 어렵고, 상당한 바닥높이를 확보해야 하는 어려움이 있는데 이를 해결하여 간편하게 구들을 놓을 수 있는 간편구들과 신구들은 시공상의 용이성으로 인해 한옥이나 일반주택에서 다양한 적용이 가능하다. 재료를 구하기 쉽고, 비숙련자도 쉽게 시공 가능하며, 강제 순환식 팬의 속도를 조절하여 열효율을 높일 수 있다. 간편 구들과 신구들은 강제 순환식 팬을 이용한 구들로서 기본적인 구조는 전통구들의 연소-채난-배연의 구조를 따르고 있으며, 강제식 순환방식으로 연기의 실내유입이 적어 실내에 벽난로와 결합한 형태로 시공이 가능하다.

신구들은 고래 및 구들 구조의 단순화로 바닥두께를 150~300mm로 최소화할 수 있는데 고래높이는 벽돌 1~2장 내외를 쌓아서 75~150mm 정도로 하며, 간격은 150~250mm 내외로 하면 좋다. 열이 들어가는 쪽은 병렬식으로 하고, 나가는 쪽은 직렬로 하되 많은 굴곡을 주어 열이 쉽게 빠져나가지 못하게 하는 것이 좋다.

10장

테라패시브하우스
(Terra Passive House, 생태단열흙집)

10 장

테라패시브하우스
(Terra Passive House, 생태단열흙집)

10.1 생태단열흙집(Terra Passive House)의 의미

패시브하우스(Passive House)는 화석연료의 사용을 최대한 억제하는 대신 첨단단열공법을 통해 열손실을 줄이고, 태양광이나 지열 등 재생 가능한 자연 에너지를 이용하여 에너지 낭비를 최소화한 건축물로 정의한다. 브리태니커 사전에서는 외부로부터 에너지를 끌어쓰거나 전환하는 것이 아니라 에너지가 밖으로 빠져나가는 것을 최대한 막는 방식이기 때문에 '수동적'(passive)이라는 이름이 붙었다. 연간 난방 에너지가 건물 m^2당 15kWh를 넘어서는 안 되고, 냉난방과 온수, 전기기기 등 1차 에너지 소비량이 연간 m^2당 120kWh 미만이어야 한다. 또한 문을 닫은 집에서 공기가 새어나가는 양이 50파스칼 압력에서 실내공기 부피의 60% 미만일 정도로 기밀성을 확보해야 한다. 이렇게 되면 바깥온도가 35℃일 때 맨 위층 실내온도는 26℃를 넘지 않으며, 바깥온도가 영하 10℃일 때도 난방시설이 필요하지 않다. 1988년 독일의 건설물리학자 볼프강 파이스트와 스웨덴의 룬드대학 교수 보 아담손이 제안하여 1991년 독일 다름슈타트에서 처음 지어진 후 유럽에서는 보편화된 건축기법으로 자리 잡았다. 독일 프랑크푸르트 지역의 경우 패시브하우스로 설계해야만 건축허가를 내준다.

그러나 이러한 패시브하우스는 고단열로 인한 기밀성 증대로 실내 공기질의 저하가 문제시되며, 이러한 점을 보완하기 위하여 센서에 의한 창문의 개폐 등 과다한 첨단기법의 도입으로 건축비가 상승하여 독일의 경우 기존 주택보다 15~20% 정도 증가하며, 한국은 2~3배 증가하는 경향이 있다. 또한 이로 인하여 에너지 저감이라는 목표는 달성할 수 있지만 생태적인 특성은 저하되는 문제점이 있다. 패시브하우스의 고단열의 장점은 살리고 과도한 첨단기법으로 인한 생태성 저하는 우리 전통건축의 특성으로 보완하는 방식, 즉 단열을 하되 생태적 방법으로 하고, 과도한 기술보다 소비를 줄이는 방식으로 하여 에너지 절감형 적정가격의 생태 흙집을 생태단열흙집(Terra Passive House)이라고 한다.

10.2 생태단열흙집 짓기

생태단열흙집(Terra Passive House)은 구조적으로는 전통건축의 기둥-보 방식을 차용한다. 기존 흙집이 주로 벽식구조로서, 벽체가 구조도 담당하고 단열도 담당하는 방식이어서 벽체가 과도해지는 경향이 있었는데, 생태단열흙집은 전통 건축에서처럼 구조는 기둥이 담당하고, 단열은 벽체가 담당하도록 하여 벽체가 구조로부터 자유로워지면서, 단열성능을 보강할 수 있다. 기둥은 흙으로 만들 수도 있고 필요에 따라서는 목재 등으로 할 수도 있다. 벽체는 단열 흙블럭이나 단열 흙다짐 또는 이중심벽으로 하여 단열성을 높인다. 또한 초가집의 특성에 착안하여 옥상녹화를 적용함으로써 단열성능과 생태성능을 더 높일 수 있다.

화석연료를 줄이는 방안으로는 구들을 적용함으로써 난방에 필요한 화석연료 소모를 줄이는 방안과 계획적 측면에서 여름집-겨울집, co-Housing, 작은 집의 개념을 도입하여 공간구분이나 분할을 통한 에너지 소모를 줄이고 집의 생태성능을 높이는 방안을 적극 검토하는 것이 좋다.

다음 표는 이러한 생태단열흙집(Terra Passive House)의 특성을 적용하여 원가절감형 흙집의 프로토타입을 제안한 박수정의 연구성과를 정리한 것이고,[1] 사진은 이러한 원리를 적용하여 목포대학교와 유네스코 한국흙건축학교가 흙건축 워크샵을 통하여 지역주민의 사랑방을 지은 모습이다

---

1) 박수정, 한옥의 공간구성원리에 기반한 원가절감형 흙집 프로토타입 제안, 목포대학교 석사학위논문, 2015.

표 10-1. 겨울집 기본유형의 구성

겨울집	
기본유형 Wa – 4.5×6.0m Wb – 6.0×4.5m (향에 따른 분류)	– 원룸형 주거형태 – 난방공간 : 온돌 또는 간편구들 설치 – 주방 : 2.4m싱크대(조리대, 개수대, 가스렌지, 수납공간), 아일랜드식탁(조리대, 전기레인지, 식탁), 냉장고, 세탁기(아일랜드식탁에 설치) – 욕실 : 변기와 세면 · 샤워공간의 분리 – 다락 : 수납공간, 침실 – 창문 : 채광창(남측), 환기창(북, 동측)
방추가형 WR – 6.0×4.5m Wr – 3.0×4.5m (크기에 따른 분류)	– 방추가형으로 기본유형에 붙어 확장형으로 이용 – WR : 큰방, 필요에 따라 가벽을 두어 작은방 2개로 사용가능 – Wr : 작은방

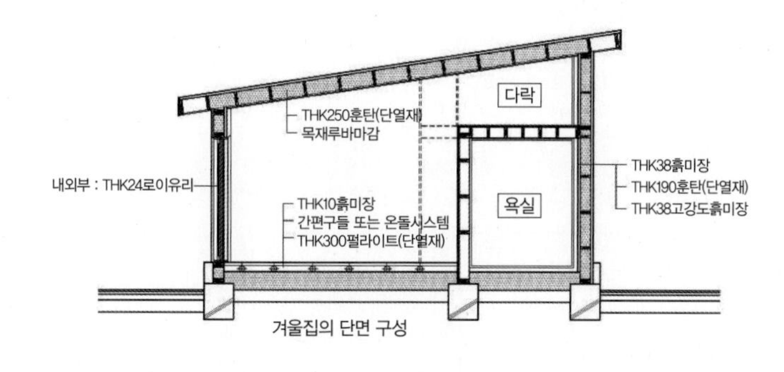

겨울집의 단면 구성

표 10-2. 겨울집의 기본유형

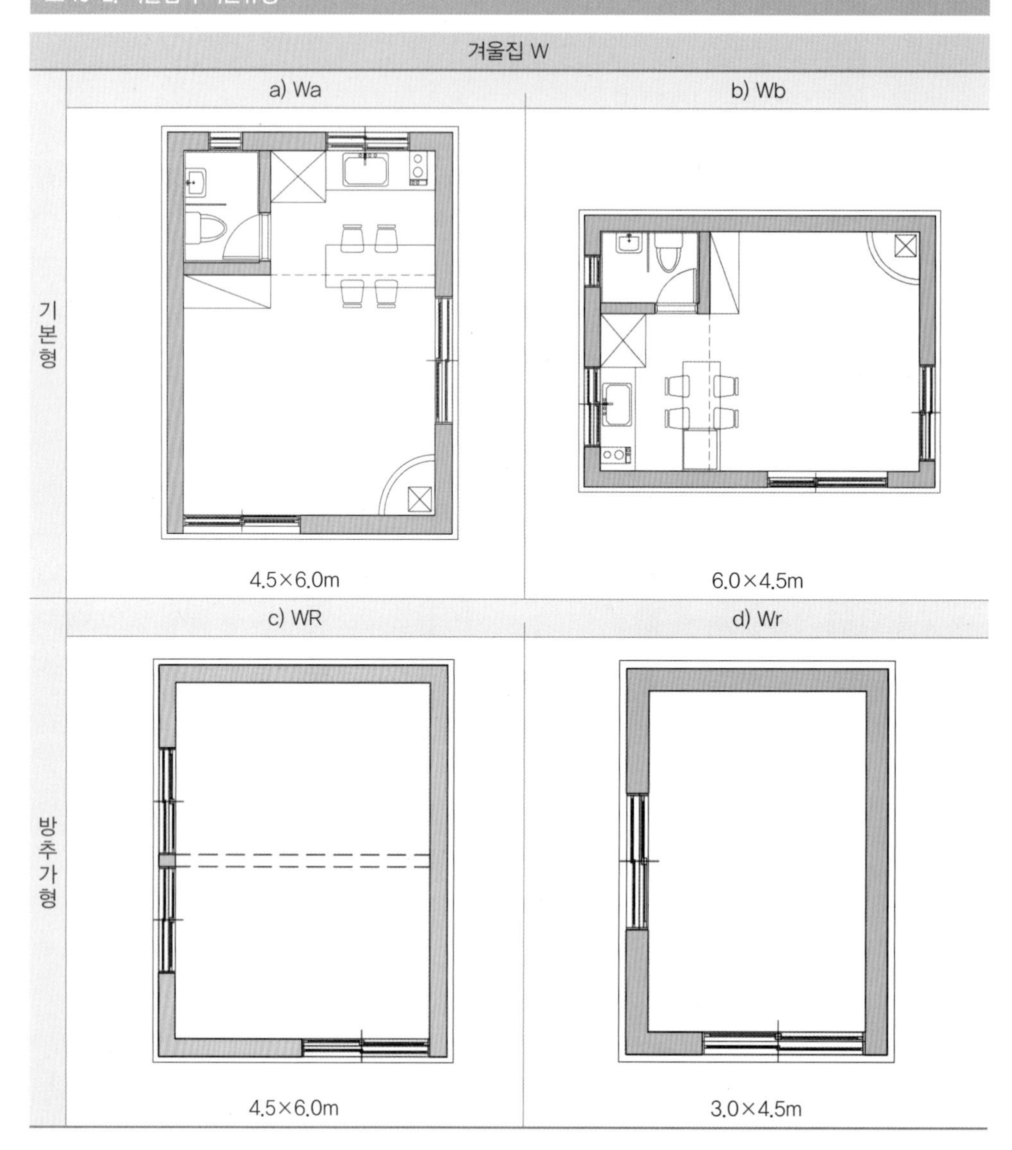

	겨울집 W	
	a) Wa	b) Wb
기본형	4.5×6.0m	6.0×4.5m
	c) WR	d) Wr
방추가형	4.5×6.0m	3.0×4.5m

표 10-3. 여름집 기본유형의 구성

여름집	
기본유형 4.5×6.0m (자유변형 가능)	– 비난방공간 – 주요구조는 목구조이고 벽체없이 기둥, 바닥, 지붕으로 구성됨 – 바닥 : 목재를 이용한 마루 – 외부공간을 연결하는 중간적 기능 – 저비용으로 건축가능

표 10-4. 여름집의 기본유형

여름집 S	
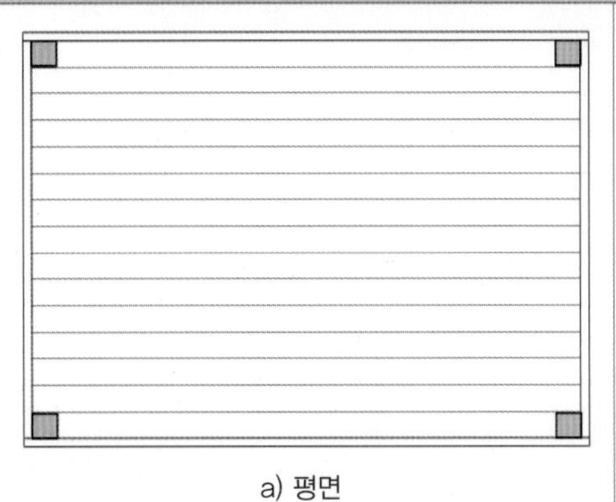	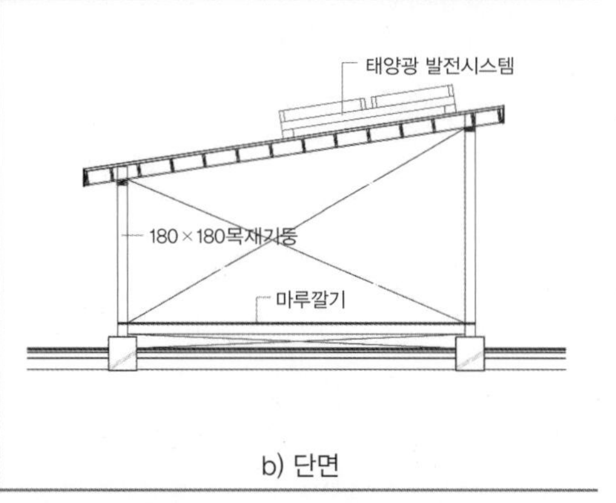
a) 평면	b) 단면

표 10-5. 겨울집과 여름집을 적용한 일반형 조합

a) 조합유형	일반형 : WaS

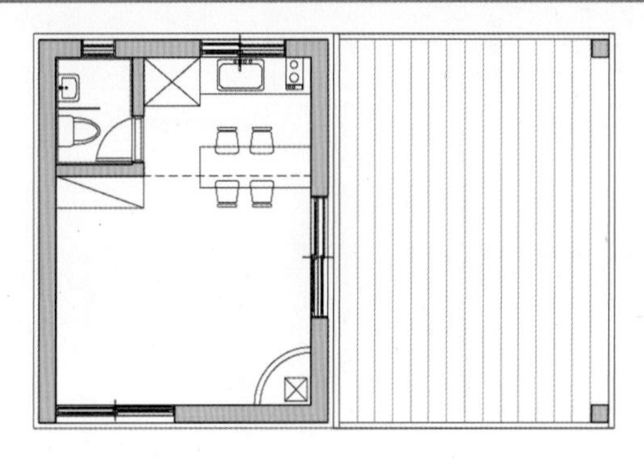

9.0×6.0m : 겨울집 4.5×6.0m + 여름집 4.5×6.0m

b) 조합유형	일반형 : WbS

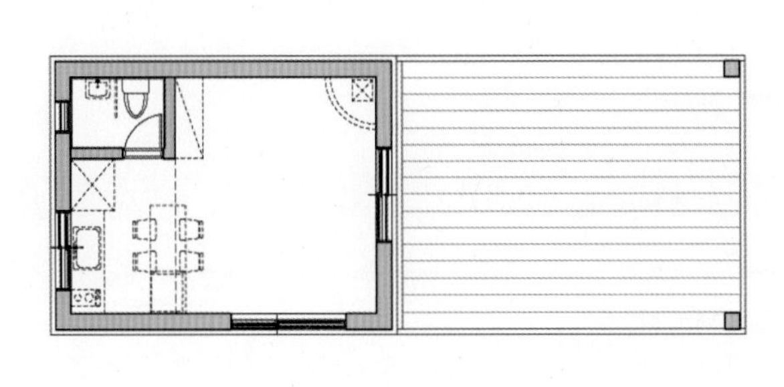

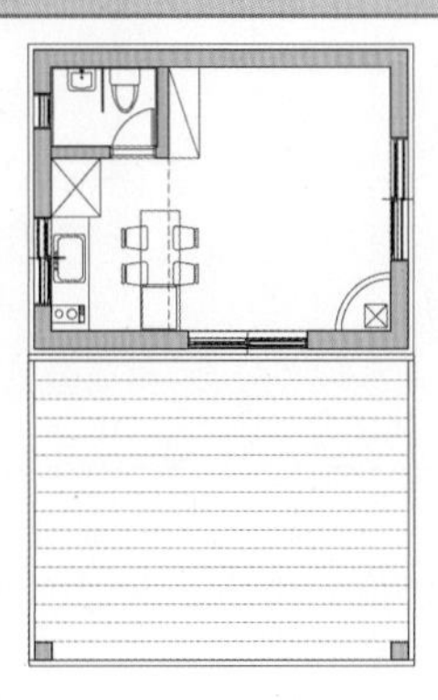

12.0×4.5m : 겨울집 6.0×4.5m + 여름집 6.0×4.5m

표 10-6. 기본형을 이용한 확장형 조합-1

조합유형	확장형 : WaS, WbS+WR	
a	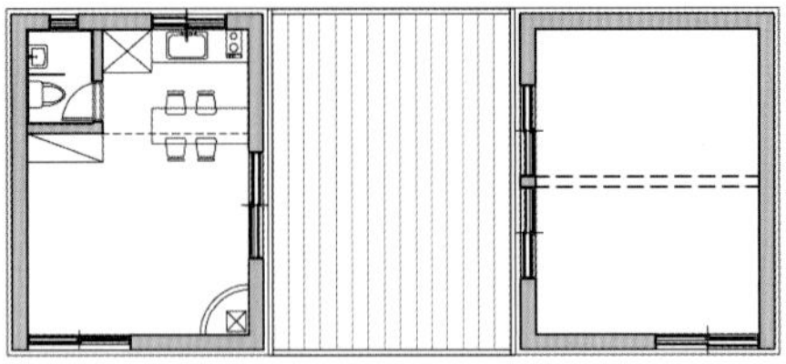	*AREA : 90㎡ W : 60㎡ + S : 30㎡
b	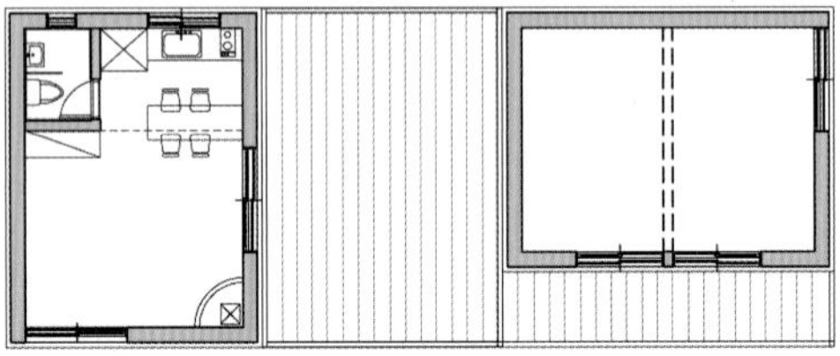	*AREA : 99㎡ W : 60㎡ + S : 39㎡
c		*AREA : 90㎡ W : 60㎡ + S : 30㎡
d	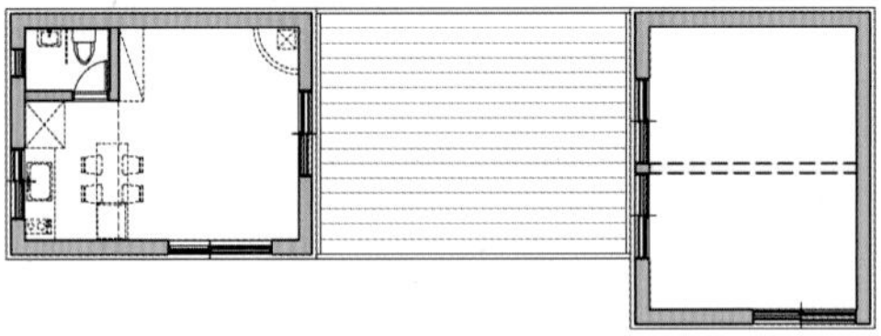	*AREA : 90㎡ W : 60㎡ + S : 30㎡
e	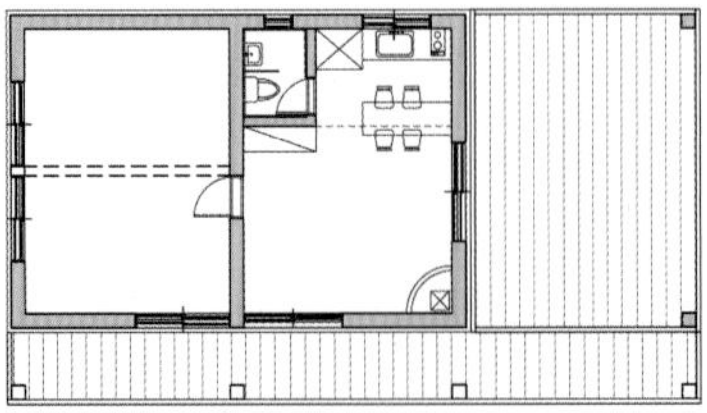	*AREA : 100㎡ W : 60㎡ + S : 40㎡
f		*AREA : 100㎡ W : 60㎡ + S : 40㎡

표 10-7. 기본형을 이용한 확장형 조합-2

조합유형	확장형 : WaS, WbS + WR	
g	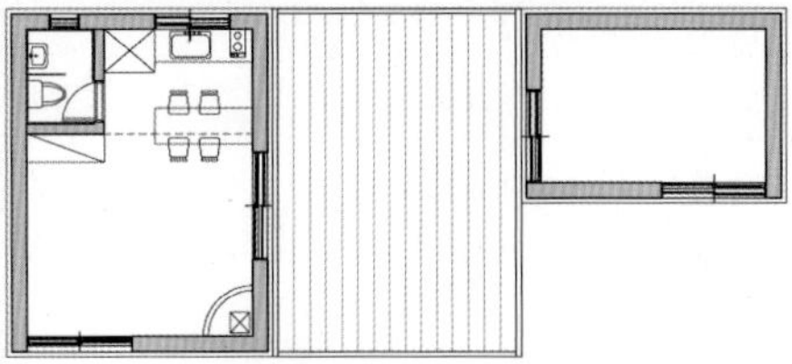	*AREA : 75㎡ W : 45㎡ + S : 30㎡
h	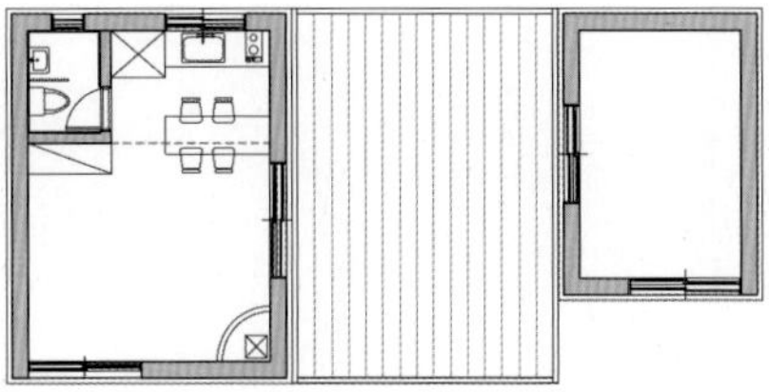	*AREA : 75㎡ W : 45㎡ + S : 30㎡
i	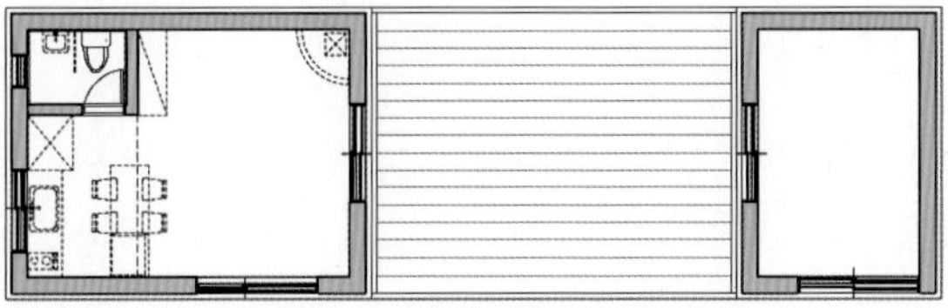	*AREA : 75㎡ W : 45㎡ + S : 30㎡
j	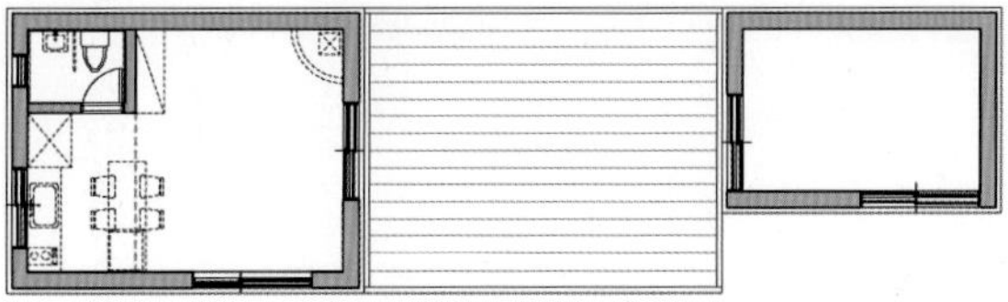	*AREA : 75㎡ W : 45㎡ + S : 30㎡
k	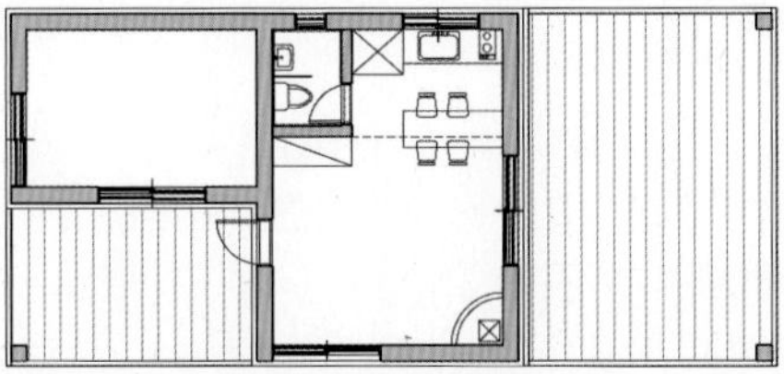	*AREA : 90㎡ W : 45㎡ + S : 45㎡
l		*AREA : 79.5㎡ W : 45㎡ + S : 34.5㎡

표 10-8. 기본형을 이용한 확장형 조합-3

조합유형	확장형 : WaS, WbS+WaS, WbS	
m	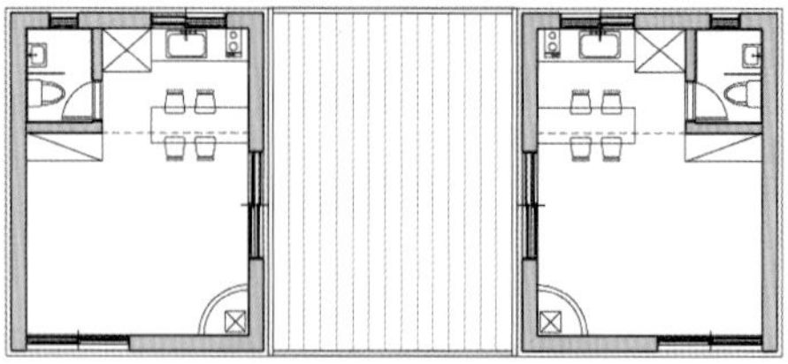	*AREA : 90㎡ W : 60㎡ + S : 30㎡
n	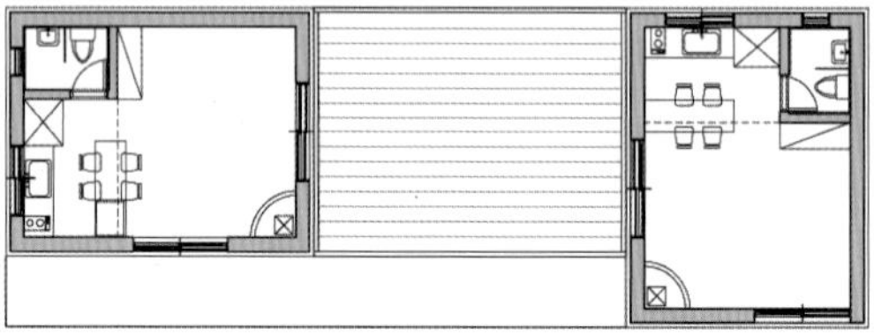	*AREA : 90㎡ W : 60㎡ + S : 30㎡
o	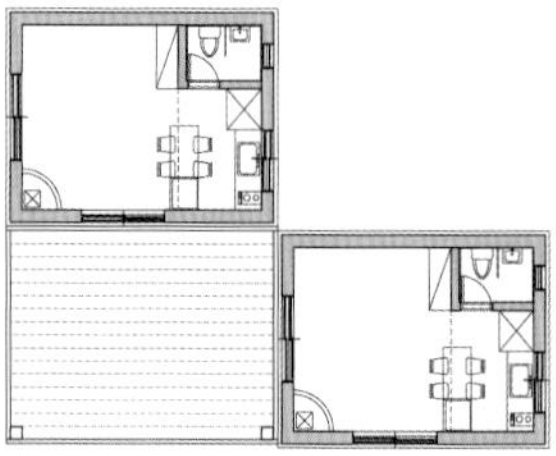	*AREA : 90㎡ W : 60㎡ + S : 30㎡
p		*AREA : 90㎡ W : 60㎡ + S : 30㎡
q	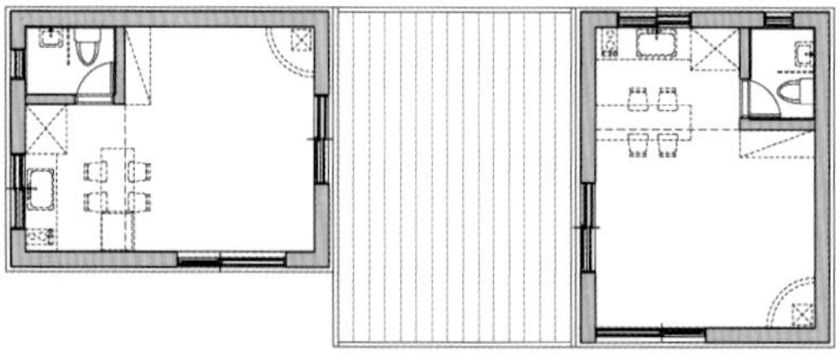	*AREA : 90㎡ W : 60㎡ + S : 30㎡
r	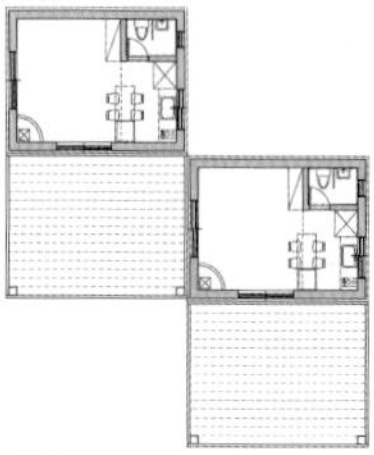	*AREA : 60㎡+60㎡

표 10-9. 생태단열흙집(Terra Passive House) 시공사례

1. 5월집(완주 흙건축학교)

2. 온림토가(완주 흙건축학교)

3. 완창마을(완주, 2015)

4. 원수선마을(완주, 2015)

5. 원가천마을(완주, 2015)

6. 부수마을(완주, 2015)

10.3 요 약

• 생태단열흙집(Terra Passive House)의 의미

패시브하우스(Passive House)는 화석연료의 사용을 최대한 억제하는 대신 첨단단열공법을 통해 열손실을 줄이고, 태양광이나 지열 등 재생 가능한 자연 에너지를 이용하여 에너지 낭비를 최소화한 건축물로 정의한다.

패시브하우스의 고단열의 장점은 살리고 과도한 첨단기법으로 인한 생태성 저하는 우리 전통건축의 특성으로 보완하는 방식, 즉 단열을 하되 생태적 방법으로 하고, 과도한 기술보다 소비를 줄이는 방식으로 하여 에너지 절감형 적정가격의 생태 흙집을 생태단열흙집(Terra Passive House)이라고 한다.

• 생태단열흙집 짓기

생태단열흙집(Terra Passive House)은 구조는 기둥이 담당하고, 단열은 벽체가 담당하도록 하여 벽체가 구조로부터 자유로워지면서 단열성능을 보강할 수 있다. 기둥은 흙으로 만들 수도 있고 필요에 따라서는 목재 등으로 할 수도 있다. 벽체는 단열 흙블럭이나 단열 흙다짐 또는 이중심벽으로 하여 단열성을 높인다. 또한 초가집의 특성에 착안하여 옥상녹화를 적용함으로써 단열성능과 생태성능을 더 높일 수 있다.

화석연료를 줄이는 방안으로는 구들을 적용함으로써 난방에 필요한 화석연료 소모를 줄이는 방안과 계획적 측면에서 여름집-겨울집, co-Housing, 작은 집의 개념을 도입하여 공간구분이나 분할을 통한 에너지 소모를 줄이고 집의 생태성능을 높이는 방안을 적극 검토하는 것이 좋다.

부록 · 흙건축 화보

흙건축은..더..이상..가능성으로..존재하지.. 않는다

사회가 급속히 변화함에 따라 앞으로의 연구는 더욱 다양해질 것으로 보이고 전통적 가치에 바탕을 둔 흙건축의 개념에서 현대에 사용할 수 있는 전통과 결합된 최적 기술에 관한 연구가 더욱 가속이 붙을 것으로 보인다. 흙은 앞으로도 가장 유용하게 쓰일 수 있는 건축적인 재료임에는 분명하다. 문명의 발상과 함께 우리 곁에서 주거를 위한 중요한 소재로서 존재하여 왔고 그 소임을 지금도 묵묵히 해내고 있다. 다만 흙의 무한한 잠재력을 무시하고 철과 콘크리트만의 진보와 발전의 대명사라고 생각하는 선부른 판단을 버리고 체계적이고 과학적인 연구와 기술개발을 한다면 흙은 다시 그 역할을 충분히 해낼 것이다. 흙건축은 더 이상 가능성으로 존재하지 않는다. 이미 실제하고 있고 항상 우리의 따스한 손길과 관심을 기다리고 있다.

세계 인구의 30%, 약 15억 인류가 흙으로 된 거주지에서 살고 있으며, 개발 도상국만을 대상으로 하면, 인구의 50%가 흙건축에서 생활하고 있다. 아래 그림은 세계의 흙건축의 분포를 나타낸 것이며, 흙건축이 일부 지역에 국한된 것이 아니라, 전 세계적으로 분포하고 있음을 보여준다. 이러한 흙건축은 전 세계에 그 종류를 헤아리기 어려운 만큼 다양한 형태로 나타나고 있으며, 이러한 것을 체계적으로 정리하는 것은 무척이나 어려운 작업이다. 본문에서 흙건축의 재료와 공법을 중심으로 흙건축을 분류하여 정리하다 보니, 이러한 다양한 특성을 가진 흙건축을 제대로 다 표현하지 못한 한계가 있어서 본 장에서는 세계 각 지역에서 다양하게 나타나는 흙건축의 사례들을 분류체계나 형식에 구애받지 않고 화보식으로 나열하였다. 이러한 것들을 통하여 흙건축에 대한 관심과 이해를 높이고 흙건축 발전을 위한 영감을 불러일으키기를 기대한다.

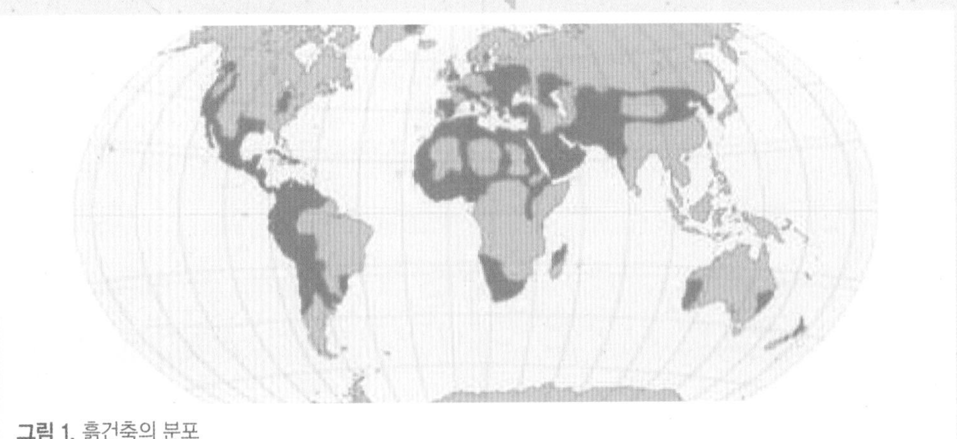

그림 1. 흙건축의 분포

그림 2. 고강도 쪼갠(split) 흙벽돌이 적용된 경기 파주 Y 출판사 사옥

그림 3. 고강도 쪼갠(split) 흙벽돌이 적용된 서울 반포 L 아파트

그림 4. 고강도 흡음흙벽돌이 적용된 서초동 모차르트 빌딩

그림 5. 고강도 흡음 흙벽돌이 적용된 경기 고양 KINTEX

그림 6. 고강도 흙벽돌이 적용된 경기도 일산주택

그림 7. 고강도 벽돌이 적용된 서울 청담동 D 아파트

그림 8. 고강도 벽돌이 적용된 경기 가평 P 골프장 클럽하우스

그림 9. 고강도 흙벽돌이 적용된 충북 제천 세하의 집

그림 10. 고강도 흙벽돌이 적용된 포항 베들레햄 공동체 복지시설

그림 11. 고강도 흙벽돌이 적용된 기계면 단독주택

그림 12. 고강도 흙벽돌이 적용된 경기 광주 실촌주택

그림 13. 고강도 흙벽돌이 적용된 경기 부천 야외음악당

그림 14. 고강도 흙벽돌이 적용된 포항 동호인 주택

그림 15. 고강도 흙벽돌이 적용된 전북 김제 지평선 중학교

그림 16. 다양한 색상효과를 보여주는 강화도 한복연구소 흙다짐벽

그림 17. 강화도 한복연구소 시공 장면

그림 18. 다양한 개구부 처리를 표현한 높은 터 주택

그림 19. 다양한 평면구성을 한 전북 변산 주택

그림 20. 전북 변산 주택 모습

그림 21. 국내 최초 2층 흙다짐집. 경남 산청 주택

그림 22. 전남 순천 응령리 주택

그림 23. 전남 순천 응령리 주택

그림 24. 흙다짐 표면에 표현한 효과.
전남 여수 응령리 주택

그림 25. 흙다짐과 한옥기법이 결합된 경기도 양평 주택

그림 26. 노출콘크리트와 흙다짐 공법이 혼용된
전북 익산 천주교 천호성지

그림 27. 천주교 천호성지 흙다짐벽

그림 28. 흙다짐 보호의 다양한 형태를 보여주는 강원
철원 별비내리는 마을 주택

그림 29. 내부 치장벽으로 사용된 흙다짐벽. 서울 H 호텔

그림 30. 내부 치장벽으로 사용된 흙다짐벽과 계단의 접합. 서울 H 호텔

그림 31. 흙다짐 공법이 적용된 경남 함양주택

그림 32. 경남 함양주택 시공사진

그림 33. 긴 흙다짐벽과 큰 개구부를 특징으로 하는 강원 홍성주택

그림 34. 강원 홍성주택 시공사진

그림 35. 흙다짐 열주가 특징인 강화도 주택

그림 36. 대형 흙미장이 적용된 전북 고창 참살이 노인복지관 내부 일부

그림 37. 흙미장과 수공장식장이 어우러진 공간. 전남 목포

그림 38. 전면적으로 흙미장이 적용된 기숙사. 전북 김제

그림 39. 흙미장 기숙사. 전북 김제

그림 40. 흙미장의 다양한 응용, 전북 김제

그림 41. 흙다짐이 적용된 실내바닥. 전남 함평 민예학당

출처 : Jones Studio, Inc
house of 5 Dream ; Phoenix, Arizona - 2004

그림 1. 흙다짐벽을 이용해 1층은 박물관으로 2층은 거주지로 사용

그림 2. 1층 흙다짐벽 내부 박물관 전경

출처 : Jones Studio, Inc
Jones-Johnson Residence ; Phoenix, Arizona - 1999

그림 3. 미국 애리조나 주의 흙다짐으로 지어진 거주지 외부 전경

그림 4. 미국 애리조나 주의 흙다짐으로 지어진 거주지의 내부 전경

photo by Santosini Asakawa
split house-yanging-beijing-

그림 5. 흙다짐을 이용해 지어진 베이징의 주택-1

그림 6. 흙다짐을 이용해 지어진 베이징의 주택-2

Designed and built between 1967 and 1974, the La Luz community

그림 7. 흙벽돌로 지어진 미국의 뉴멕시코의 타운하우스

photo by ron medvescek / Arizona Daily Star
University of Arizona grads Jason Gallo and Andy Powell built

그림 8. 미국의 삼휴지 지역의 흙다짐 주택 외부전경

그림 9. 미국의 삼휴지 지역의 흙다짐 주택 내부전경

Nk'Mip Desert Interpretive Centre in Osoyoos

그림 10. 캐나다 오소요스의 높이 20피트, 길이 220피트의 흙다짐 벽

Photo by Joe Dahmen
PRINCIPAL INVESTIGATOR / DESIGNER Joe Dahmen, MIT Master of Architecture 2006

그림 11. MIT 건축학과에서 진행한 흙다짐 프로젝트

그림 12. 흙다짐을 하고 있는 모습

그림 13. 흙다짐과 거푸집

출처 : Rammed earth Canada
Ravine House – Spring 2007 – Location : Salt Spring Island, BC
Designed By Jesse Gebhard

그림 14. 캐나다 브리티시컬럼비아 지역의 흙다짐 기둥

그림 15. 캐나다 브리티시컬럼비아 지역의 흙다짐벽 완성

출처 : Rammed earth Canada
Hart House – Fall 2006 – Location : Salt Spring Island, BC
Designed By Jesse Gebhard & Josh Hart

그림 16. 캐나다 브리티시컬럼비아 지역의 타원형태의 흙다짐 벽

그림 17. 캐나다 브리티시컬럼비아 지역의 철근을 삽입한 흙다짐 벽

Photo by archINFOR
Versöhnungskapelle – I 2002 – Location : Berlin–Prenzlauer Berg
Architects : Rudolf Reitermann, Peter Sassenroth, Martin Rauch

그림 18. 외벽은 나무 내벽은 흙으로 지어진 베를린의 교회

그림 19. 베를린 교회의 내부전경

그림 20. 흙다짐으로 이루어진 내부벽

Fremantle B.I.P.V. house

프랑스 흙건축 전시

프랑스 그르노블 건축학교 CRA-Terre 흙건축 연구소에서는 매년 5월 말에서 6월 초에 걸쳐 약 2주 동안 흙건축 전시회를 개최한다. 이 기간 동안 학생들은 리옹의 그랑 아뜰리에 전시장에서 흙건축 작품을 실제로 구현하고 방문객들에게 흙건축에 대한 소개를 한다. 매년 흙건축과 관련한 많은 아이디어들을 다양한 작품이 전시되며, 실제 건축물을 설계하고 간단히 흙으로 건축물을 짓기도 한다.

이 전시회는 어른뿐만 아니라 유치원, 학교 등의 학생들에게도 흙을 만지고 느낄 수 있는 프로그램을 제공해 많은 호응을 얻고 있다.

전시장 내부전경

어린이 흙건축

대학생 졸업 흙건축 실습

흙벽돌 쌓기

다양한 흙건축 방법 실습

돌 쌓기

아치 쌓기

알매흙 붙이기

알매흙 붙이기

아치 쌓기

흙다짐 공법

알매흙 붙이기

어린이 흙교실

흙다짐

흙벽돌 제작

흙벽돌

흙벽돌 제작

어린이 흙재료 교실

아치 만들기

어린이 흙다짐 교실

흙미장

흙 조형물

흙 관련 실험

흙다짐 실험

흙다짐 만들기

알매흙

심벽 만들기

어린이 흙건축 교육

흙벽체 구성

스폰지 흙미장

흙 속에 병

흙자루 만들기

흙미장 벽

흙미장 만들기

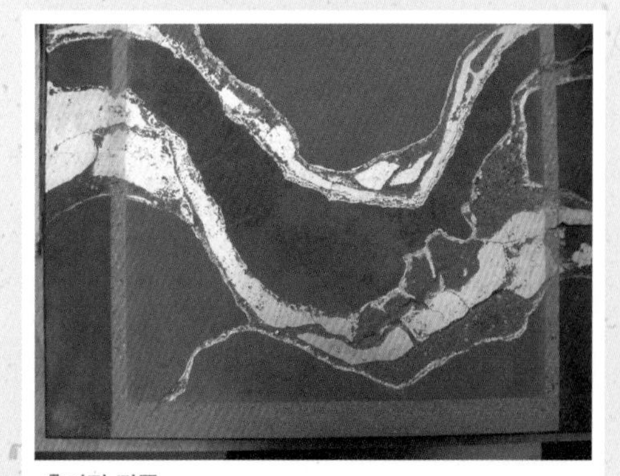

흙미장 작품

흙벽돌 만들기

한국의 흙건축 교육

한국흙건축연구회가 주최하고 유네스코 석좌 프로그램 한국흙건축학교(www.terrakorea.com)와 목포대학교가 주관하는 흙건축 교육이 진행된다. 흙건축 교육에는 전국의 대학생 및 일반인이 참가하여 흙건축에 대한 이론교육과 실무실습을 진행한다. 이 외에도 국내외 봉사활동과 흙건축 디자인 공모전 등이 실시되며, 이러한 흙건축 교육을 이수한 사람들이 모여 흙건축 협동조합이 결성하고 새로운 주거문화에 기여하고 있다.

흙건축 오리엔테이션

흙건축 이론교육

흙재료 실험

흙재료 실험

흙재료 실험

흙재료 실험

흙재료 실험

흙 조형물

흙타설재 실험

흙타설재 실험

타설재 실험

타설재 실험

타설재 실험

타설재 실험

타설재 실험

흙분석 실험

흙분석 실험

흙분석 실험

흙분석 실험

흙 실습

흙의 물성 실험

흙의 물성 실험

기초

기초

흙벽돌 제작

흙벽돌 제작

이중심벽 틀 설치

이중심벽 틀 설치

흙벽돌 기둥

흙벽돌 기둥

내부 미장

외부 미장

구들 설치

바닥 미장

지붕 및 옥상녹화

아마인유 마감

흙건축 교육으로 시공한 건물

흙건축 교육으로 시공한 건물

흙다짐

물성 실험

흙건축 교육으로 시공한 건물

흙건축 교육으로 시공한 건물

흙건축 교육으로 시공한 건물

흙건축 교육으로 시공한 건물

국외 봉사활동 – 네팔

국외 봉사활동 – 필리핀

국외 봉사활동 – 필리핀

국외 봉사활동 – 필리핀

국외 봉사활동 – 필리핀

국내 봉사활동

국내 봉사활동

국내 봉사활동

지역 흙건축 활동

지역 흙건축 활동 – 무안 감풀 어린이도서관

지역 흙건축 활동 – 담양창평 흙건축 안내센터

지역 흙건축 활동 – 산청 동의토가

흙건축협동조합 시공주택

한국흙건축학교 졸업생 시공주택

글을 마치며…

보이는 곳에서
보이지 않는 곳에서
언제나 따스한 눈길로 저를 지켜보아 주신 분들께
이 조그만 글로 제 마음을 전하고 싶습니다.

저로 인해 가슴 시리고 허허로와
참 많이도 힘들었을 이들에게
이 조그만 글로 제 마음을 전하고 싶습니다.

'그리고 나한테 주어진 길을 걸어가야겠다'는
詩人의 말을 제 가슴속에 새기고 싶습니다.

참•고•문•헌

단행본

Alanna Stang외,The Green House, Princeton Architectural Press, 2006

Bruce King, Buildings of Earth and Straw, Ecological Design Press, 1997

Charles J. Kibert, Sustainable Construction, John Wiley & Sons Inc.2005

Clarke Snell, The Good Houes Book, Lark Books, 2004

Clarke Snelldhl, Building Green, Lark Books, 2005

David Easton, The Rammed Earth House, Chelsea Green Publishing Company, 1996

David R.Johnston 외, Green Remodeling, New Society Publishers, 2004

Eiko Komatsu 외, Built By Hand, Gibbs Smith Publisher, 2003

Gandy, Matthew, Concrete and Clay,MIT, 2001

Gernot Minke, Earth Construction Handbook, Computational Mechanics Inc.2000

Gregory P. schebotarioff, Foundations, Retaining and Earth Structures, Mc Grain Hill, 1973

Hugo Huben and Hurbert Guillad, Earth Construction, ITDG Publishing, 2001

James Grayson Trulove with Nora Richter Greer, Sustainable Homes, Harper Collins, 2001

Jeac Dethier, 흙건축의 조형세계, 세진사, 2000

John Schaeffer, Real Goods Solar Living Source book-12th Edition, New Society Publishers,2005

Joseph F. Kennedy 외, Art of Natural Building, New Society Publishers, 2002

Kaki Hunter 외, Earthbag Building, NewSociety Publishers, 2004

Karen Witynski 외, Adobe Details, Gibbs Smith Publisher, 2002

Kemal Aran 외 Anatolian Indigenous Buildings, Tepe architecture culture center,2000

Lanto Evans, The Hand-Sculpted House, Chelsea Green, 2002

LauraSanchez 외, Adobe Houses for Today, Sunstone Press, 2001

Laurence Keefe, Earth Building, Taylor & Francis, 2005

Lloyd Kahn, Home Work, Shelter Publications, 2004

Lyle A. Wolfskill 외, Handbook for Building Homes of Earth, University Press of the Pacific, 2005

Nader Khalili, Ceramic Houses and Earth Architecture, Cal-Earth Press, 1996

Otto Kapfinger, Martin Rauch Rammed Earth, birkhauser, 2001

Paulina Wojciechowska, Building with Earth, Chelsea Green Publishing Company, 2001

Rick Joy, Rick Joy Desert Works, Princeton Architectural Press, 2002

Robert Reck 외,The Small Adobe House, Gibbs Smith Publisher, 2001

Ted Owens, Building With Awareness, Syncronos Design Inc.2005

강순주 외, 친환경주거, 발언, 2004

강영환, 새로쓴 한국주거문화의 역사, 기문당, 2004

강영환, 집으로 보는 우리문화 이야기, 웅진닷컴, 2000

길견길, 모래지반의 액상화, 원기술, 1999

김국연 외, 건축디자인 재료, 서우, 2005

김문일 역, 아프리카의 주택, 공간출판사, 2005

김문한 외, 황토모르터를 이용한 온수온돌바닥의 균열방지 및 Self-Leveling공법 개발(최종), 건설교통부 1998-11

김상규, 토질역학(개정판), 청문각, 2005

김수진, 광물과학, 우성, 2001

김순웅, 조민철 역, 건축, 흙에 매혹되다. 도서출판 효형

김영수외, 토질역학, 사이텍미디어, 2000.7

김정덕, 김정덕의 황토집과 자연건강법, 인간사랑, 2000

김현수 외, 저층고밀형 친환경 주거단지 유형개발을 위한 연구, (주)대우, 1997

문희수, 점토광물학, 민음사, 1996.3

박춘식, 풍화토의 특성, 엔지니어즈, 1996

방건웅, 신과학이 세상을 바꾼다, 정신세계사, 1997

손세관, 깊게 본 중국의 주택, 열화당, 2002

신영훈 외, 우리가 정말 알아야 할 우리한옥, 현암사, 2005

안드레아 오펜하이머 단, 희망을 짓는 건축가 이야기 : 사

무엘 막비와 루럴 스튜디오, SPACE, 2005
연세대학교 밀레니엄 환경디자인 연구소, 친환경 공간디자인, 연세대학교출판부, 2005
윤원태, 황토집 따라짓기, 전우문화사, 2005
윤정숙, 친환경주거, 신광출판사, 2005
윤지선, 구조지질학, 시그마프레스, 2005
이도원, 흙에서 흙으로, 사이언스 북스, 2005
이도흠, 원효와 마르크스의 대화, 자음과 모음, 2015
이상덕, 토질시험(원리와방법), 새론, 2005
이왕기 외 2인, 세계의 민속주택, 세진사, 1996
이종근 외, 무기재료공업개론, 피어스 에듀케이션 코리아, 2000
임상훈 외, 생태건축, 도서출판 고원, 2001
임종철 외, 토질공학핸드북, 새론, 2005
조성기, 한국의 민가, 한울아카데미, 2006
조성진, 토양학, 향문사. 1999.12
조영길, 목촌에게 배우는 흙집 짓는법, 황소걸음,2005
채창우 외, 친환경 건축자재평가및 순환재활용기술, 한국건설기술연구원, 2000
천병식, 지반공학, 구미서관, 1999.10
편집부 편, CA9:흙건축.산업시설, 현대건축사, 2000
한국도시연구소, 생태도시론, 박영사, 2000
함인선, 구조의 구조, 발언, 2000
함정도 외, 친환경 건축의 이해, 기문당, 2004
環境共生住宅推進協議會, 環境共生住宅A-Z, BIO CITY(日本), 1998
황혜주 외, 흙집 제대로 짓기, 도서출판 씨아이알, 2014

논문자료

강남이, 흙건축재료의 최밀충전특성과 결합재에 따른 반응성능, 목포대대학원, 2014.02
강남이, 시멘트무첨가 황토결합재의 콘크리트 적용에 관한 연구, 목포대 대학원, 2007.02
강성수, 황토결합재를 이용한 매스콘크리트의 수화열과 건조수축 특성, 2008.08
곽동호, 세라믹 재료를 혼합한 부균열 황토 모르터 개발에 관한 기초적 연구, 동아대 산업대학원, 1999.02
금한기, 황토 모르터의 배합비에 따른 시공성에 관한 실험적 연구, 동아대 산업대학원, 1997.08
김광득, 단열기준에 근거한 흙집의 시공상세 제안, 목포대 대학원, 2015.02
김병준, 기능성 황토내장재 개발에 관한 연구, 울산대산업대학원, 2004.02
김수정, 콩즙을 이용한 면직물의 황토염색, 서울대 대학원, 2001.02
김순호, 무기혼화재를 첨가한 황토모르타르의 특성에 관한 연구, 경상대 대학원, 2000.02
김순호, 황토를 활용한 다공질 경량 건축자재 개발에 관한 연구, 경상대 대학원, 2004.02
김웅래, 흙벽돌 구조물의 실내온열환경에 관한 실측 연구, 삼척대학교 산업대학원, 2003.02
김진일, 황토 콘크리트의 강도와 내구성 및 노출표면에 관한 연구, 2009.08
김창동, 황토몰탈의 탄성계수에 관한 연구, 영남대산업대학원, 2007.02
김현도, 왕겨재를 이용한 토질 안정처리, 울산대학교, 2002
김현수, 건축재료로의 이용을 위한 산지별 황토의 특성에 관한 연구, 전북대 대학원, 2006.02
박국진, 습식마감재의 건조수축 균열 저감에 관한 연구, 계명대산업기술대학원, 2004.02
박기정, 충전제 배합에 따른 접착제의 물성, 한서대학교 예술대학원, 2002
박수정, 한옥의 공간구성원리에 기반한 원가절감형 흙집 프로토타입 제안, 목포대 대학원, 2015.02
박정식, 흙건축의 생태적 의미와 현대적 이용에 관한 연구, 연세대학교, 2000
박종태, RHA에 의한 황토의 강도개선에 관한 연구, 영남대 산업대학원, 2006.02
박찬수, 황토의 황화합물 탈취특성과 폐수에 대한 응집 및 탈취효능에 관한 연구, 전북대 대학원, 2000.02
박창구, 수쇄슬래그 미분말을 혼합한 황토벽돌의 물성에 관한 연구, 부경대 산업대학원, 2002.02
박태성, 지역별황토의 공학적 특성에 관한 연구, 목포대 대학원, 2003.02
박현진, 황토(적갈색 풍화토)의 입도 분리와 물리 화학적 특성, 부산대 대학원, 2001.02
방혜진, 황토 전원주택의 실내환경디자인에 관한 연구, 성신여대 조형대학원, 1998.02
손병순, 가압다짐으로 황토블럭을 제작하기 위한 최적의 물-비에 관한 연구, 영남대 산업대학원, 2007.02
신현주, 환경친화적 건축재료에 대한 연구 :흙과 목재를 중심으로, 동의대산업기술대학원, 2002.08
안재철, 석회를 혼합한 황토 모르터(삼화토)의 물성에 관

한 기초적 연구, 동아대 대학원, 1998.02

양준혁, 황토결합재를 이용한 콘크리트의 적정배합 도출, 목포대대학원, 2006.02

오만호, 허브를 첨가한 흙미장의 호감도 및 선호도 조사, 한국흙건축학교 전문가과정논문, 2015.12

윤순진, 기후변화와 환경 정의, 환경과 생명, 2003.겨울

이기식, 황토재료가 동식물의 생장에 미치는 영향에 관한 연구, 목포대 대학원, 2003

이명락, 황토를 이용한 복사공간에서의 열환경에 관한 연구, 계명대 대학원, 2000.02

이예진, 흙건축 재료 및 공법 이해를 위한 교육프로그램 개발, 목포대 대학원, 2015.02

이인수, 흙주택의 실내구법특성과 변용에 관한 연구, 홍익대학교, 2000

이재은, 황토-슬래그계 경화체의 특성에 관한 연구, 경상대 대학원, 2000.02

이현철, 활성황토를 혼입한 모르터의 물리적특성에 관한 연구, 전남대 대학원, 2007.02

임성수, 황토와 플라이 애시를 혼입한 시멘트 모르타르의 공학적 특성, 충남대 대학원, 2004.02

전용남, 황토 및 볏짚재 현탁액에 의한 수화현상의 제거, 안동대 대학원, 2000.02

전태현, 첨가재가 흙건축재료의 재활용에 미치는 영향, 목포대 대학원, 2007

정상택, 황토몰탈의 압축강도와 인장강도의 관계에 관한 연구, 영남대산업대학원, 2007.02

정성운, 황토를 이용한 고농도 유기성 폐수의 응집처리, 전북대 대학원, 2000.02

정승호, 규사가 황토몰탈의 특성에 미치는 영향에 관한 연구, 영남대산업대학원, 2007.02

정연백, 각종 섬유가 혼입된 황토콘크리트 슬래브의 휨거동, 중앙대 대학원, 2006.02

정종모, 시멘트를 혼합한 황토 모르터의 물성에 관한 실험적 연구, 동아대 산업대학원, 1997.08

정지연, 작은 집의 함의로 고찰한 흙건축의 가치, 한국흙건축학교 전문가과정 논문, 2015.12

조민철, 시멘트 무첨가 황토콘크리트 개발에 관한 연구, 목포대 대학원, 2003.02

조양희, 황토의 회화 재료로서의 가능성에 관한 연구, 홍익대 대학원, 2003.02

조인섭, 고강도 황토 PANEL 개발에 관한 연구, 부경대 산업대학원, 2000.02

조형찬, 황토를 이용한 공동주택의 온열환경에 관한 연구, 수원대 대학원, 2000.02

주우정, 의령황토의 특성 조사, 경남대 산업대학원, 1999.02

주학돈, Green Solution에 의한 황토의 강도개선에 관한 연구, 영남대 산업대학원, 2006.02

최성우, 혼화재료로서 황토혼화재의 콘크리트 적용성에 관한 실험적 연구, 충남대 대학원, 2001.02

최희용, 활성황토의 건설자원화에 관한 연구, 충남대 대학원, 2002.02

추유선, 광촉매 도료의 개발에 관한 실험적 연구, 목포대 대학원, 2003

한경순, 토벽화 보존에 따른 고착제에 관한 연구, 보존과학회지, 2002

허성식, 콘크리트 강도영역에 따른 황토혼입 3성분계 결합재의 특성연구, 목포대 대학원, 2007

허영오, 황토를 이용한 인 흡착성능 평가, 부경대 산업대학원, 1998.02

허윤정, 실내마감재로서의 황토의 사용현황과 공급방안에 관한 연구, 경북대대학원 , 2006.02

홍명희, 내균열성 황토 Self-leveling재 개발에 관한 연구, 부경대 산업대학원, 1998.02

황규은, 황토를 이용한 면직물의 천연 염색, 성균관대 대학원, 1999.02

황은하, 황토의 지역적 종류에 의한 염색성 연구, 대구가톨릭대대학원, 2004.02

황혜주 외, 황토반응의 메카니즘에 관한 실험적 연구, 대한건축학회 추계학술발표대회 논문집(구조 계), v.17 n.2(1997-10)

황혜주 외, 황토의 일반적 특성에 관한 고찰, 대한건축학회 논문집 v.17 n.2(1997-10)

황혜주, The Activating Method and Effect of Kaolin as a Cement Admixture, 3rd International Symposium in Architectural Interchanges in Asia(2000-02)

황혜주, A Study on the Properties of Hwangtoh Self-Leveling Material, 3rd International Symposium in Architectural Interchanges in Asia(2000-02)

황혜주 외,시멘트모르터로의 적용을 위한 황토 혼화재 개발에 관한 연구, 대한건축학회논문집 구조계 : v.16 n.6(2000-06)

황혜주, An experimental study on the new pozzolan manufacturing for hwangtoh, 한일 건축재료시공 심포지엄(2008-08)

황혜주 외, 혼화재로서 황토를 사용한 콘크리트의 기초 물성에 관한 실험적 연구, 대한건축학회 추계학술발표대회 논문집(구조계) : v.20 n.2(2000-10)

황혜주, The Activating temperature of a laolin as a cement admixture, 한국콘크리트학회(2001-01)

황혜주 외, 혼화재로서 황토를 사용한 콘크리트의 중성화

및 화학안정성에 관한 실험적 연구, 대한건축학회 춘계 학술발표대회 논문집(구조계) : v.21 n.1(2001-04)

황혜주 외, 황토를 이용한 셀프-레벨링재 개발을 위한 기초적 연구, 대한건축학회 춘계학술발표대회 논문집(구조계) : v.21 n.1(2001-04)

황혜주, 粘土質の黃土を用いたセメンクリート混和材の開發に關する硏究, 일본건축학회(2001-09)

황혜주, セメント混合用の活性高嶺土微分末の製造にする硏究, 일본 콘크리트학회(2001-07)

황혜주 외, 활성황토를 사용한 콘크리트의 염소이온 침투저항성에 관한 실험적 연구, 한국콘크리트학회 2001년도 가을 학술발표회 논문집 : v.13 n.2(2001-11)

황혜주 외, 알칼리 자극에 고로슬래그 경화체의 기초 특성, 대한건축학회 춘계학술발표대회 논문집(구조계) : v.22 n.1(2002-04)

황혜주 외, 시멘트 무첨가 고강도 황토바닥벽돌 공장생산조건에 관한 연구, 대한건축학회 춘계학술발표대회 논문집(구조계) : v.22 n.1(2002-04)

황혜주 외, 폐콘크리트 미분말을 이용한 재생 시멘트 개발에 관한 기초적 연구, 한국콘크리트학회 2002년도 봄 학술발표회 논문집 : v.14 n.1(2002-05)

황혜주, 흙건축의 동향과 전망, 대한건축학회지(2003-05)

황혜주 외, 황토재료가 동식물의 성장에 미치는 영향에 관한 실험적 연구, 대한건축학회논문집 구조계 : v.19 n.7(2003-07)

황혜주, 흙-친환경 생명 중심의 자재로 새롭게 조명된다, 한국건설산업연구원(2003-08)

황혜주, 환경친화 주거단지 외부공간의 환경친화형 재료개발, 한국그린빌딩협의회 춘계학술강연회 논문집(2004-04)

황혜주 외, 황토와 슬래그를 첨가한 콘크리트의 강도 및 응력-변형률 관계, 한국콘크리트학회 2004년도 봄 학술발표회 논문집 : v.16 n.1(2004-05)

황혜주 외, 황토와 슬래그를 첨가한 철근콘크리트 보의 휨거동, 한국콘크리트학회 2004년도 가을 학술발표회 논문집 : v.16 n.2(2004-11)

황혜주 외, 황토를 첨가한 콘크리트의 부착성능 및 전단거동 평가, 한국콘크리트학회 2005년도 봄 학술발표회 논문집 (I) : v.17 n.1-1(2005-05)

황혜주 외, 황토미장재 성능개선을 위한 실험적 연구, 한국생태환경건축학회 논문집 : v.5 n.3(통권 17호)(2005-09)

황혜주 외, 셀룰로오스와 강섬유로 보강된 연속 슬래브의 휨 거동에 관한 실험적 연구, 대한건축학회 학술발표대회(창립60주년 기념) 논문집 : v.25 n.1(2005-10)

황혜주 외, Development of a Cementless Mortar using Hwangtoh Binder, Building and Environment,(2006-05)

황혜주 외, 황토와 고로슬래그 미분말을 첨가한 콘크리트의 역학적 성능 평가, 대한건축학회논문집 구조계 : v.22 n.5(2006-05)

황혜주 외, 지역별 황토의 화학적 특성 및 강도발현에 관한 연구, 한국생태환경건축학회 논문집 v.6 n.2(통권 20호)(2006-06)

황혜주 외, 황토결합재를 사용한 무시멘트 모르터의 배합특성에 따른 압축강도 및 건조수축 거동, 대한건축학회 논문집 구조계 : v.22 n.6(2006-06)

황혜주 외, 黃土의 濕度 調節 能力에 관한 硏究, 대한건축학회논문집 구조계 : v.22 n.7(2006-07)

황혜주 외, 흙집의 하계 온도 조절 기능에 관한 실험적 연구, 대한건축학회 학술발표대회 논문집(2006-10)

황혜주 외, 중심 압축력을 받는 황토콘크리트 기둥의 거동에 관한 실험적 연구, 대한건축학회 학술발표대회 논문집(2006-10)

황혜주 외, 섬유를 보강한 황토콘크리트 기둥의 내력 및 연성에 관한 실험적 연구, 대한건축학회 학술발표대회 논문집(2006-10)

황혜주 외, 4Weeks toxicity study of concrete and hwangto building environments in rats, Laboratory animal research(2006-11)

황혜주 외, 흙 건축재료의 열 물성 평가 및 실험을 통한 흙 구조체의 하계 온도 조절 기능 분석, 대한건축학회논문집 계획계 : v.22 n.12(2006-12)

황혜주 외, 혼화재가 무시멘트 황토 모르타르의 유동성 및 압축강도 발현에 미치는 영향, 한국콘크리트학회논문집 : v.18 n.6(2006-12)

황혜주 외, Subacute Toxicity Evaluation in Rats Exposed to Concrete and Hwangto Building Environments, Environment Toxicology(2007-01)

황혜주 외, Development of a cementless mortar using hwangtoh binder, BUILDING AND ENVIRONMENT (2007-04)

황혜주 외, 농촌주택으로서의 흙건축 가능성 황혜주 - 한국농촌건축학회 춘계학술대회(2007-05)

황혜주 외, 친환경 건축재료로서의 흙벽돌과 흙미장의 흡음 특성에 관한 연구, 한국생태환경건축학회 논문집 : v.7 n.3(통권 25호)(2007-06)

황혜주 외, 황토결합재를 이용한 콘크리트의 적정배합 도출에 관한 연구, 대한건축학회논문집 구조계 : v.23 n.6(2007-06)

황혜주 외, 건축 계획적 활용을 위한 흙건축 특성분석, 한국생태환경건축학회 논문집 : v.7 n.4(통권 26호)(2007-08)

황혜주, 황토 콘크리트-친환경·고강도 흙 재료 이용, 한국건설산업연구원(2007-10)

황혜주 외, 친환경 재료로서의 흙, 한국그린빌딩협의회 추계학술강연회 논문집(2007-11)

황혜주 외, 황토결합재의 기초물성에 관한 실험적 연구, 대한건축학회논문집 구조계 : v.24 n.1(2008-01)

황혜주, 전통 건축재료를 활용한 친환경 건축기술, 대한건축학회(2008-03)

황혜주 외, 전통마감기법을 활용한 친환경 발수제 개발에 관한 연구, 대한건축학회논문집 구조계 : v.24 n.6(2008-06)

황혜주 외, 흙미장재에 대한 만족도 조사 연구, 한국생태환경건축학회 학술발표대회 논문집 : 통권14호(2008-08)

황혜주 외, 2-D DIGE and MS/MS analysis of protein serum expression in rats housed in concrete and clay cages in winter, WILEY-V C H VERLAG GMBH (2008-09)

황혜주 외, 황토결합재를 이용한 콘크리트의 수화열과 수축특성, 한국콘크리트학회논문집 : v.20 n.5(2008-10)

황혜주 외, 황토 콘크리트의 배합조건에 따른 강도성상 및 내구성, 한국생태환경건축학회 논문집 : v.8 n.5(통권 33호)(2008-10)

황혜주 외, 체험전시를 통한 흙건축 인식변화에 관한 연구, 한국생태환경건축학회 학술발표대회 논문집 : 통권 15호(2008-11)

황혜주 외, 황토조적벽체의 치장줄눈 색채 변화에 따른 이미지 특성에 관한 연구, 대한건축학회지회연합회 논문집 : v.10 n.04(통권36호)(2008-12)

황혜주 외, 안료와 볏짚의 첨가량에 따른 흙미장의 색상과 표면질감에 관한 연구, 한국생태환경건축학회 논문집 : v.9 n.1(통권 35호)(2009-02)

황혜주 외, 흙다짐 공법에서 거푸집측압에 대한 기초적연구, 한국생태환경건축학회 논문집 : v.9 n.1(통권 35호) (2009-02)

황혜주 외, 황토콘크리트의 현장적용에 따른 시공 및 품질특성에 관한 연구, 한국생태환경건축학회 논문집 : v.9 n.1(통권 35호)(2009-02)

황혜주 외, 흙다짐 적용을 위한 흙의 선정 및 입도조건에 관한 연구, 한국생태환경건축학회 논문집 : v.9 n.2(통권 36호)(2009-04)

황혜주 외, 황토결합재를 이용한 흙다짐 공법의 역학적 특성에 관한 실험적 연구, 한국생태환경건축학회 학술발표대회 논문집 : 통권16호(2009-05)

황혜주 외, 알카리활성 무시멘트 경량모르타르의 유동성, 압축강도 및 내화특성, 대한건축학회논문집 구조계 : v.25 n.08(2009-08)

황혜주 외, 생쥐를 이용한 건축재료의 실내환경 영향과 특성에 관한 실험, 대한건축학회지회연합회 논문집 : v.11 n.03(통권39호)(2009-09)

황혜주 외, Mechanical Properties of Hwangtoh-Based Alkali-Activated Concrete, Architectural Research (2009-11)

황혜주 외, 비활성 황토와 활성 황토 콘크리트의 건조수축, 크리프에 대한 실험적 연구, 한국콘크리트학회 2009년도 가을 학술대회 논문집-포스터논문 발표 (2009-11)

황혜주 외, 석회 복합체와 일반 흙을 이용한 콘크리트의 적용가능성에 관한 연구, 한국생태환경건축학회 학술발표대회 논문집 : 통권17호(2009-11)

황혜주 외, 비활성 황토와 활성 황토 콘크리트 보의 휨 및 전단 거동에 관한 실험적 연구, 한국콘크리트학회 2009년도 가을 학술대회 논문집 : v.21 n.2(2009-11)

황혜주 외, 비활성 황토와 활성 황토 콘크리트의 건조수축, 크리프에 대한 실험적 연구, 한국콘크리트학회 2009년도 가을 학술대회 논문집 : v.21 n.2(2009-11)

황혜주 외, 자연 상태의 흙을 이용한 고강도 흙다짐의 물성 연구, 한국생태환경건축학회 학술발표대회 논문집 : 통권17호(2009-11)

황혜주 외, 자원절약을 위한 무거푸집 흙벽체 시공 방법연구, 한국생태환경건축학회 학술발표대회 논문집 : 통권 17호(2009-11)

황혜주 외, 흙다짐 콘크리트의 압축강도 및 탄성계수 특성, 대한건축학회논문집 구조계 : v.26 n.03(2010-03)

황혜주 외, 석회를 활용한 전통 흙건축 기술에 관한 기초연구, 한국생태환경건축학회 논문집 : v.10 n.2(통권 42호)(2010-04)

황혜주 외, 활성 황토 콘크리트 보의 휨 성능, 한국콘크리트학회논문집 : v.22 n.4(2010-08)

황혜주 외, Effects of Water-Binder Ratio and Fine Aggregate-Total Aggregate Ratio on the Properties of Hwangtoh-Based Alkali-Activated Concrete, JOURNAL OF MATERIALS IN CIVIL ENGINEERING (2010-09)

황혜주 외, 석회복합체와 흙을 이용한 흙벽체 재료 개발에 관한 기초적 연구, 한국생태환경건축학회 논문집 : v.10 n.5(통권 45호)(2010-10)

황혜주 외, 활성 황토 콘크리트 보의 전단 및 부착 강도, 한국콘크리트학회논문집 : v.22 n.5(2010-10)

황혜주 외, 도구 활용을 통한 흙미장의 표면질감, 한국생태환경건축학회 학술발표대회 논문집 : 통권19호 (2010-11)

황혜주 외, 흙미장의 질감조합유형에 따른 이미지 특성분석, 한국생태환경건축학회 학술발표대회 논문집 : 통권

19호(2010-11)

황혜주 외, 흙미장 공법을 이용한 컨테이너 건축의 이미지 개선 방안, 한국생태환경건축학회 학술발표대회 논문집 : 통권19호(2010-11)

황혜주 외, 현장적용 가능한 보완식 흙다짐 공법, 한국생태환경건축학회 학술발표대회 논문집 : 통권19호(2010-11)

황혜주 외, 천연섬유와 석회복합체의 모르터 강도 성상에 관한 연구, 한국생태환경건축학회 논문집 : v.10 n.6(통권 46호)(2010-12)

황혜주 외, A Study on the Method of Measurement of Heavy-Weight Floor Impact Sound Considering the Room Mode in Low Frequency Ranges, INDOOR AND BUILT ENVIRONMENT Volume: 20 Issue: 1 (2011-02)

황혜주 외, 흙과 모래의 최밀충전효과와 석회복합체의 첨가에 따른 강도 증진, 한국생태환경건축학회 논문집 : v.11 n.4(통권 50호)(2011-08)

황혜주 외, Design and construction proposal for an EP method of constructing an earthen wqll made of environmentally friendly material, TerrAsia2011(2011-10)

황혜주 외, Study on high strengthening of an earth wall using earth and high-performance lime, TerrAsia2011 (2011-10)

황혜주 외, Basic experiment by using microorganism and earth material, TerrAsia2011(2011-10)

황혜주 외, Modern use trends and forecast of earth materials in korea, TerrAsia2011(2011-10)

황혜주 외, 지역재료에 적합한 흙벽체 기술과 효율성, 한국생태환경건축학회 학술발표대회 논문집 : 통권21호(2011-11)

황혜주 외, 버팀 지지체의 종류에 따른 EP흙벽체 시공성 향상, 한국생태환경건축학회 학술발표대회 논문집 : 통권21호(2011-11)

황혜주 외, 흙타설 벽체의 현장 시공 가능성 검토, 한국생태환경건축학회 논문집 : v.12 n.1(통권 53호)(2012-02)

황혜주 외, 섬유 및 혼화제를 이용한 황토 모르타르의 수축균열 제어, 대한건축학회논문집 구조계 : v.28 n.08(2012-08)

황혜주 외, 흙벽 마감을 위한 천연 마감재 성능 비교 연구, 한국생태환경건축학회 논문집 : v.12 n.5(통권 57호)(2012-10)

황혜주 외, 적정기술 관점에서 본 흙건축의 가치, 한국생태환경건축학회 학술발표대회 논문집 : 통권23호(2012-11)

황혜주 외, 고강도 흙다짐의 표면질감 분석, 한국생태환경건축학회 학술발표대회 논문집 : 통권23호(2012-11)

황혜주 외, 흙건축 재료 및 공법의 이해를 위한 교육 프로그램 연구, 한국생태환경건축학회 학술발표대회 논문집 : 통권23호(2012-11)

황혜주 외, 친환경재료를 활용한 흙미장의 단열성능 평가, 한국건축시공학회 학술.기술논문발표회 논문집 : v.12 n.2(통권 제23호)(2012-11)

황혜주 외, 석회복합체와 물량에 따른 고강도 흙다짐의 강도 성상, 한국건축시공학회(2012-12)

황혜주 외, Strength Characteristics of Rammed Earth Using Hwangtoh Binder, 한국건축시공학회지13권(2013-2)

황혜주 외, 흙다짐 공법 적정 수분함유량의 현장시험법 연구, 한국생태환경건축학회 학술발표대회 논문집 : 통권25호(v.13 n.2)(2013-11)

황혜주 외, 단열기준에 부합하기 위한 한옥 벽체 구성, 한국생태환경건축학회 학술발표대회 논문집 : 통권25호(v.13 n.2)(2013-11)

황혜주 외, 흙건축 이중심벽의 시공성 향상에 대한 연구, 한국생태환경건축학회 학술발표대회 논문집 : 통권25호(v.13 n.2)(2013-11)

황혜주, 에너지 측면에서 살펴본 흙과 한옥, 한국그린빌딩협의회(2013-12)

황혜주 외, 최밀충전에 의한 흙의 적정입도 선정 방법, 한국생태환경건축학회 논문집 : v.13 n.6(통권 64호)(2013-12)

황혜주 외, 도장횟수 및 페인트 베이스에 따른 흙페인트의 표면경도, 한국생태환경건축학회 학술발표대회 논문집 : 통권27호(v.14 n.2)(2014-11)

황혜주, 흙과 건강, 대한건축학회지, 2015.02

영상자료

KBS 다큐멘터리 수요기획 세계의 흙집, 2003.4.30.

KBS 환경 스페셜 '생태건축 생명을 살린다' 2005.5.11.

KBS 환경 스페셜 '콘크리트 생명을 위협하다' 2005.3.2.

KBS 환경스페셜 '제3의피부 집, 흙으로 부활하다' 2007.6.20.

MBC 뉴스 후 '중금속 시멘트의 습격 그 후' 2007.8.25.

MBC 뉴스 후 '중금속 시멘트의 습격' 2006.10.26.

MBC 뉴스데스크 '흙집이 좋아요' 2007.8.26.

찾•아•보•기

저·자·소·개

황혜주

반응메커니즘 연구로 서울대에서 흙 관련 최초의 박사학위를 받음
흙 관련 연구로 장영실상, 건설교통부 건설신기술, 과학기술부 국산신기술 수상
과학기술부 우수과학기술자 표창
대한건축사협회 우수강의상 수상
흙건축전문가(자격증 제1호)

국립목포대학교 건축학과 교수
한국흙건축연구회 대표
UNESCO 석좌프로그램 한국흙건축학교 대표

KOICA 건축전문위원 / 적정기술자문위원
Good Neighbours 자문위원

고등고시(기술계) / 국가고시 / 건축사 기술사 시험 출제위원
국가신기술 심의위원

저자와의
협의하에
인지생략

흙건축 Earth Architecture
(개정증보판)

초판1쇄 2008년 3월 2일
초판2쇄 2010년 2월 26일
초판3쇄 2014년 2월 25일
2판 1쇄 2016년 4월 5일

저 자 황혜주
펴 낸 이 김성배
펴 낸 곳 도서출판 씨아이알

책임편집 박영지, 김동희
디 자 인 김진희
제작책임 이헌상

등록번호 제2-3285호
등 록 일 2001년 3월 19일
주 소 (04626) 서울특별시 중구 필동로8길 43(예장동 1-151)
전화번호 02-2275-8603(대표)
팩스번호 02-2275-8604
홈페이지 www.circom.co.kr

I S B N 979-11-5610-216-8 93540
정 가 24,000원